高职高专土木与建筑规划教材

建筑工程项目管理(第 2 版)

毛桂平　周　任　主　编

鄞少强　许秀娟　副主编

清华大学出版社

北　京

内 容 简 介

本书共分 8 章,系统地介绍了建筑工程项目管理的理论、方法和案例,重点阐述了建筑工程项目管理概论、进度管理、质量管理、成本管理、安全管理、现场管理与环境管理、合同与信息管理、其他管理,以及项目管理规划编制及综合案例等内容。本书在编写过程中,紧密结合我国建筑业工程项目管理实际和最新成果,力求做到通俗易懂,使学生较轻松地理解和掌握,并能灵活运用所学内容。

本书是根据现行的与建设工程相关的法律、法规和技术规范,参考了注册建造师职业资格考试的有关重点,以及中华人民共和国国家标准《建设工程项目管理规范》(GB/T 50326—2006)的内容进行编写的。

本书可作为高等职业学院、高等专科学校土建类的专业教材,也可作为相关从业人员的岗位培训教材,以及相关专业工程技术人员的自学参考用书。

图书在版编目(CIP)数据

建筑工程项目管理/毛桂平,周任主编. —2 版. —北京:清华大学出版社,2015(2021.7重印)
(高职高专土木与建筑规划教材)
ISBN 978-7-302-40686-0

Ⅰ.建… Ⅱ.①毛… ②周… Ⅲ.①建筑工程—工程项目管理—高等职业教育—教材 Ⅳ.TU71

中国版本图书馆 CIP 数据核字(2015)第 157178 号

责任编辑:桑任松
装帧设计:刘孝琼
责任校对:周剑云
责任印制:宋 林
出版发行:清华大学出版社
  网   址:http://www.tup.com.cn, http://www.wqbook.com
  地   址:北京清华大学学研大厦 A 座   邮   编:100084
  社 总 机:010-62770175   邮   购:010-62786544
  投稿与读者服务:010-62776969, c-service@tup.tsinghua.edu.cn
  质量反馈:010-62772015, zhiliang@tup.tsinghua.edu.cn
  课件下载:http://www.tup.com.cn, 010-62791865
印 装 者:三河市科茂嘉荣印务有限公司
经   销:全国新华书店
开   本:185mm×260mm   印   张:20.5   字   数:495 千字
版   次:2007 年 1 月第 1 版 2015 年 9 月第 2 版   印   次:2021 年 7 月第 6 次印刷
定   价:49.00 元

产品编号:062566-02

第 2 版前言

随着我国社会经济的不断发展和产业结构的转型升级,市场越来越需要大量的高素质技术技能型人才。高职教育作为培养高素质技术技能型人才的重要阵地,必须不断地深化教学改革、加强内涵建设、提高人才培养质量,以适应新形势的发展。课程建设与改革是教学改革的根本;融"教、学、做"为一体,强化职业能力培养,使学生紧跟市场发展的步伐,是高职教育课程建设与改革永恒的重点之一;而紧密结合工程实践的教材建设是课程建设与改革的关键。

近年来,建筑工程行业从管理到技术都得到了进一步规范,其相关理论和知识也得以不断更新和完善。本教材在改版过程中,既紧跟建筑行业的时代发展步伐,又考虑到充分满足高职学生能力培养的要求,力争做到面向工程实际,突出高职教育特色。

本教材第 2 版根据现行建筑工程项目管理的有关法律、法规进行了修改和补充,增补和完善了部分典型案例,以项目管理中工作过程为教学主线,强化实用性,使学生易学、易懂,理论知识、实践知识和案例相互渗透,便于掌握相应的职业技能,具体做了以下几个方面的修改。

(1) 针对近年我国建筑工程行业推出的新的法律、法规,对本教材的相关知识进行了修改和补充。

(2) 各章前增设了"教学指引"和"案例导入",明确了各章的重点和难点,通过案例导入使学生理解学习本章的重要性,提升学习的兴趣,同时还增补和完善了部分近年我国建筑工程行业的各类典型项目案例。

(3) 对有关章节进行了调整,将第 1 版第 2 章的目标管理分为四章,突出了建筑工程项目管理的重点,体现了项目管理以进度管理、质量管理、成本管理、安全管理和现场管理以及合同与信息管理为重点的特征,同时充实了相关内容,与现行的注册建造师考试内容相衔接。

(4) 按照建筑工程项目管理规范的规定,第 2 版增加了采购管理、环境管理、风险管理、沟通管理等内容,体现了项目管理的系统性。环境管理与安全管理和现场管理有相通之处,故将其编入该章中;将其余增加的管理内容与资源管理和收尾管理编在其他管理一章中。这样做既突出了前面各章的重点,又能使学生系统全面地了解建筑工程项目管理的相关知识。

(5) 强调了项目管理的工作过程。各章首先列出了各项目管理的工作过程,并以该工作过程为主线,整合教材的知识内容,使培养职业技能型人才的特色更加明显。

(6) 将第 1 版第 2 部分内容作为综合案例编入建筑工程项目管理规划编制一章中,使结构更紧凑,便于学习掌握。本版对该综合案例进行了调整和删减,第 1 版中该案例占了较大的篇幅,本版删除了一些琐碎和常识性的内容,突出表达了项目管理规划编制的重点和架构。

本书修订由毛桂平(教授级高级工程师)、周任(高级工程师)担任主编,由鄞少强(讲师)、

许秀娟(讲师)担任副主编。第 1 章由毛桂平修编，第 3、5、6、8 章由周任修编，第 7 章由鄞少强修编，第 2、4 章由许秀娟修编。全书由华南理工大学建筑工程有限公司总工程师、教授级高级工程师黄小许担任技术指导。在本书的编写过程中，黄小许总工程师给予了大力支持，并提供了部分案例和有关材料，还安排人员编排部分图表；此外，还得到了清华大学出版社的大力支持和帮助，在此一并表示衷心的感谢。

由于编者水平有限，书中难免存在错误和不足之处，敬请广大读者批评指正。

编　者

目 录

第 1 章 建筑工程项目管理概论

教学指引

◆ 知识重点：建筑工程项目管理的概念和类型；建筑工程建设各方的项目管理任务；建筑工程施工项目管理规划；建筑工程项目的组织形式；建筑工程项目监理工作的性质、任务。

◆ 知识难点：建筑工程项目管理的概念和类型；建筑工程施工项目管理规划；建筑工程项目的组织形式；建筑工程项目监理工作的性质、任务。

学习目标

◆ 熟悉建筑工程项目管理的概念和类型。

◆ 了解参与建筑工程建设各方的项目管理任务。

◆ 掌握建筑工程施工项目管理规划。

◆ 熟悉建筑工程项目的组织形式。

◆ 熟悉建筑工程项目监理工作的性质、任务。

◆ 了解建筑工程项目监理大纲、监理规划和监理实施细则。

◆ 了解建筑工程监理相关的法律、法规。

案例导入

某高层办公综合楼，主体为框架剪力墙结构，基础结构形式为预制管桩基础，主体建筑地下2层，地上32层，建筑檐高96.3m，位于繁华闹市区。为了保证该工程能按预定的工期计划顺利完工，并达到业主要求的质量目标，实现施工企业的成本控制和利润计划，同时做到安全文明施工，建设单位、施工企业和监理单位应如何进行项目管理呢？

首先，作为建设单位，应加强与各方的联系和沟通，建立现场例会协调制度。及时办理相关许可、批准或备案，及时支付合同进度款，及时提出有关变更要求，及时处理与施工有关的一切外部的协调，及时回复施工方提出的索赔要求。

其次，作为施工企业，必须正确处理好进度、质量、成本和安全之间的关系，在保证工程按期完成的前提下，既要达到预定的质量目标，又要降低成本，保证安全，通过一系列的技术措施和严谨的组织管理，努力实现这四者之间的最优化。

最后，作为监理单位，应积极进行业主与施工企业之间的沟通协调，及时协调处理与工程施工有关的一切内部事务，为业主把好进度、质量、投资和安全关，及时呈报工程进度月报表，做好旁站监理、参加隐蔽工程验收，代表业主及时处理施工方的索赔要求。

建筑工程是"一次性"产品，要实现预定的验收目标，就必须把好过程控制、目标管理关，这就需要建设各方密切配合、相互支持，科学合理地进行项目管理。

1.1 建筑工程项目管理概述

1.1.1 建筑工程项目的概念

建筑工程项目是把建设工程项目中的建筑物及其设施工程任务独立出来形成的一种项目，也被称为建筑施工项目、建筑安装工程项目等。建筑物的配套设施包含建筑内的水、电、空调及其他固定设备。建筑工程项目可定义为：为完成依法立项的新建、改建、扩建的各类建筑物及其设施工程而进行的前期策划、规划、勘察、设计、采购、施工、试运行、竣工验收和移交等过程。它是在特定的环境和约束条件下，具有特定目标的、"一次性"的建筑施工任务。

建筑工程项目是建筑施工企业的生产对象，包含一个建筑产品的施工过程及其成果。建筑工程项目可能是一个建设项目(由多个单项工程组成)的施工，也可能是其中的一个单项工程或单位工程的施工。但只有单位工程、单项工程和建设项目的施工才称得上是建筑工程项目，因为单位工程是建筑施工企业完整的产品。分部工程、分项工程不是完整的产品，不能称作建筑工程项目(注：由于建设工程包括建筑工程，而本书中的建设工程一般是指建筑工程，所以本书中的"建设工程"与"建筑工程"二者并不做严格区分，也不求硬性统一）。

建筑工程项目具有以下特征。

1. 空间的固定性

建筑工程项目是在特定地点进行建设的，不能被转移到其他地方，不能选择实施的场所和条件，只能就地组织实施项目，而且在哪里建成就只能在哪里投入使用、发挥效益。

2. 生产的约束性

建筑产品的生产是在一定的约束条件下来实现其特定目标的。首先是时间约束，即一个建筑工程项目有合理的建设工期目标；其次是资源的约束，即一个建筑工程项目有一定的投入总量和成本目标；最后是质量约束，即每个建筑工程项目都有预期的生产能力、技术水平或使用效益及质量要求的目标。

3. 产品的多样性

建筑工程项目由于其用途互不相同、规格要求各异、场地条件的限制等原因，其产品也多种多样。每一个建筑工程项目都有其施工特点，不能完全重复生产。

4. 环境的开放性

建筑工程项目是在开放的环境条件下进行施工的，由于其体形庞大，不可能移入室内环境进行施工，作业条件常常是露天的。因此，易受环境和天气等因素的干扰，不确定的影响因素较多。

5. 过程的一次性

建筑工程项目的过程不可逆转，必须一次成功，失败了便不可挽回，因而其风险较大，与批量生产产品有着本质区别。

6. 施工的专业性

建筑工程的施工有其特定的技术规范要遵守，各种施工规范是建筑产品生产必须遵循的法律依据。要按科学的施工程序和工艺流程组织施工，需使用各种专用的设备和工具。建筑工程的施工是一种专业性较强的以专门的知识和技术作为支撑的工作任务。

7. 品质的强制性

建筑工程项目被列为国家政府监督控制的范围，从征地、报建、施工到竣工验收等各个环节，都会受到政府及相关部门的监督和管理，它是在政府的监管过程中进行建设的。不同于其他产品，一般要进入市场后才可能会受到政府部门的监督和管理。

8. 组织的协调性

建筑工程项目需要内外部各组织多方面的协作和配合，否则难以顺利完成任务。如到政府部门办理各种建设手续、解决施工用水、供电及与业主、设计单位、监理公司等的配合，往往不是施工企业内部能够自己解决的，需要良好的沟通和协调。

1.1.2 建筑工程项目的生命周期

建筑工程项目按照一定的程序进行建设，其过程的一次性决定了每个项目都具有自己的生命周期。一个建筑工程项目，无论规模大小，都要经过仔细的研究论证、周密的评估、精心的设计、详细的预算、充分的准备、认真的执行、严格的监督和科学的管理等一系列运作过程才能完成。为便于对这些活动进行管理，人们通常把一个建筑工程项目从开始到结束的整个过程按照先后顺序划分成含有不同工作内容而又互相联系着的五个阶段，这些阶段构成了建筑工程项目的生命周期。建筑工程项目生命周期的五个阶段如下。

1. 项目决策阶段

项目决策阶段主要是进行项目的研究、论证和评价，并在此基础上进行投资决策。项目决策阶段需完成投资机会研究、初步可行性研究和可行性研究等工作内容。

2. 项目设计阶段

项目设计阶段的主要工作是进行项目的方案设计、初步设计和施工图设计。方案设计一般在设计招投标阶段完成，设计中标单位与业主签订设计合同，在对原设计方案进一步完善后，可进行初步设计，初步设计经建设主管部门批准后，才能进行施工图设计。

3. 项目施工阶段

项目施工阶段的主要工作是项目施工招投标和承包商的选定、签订项目承包合同、制订项目实施总体规划和计划、项目组织和建设准备及项目施工等。通过项目施工，在规定的控制约束条件下，实现各项工作目标，最后按设计要求完成项目。

4. 项目的竣工验收阶段

项目竣工验收阶段是工程施工完工的标志。在竣工验收前，施工单位内部应先进行预验收，一般由监理公司组织进行，主要检查各单位工程和装饰工程的施工质量，整理各项竣工验收的技术资料。在此基础上，由建设单位组织正式竣工验收，经相关部门验收合格，并到建设主管部门备案，办理验收签证手续后方可交付使用。竣工验收日即为工程的完工日期。

5. 项目的保修阶段

项目的保修阶段是建筑工程项目的最后阶段，是项目全部结束前的试用期阶段。即在验收以后，按合同规定的责任期进行用后服务、回访与保修，其目的是保证使用单位正常使用，发挥效益。这一阶段的工作存在较大的不确定性，在责任期内既可能什么事情也没有，也可能因为所完成的工作存在一些不足而在试用期里出现这样或那样的问题和缺陷，需要进行改正、返工或加固。责任期出现的质量问题由施工企业免费维护，如造成损失还要进行赔偿。只有责任期满，这个项目才最终结束，施工企业才能结清全部的施工费用。

1.1.3　建筑工程项目管理的内涵

建筑工程项目管理是指组织运用系统的观点、理论和方法，对建筑工程项目进行的计划、组织、监督、控制和协调等专业化的活动。

建筑工程项目管理是在特定的约束条件下，以建筑工程项目为对象，以实现最优建筑工程项目目标为目的，以建筑工程项目经理负责制为基础，以建筑工程承包合同为纽带，对建筑工程项目进行的一系列行之有效的管理活动。

建筑工程项目管理的主要工作内容包括：编制项目管理规划大纲和项目管理实施规划，进行项目的进度管理、项目的质量管理、项目的安全管理、项目的成本管理、项目的环境管理、项目的采购管理、项目的合同管理、项目的资源管理、项目的信息管理、项目的风险管理、项目的沟通管理和项目的结束阶段管理。

1.1.4　建筑工程项目管理的发展

项目管理作为一门学科，是从 20 世纪 60 年代以后发展起来的。当时，大型建设项目、复杂的科研项目、军事项目以及航天项目大量出现，市场竞争非常激烈。人们认识到，由于项目的"一次性"和生产条件的约束性，要想取得成功，必须对项目加强管理，并采用科学的管理方法。于是项目管理学科作为一种客观需要被提出来了。网络计划技术在 20 世纪 50 年代末产生、应用和迅速推广，使管理理论和方法实现了一次突破，它特别适用于项目管理，有大量极为成功的应用范例，引起了世界性的轰动。人们把成功的管理理论和方法引入项目管理之中，使项目管理越来越具有科学性，并作为一门学科迅速发展起来。项目管理学科是一门综合学科，应用性极强，很有发展潜力。

近年来，网络计划技术与计算机应用相结合，使项目管理学科更显出其优势和良好的发展前景。此外，项目管理在当今的信息经济环境下，不仅能实现信息的动态化管理，还能在运作方式上最大限度地利用各种内外资源，可以从根本上提高管理人员的工作效率。于是各建筑企业纷纷采用这一管理模式。经过长期的探索总结，在发达国家中，现代项目管理逐步发展成为独立的学科体系和行业，成为现代管理学的重要分支。

建筑工程项目管理的实践在我国历史悠久。我国许多宏伟的工程，如修筑京杭大运河工程、北京故宫工程等，运用了许多科学的思想和组织方法，反映了我国古代工程项目管理的水平和成就。新中国成立以后，我国的建设事业得到了迅猛发展，工程项目的管理活动也在建设中得到实践。如我国第一个五年计划的 156 项重点工程、国庆十周年北京的十大建筑工程、南京长江大桥工程、上海宝钢工程等，都是成功的工程项目管理实践活动。只是没有系统地提升到工程项目管理理论和学科的高度，是在不自觉地进行"工程项目管理"。

改革开放以后，随着市场经济的不断发展，我国开始引入工程项目管理模式。1980年邓小平亲自主持了我国最早与世界银行合作的教育项目会谈，从此中国开始吸收利用外资，而项目管理作为世界银行项目运作的基本管理模式，也随着世界银行贷款项目的启动而被引入并在中国广泛应用。之后，其他发达国家特别是美国、日本和世界银行的项目管理理论和实践经验，随着文化交流和项目建设，陆续传入我国。1987年，由世界银行投资的鲁布革引水隧洞工程进行工程项目管理和工程监理取得成功，迅速在我国形成了鲁布革冲击波。在二滩水电站、三峡水利枢纽建设和其他大型工程建设中，都采用了项目管理这一有效手段，并取得了良好的效果。但是，和国际先进水平相比，我国在项目管理的应用方面发展缓慢，缺乏高水平的项目管理人才。究其原因，是我国还没有形成自己的理论体系和学科体系，没有建立起完备的项目管理教育培训体系，更没有实现项目管理人员的专业化。

1988—1993年，在建设部的领导下，对工程项目管理和工程监理进行了5年试点，于1994年在全国全面推行，取得了巨大的经济效益、社会效益、环境效益和文化效益。1999年我国建设部颁布了《工程网络计划技术规程》；2001年和2002年我国建设部分别实施了《建设工程监理规范》(GB 50319—2000)和《建设工程项目管理规范》(GB/T 50326—2001)，使工程项目管理实现了规范化。

2004年12月，我国建设部又制定了《建筑工程项目管理试行办法》，进一步规范了建设工程项目管理行为，完善了建设工程项目管理的范围和内容，明确了建设工程项目管理的具体条件和管理方式，使我国建设工程项目管理逐步与国际接轨，并沿着科学化、现代化的方向发展。新版的《建设工程项目管理规范》(GB/T 50326—2006)已发布，2006年12月1日起实施，这表明我国工程项目管理理论和实践又迈上了一个新台阶，进入了一个新的发展阶段。

1.2 建筑工程项目管理的类型

按建筑工程项目不同参与方的工作性质和组织特征划分，建筑工程项目管理可分为建设方的项目管理、设计方的项目管理、施工方的项目管理、供货方的项目管理及项目总承包方的项目管理。

1.2.1 建设方的项目管理

建设方项目管理贯穿工程建设的全过程，即项目决策、项目设计、项目施工、项目竣工验收及项目保修五个阶段。建设方项目管理也称业主方项目管理或甲方项目管理。

建设方项目管理的目标是认真做好项目的投资机会研究，并做出正确的决策；按设计、施工等合同的要求组织和协调建设各方的关系，完成合同规定的进度、质量、投资三大目标；同时协调好与建设工程有关的外部组织的关系，办理建设所需的各种业务。建设方的项目管理工作涉及项目实施阶段的全过程，其工程项目管理包括组织协调、合同管理、信息管理、安全管理、投资管理、质量管理和进度管理等方面的内容。

由于建筑工程项目的实施是"一次性"的任务，故建设方自行进行项目管理往往存在很大的局限性。首先在技术和管理方面，往往缺乏配套的力量，即使配备了管理班子，没有连续的工程任务也会造成技术资源的浪费。在市场经济体制下，建筑工程项目的建设方已经可以依靠社会咨询企业为其提供项目管理服务。咨询单位接受项目业主的委托，为项目业主服务，参与项目投资决策、立项和可行性研究、招投标及全过程管理工作。

1. 监理项目管理

监理项目是由监理单位进行管理的项目。监理单位受项目建设单位的委托，签订监理委托合同，为建设单位进行建设项目管理。监理单位是专业化的技术管理组织，它具有服务性、科学性、独立性和公正性，按照有关监理法规进行项目管理。它的工作本质就是咨询服务。监理单位与业主及施工企业是建设工程的三方主体，监理单位、施工企业分别与业主是合同的关系，监理单位是建设市场公正的第三方。监理单位受建设单位的委托，对设计和施工单位在承包活动中的行为和责权利按合同的规定进行必要的协调与管理，对建设项目进行投资管理、进度管理、质量管理、安全管理、合同管理、信息管理与组织协调。建设监理制度是我国为了发展生产力、提高工程建设投资效果、健全和完善建筑市场管理体制、对外开放与加强国际合作、与国际惯例接轨的需要而实行，1996 年开始全面推广，1998 年开始实行注册监理工程师负责制度。这是我国建设体制的一次重大变革。

2. 咨询项目管理

咨询项目是由咨询单位受项目建设单位委托，对工程建设全过程或分阶段进行专业化管理和服务的工程项目。咨询单位作为中介组织，具有专业服务的知识与能力，可以接受发包人或承包人的委托进行工程项目管理，也就是进行智力服务。通过咨询单位的智力服务，提高工程项目管理水平，并作为政府、市场和企业之间的联系纽带。在市场经济体制下，由咨询单位进行工程项目管理已经成了一种国际惯例。

咨询项目主要有工程勘察、设计、施工、监理、造价咨询和招标代理等项目。咨询单位应当具有工程勘察、设计、施工、监理、造价咨询和招标代理等一项或多项资质。从事咨询项目的专业技术人员，应当具有城市规划师、建筑师、工程师、建造师、监理工程师、造价工程师等一项或多项执业资格。

咨询项目管理业务范围包括以下内容。

(1) 协助业主方进行项目前期策划、经济分析、专项评估与投资确定。

(2)　协助业主方办理土地征用、规划许可等有关手续。

(3)　协助业主方提出工程设计要求、组织评审工程设计方案、组织工程勘察设计招标、签订勘察设计合同并监督实施，组织设计单位进行工程设计优化、技术经济方案比选并进行投资控制。

(4)　协助业主方组织工程监理、施工、设备材料采购招标。

(5)　协助业主方与工程项目总承包企业或施工企业及建筑材料、设备、构配件供应等企业签订合同并监督实施。

(6)　协助业主方提出工程实施用款计划、进行工程竣工结算和工程决算、处理工程索赔、组织竣工验收、向业主方移交竣工档案资料。

(7)　生产试运行及工程保修期管理，组织项目后评估。

(8)　项目管理合同约定的其他工作。

1.2.2　设计方的项目管理

设计单位受项目建设单位委托承担工程项目的设计任务。以设计合同规定的工作内容及其责任义务作为该项工程设计管理的内容和条件，通常称为设计项目管理。设计项目管理是设计单位对履行工程设计合同和实现设计单位的经营方针目标而进行的一系列设计管理活动。尽管设计单位在项目建设中的地位、作用和利益追求与项目业主不同，但它也是建筑工程项目管理的重要参与者之一。按照设计合同，进行设计项目管理才能有效地贯彻业主的建设意图，实施设计阶段的投资、质量和进度控制。

设计方项目管理的目标包括设计的成本目标、进度目标、质量目标及建设投资总目标。设计方的项目管理工作主要在项目设计阶段进行，但是也涉及项目施工阶段、项目竣工验收阶段。因为在施工阶段，设计单位应根据施工过程中发现的问题，及时修改和变更设计；在竣工验收阶段需配合业主和施工单位进行项目的验收工作。

1.2.3　施工方的项目管理

施工单位通过工程施工投标取得工程施工承包合同，并以施工合同规定的工程范围和内容组织项目管理，称为施工项目管理。从完整的意义上来说，这种施工项目应该是指施工总承包的完整工程项目，包括其中的土建工程施工和建筑设备安装工程施工，最终形成具有独立使用功能的建筑产品。然而从建筑工程项目的施工特点来分析，分项工程、分部工程也是构成工程项目的相对独立且非常重要的组成部分，它们既有其特定的约束条件和目标要求，而且也是"一次性"的任务。因此，建筑工程项目按部位分解发包，承包方仍然可以把按承包合同规定的局部施工任务作为项目管理的对象。这就是广义的施工企业的项目管理。

施工方项目管理的目标包括施工的成本目标、进度目标和质量目标。施工方的项目管理工作主要在项目施工阶段进行，但还涉及项目的竣工验收和项目的保修阶段。施工方项目管理的任务包括施工进度管理、质量管理、安全管理、成本管理、合同管理、信息管理、采购管理、资源管理、风险管理和项目结束阶段的管理以及与施工有关的组织与协调。

1.2.4　供货方的项目管理

从建筑工程项目管理的系统工程分析的角度来看，建设物资供应工作是工程项目实施的一个子系统，它有明确的任务和目标、明确的制约条件以及项目实施子系统的内在联系。因此制造厂、供应商同样可以根据加工生产制造和供应合同所规定的任务，对项目进行目标管理和控制，以适应建筑工程项目总目标控制的要求。

供货方项目管理的目标包括供货的成本目标、供货的进度目标和质量目标。供货方的项目管理工作主要在施工阶段进行，但也涉及项目设计阶段和项目保修阶段。供货方项目管理的任务包括供货的进度管理、质量管理、安全管理、成本管理、合同管理、信息管理以及与供货有关的组织与协调。

1.2.5　总承包方的项目管理

总承包方项目管理是指建设单位在项目决策之后，将设计和施工任务通过招投标方式选定一家总承包单位来承包完成，最终交付使用后功能和质量标准符合合同文件规定的要求。因此，总承包方的项目管理是贯穿于项目实施全过程的管理，既包括设计阶段，也包括施工及安装阶段。其性质是全面履行工程总承包合同，以实现其企业承建工程的经营方针和目标，以取得预期经营效益为动力而进行的工程项目自主管理。显然，总承包方必须在合同条件的约束下，依靠自身的技术和管理优势或实力，通过优化设计及选择合理的施工方案，在规定的时间内，按质按量全面完成工程项目的承建任务。

总承包方项目管理的主要目标包括项目的总投资目标和总承包方的成本目标、项目的进度目标和项目的质量目标。建设工程项目总承包方项目管理工作涉及项目实施阶段的全过程，即项目设计阶段、项目施工阶段、项目竣工验收和保修阶段。总承包方项目管理的任务包括施工进度管理、质量管理、安全管理、成本管理、合同管理、信息管理、采购管理、资源管理、风险管理和项目结束阶段的管理以及与施工有关的组织与协调。

1.3　建筑工程项目管理规划

1.3.1　项目管理规划的分类和作用

施工项目管理规划是作为指导施工项目管理工作的文件，对项目管理的目标、内容、组织、资源、方法、程序和控制措施进行安排。它是施工项目管理全过程的规划性的、全局性的技术经济文件，也称"施工管理文件"。

施工项目管理规划分为施工项目管理规划大纲和施工项目管理实施规划两类。

施工项目管理规划大纲的作用有两方面。一是作为投标人的项目管理总体构想，用以指导项目投标，以获取该项目的施工任务；非经营部分构成技术标书的组成部分，作为投标人响应招标文件要求，即为编制投标书进行指导、筹划、提供原始资料。二是作为中标后详细编制可具体操作的项目管理实施规划的依据，即实施规划是规划大纲的具体化和深化。

施工项目管理实施规划的作用是具体指导施工项目的准备和施工，使施工企业项目管理的规划与组织、设计与施工、技术与经济、前方与后方、工程与环境等高效地协调起来，以取得良好的经济效果。

1.3.2　项目管理规划大纲

施工项目管理规划大纲应体现投标人的技术和管理方案的可行性和先进性，以利于在竞争中获胜中标，因此要依靠企业管理层的智慧和经验进行编制，以取得充分依据，发挥综合优势。

施工项目管理规划大纲主要包括以下内容。

(1) 项目概况。

(2) 项目范围管理规划。

(3) 项目管理目标规划。

(4) 项目管理组织规划。

(5) 项目成本管理规划。

(6) 项目进度管理规划。

(7) 项目质量管理规划。

(8) 项目职业健康安全与环境管理规划。

(9) 项目采购与资源管理规划。

(10) 项目信息管理规划。

(11) 项目沟通管理规划。

(12) 项目风险管理规划。

(13) 项目收尾管理规划。

1.3.3　项目管理实施规划

施工项目实施规划应以施工项目管理规划大纲的总体构想为指导，来具体规定各项管理工作的目标要求、责任分工和管理方法，把履行施工合同和落实项目管理目标责任书的任务，贯穿在项目管理实施规划中，作为项目管理人员的行为准则。

施工项目管理实施规划必须由项目经理组织项目经理部在工程开工之前编制完成。监理工程师应审核承包人的施工项目管理实施规划，并在检查各项施工准备工作完成后，才能正式批准开工。

施工项目管理实施规划主要包括以下内容。

(1) 项目概况。

(2) 总体工作计划。

(3) 组织方案。

(4) 技术方案。

(5) 进度计划。

(6) 质量计划。

(7) 职业健康安全与环境管理计划。

(8) 成本计划。

(9) 资源需求计划。

(10) 风险管理计划。

(11) 信息管理计划。

(12) 项目沟通管理计划。

(13) 项目收尾管理计划。

(14) 项目目标控制措施。

(15) 技术经济指标。

1.3.4　项目管理规划与施工组织设计的区别

传统的"施工组织设计"，是我国长期工程建设实践中总结出来的一项施工管理制度，目前仍在工程中贯彻执行，根据编制的对象和深度要求的不同，分为施工组织总设计和单位工程施工组织设计两类。它属于施工规划而非施工项目管理规划。因此，《建筑工程项目管理规范》规定："当承包人以编制施工组织设计代替项目管理规划时，施工组织设计应满足项目管理规划的要求。"即施工组织设计应根据项目管理的需要，增加项目风险管理和信息管理等内容，使之成为项目管理的指导性文件。

1.3.5　项目管理规划的总体要求

施工项目管理规划总体应满足以下要求。

(1) 符合招标文件、合同条件以及发包人(包括监理工程师)对工程的具体要求。

(2) 具有科学性和可执行性，符合工程实际的需要。

(3) 符合国家和地方的法律、法规、规程和规范的有关规定。

(4) 符合现代管理理论，尽量采用新的管理方法、手段和工具。

(5) 运用系统工程的理论和观点来组织项目管理，使规划达到最优化的效果。

1.4 建筑工程项目管理组织

1.4.1 建筑工程项目管理的组织形式

建筑工程项目管理的组织形式要根据项目的管理主体、项目的承包形式、组织的自身情况等来确定。

1. 直线职能式项目管理组织

直线职能式项目管理组织是指结构形式呈直线状，且设有职能部门或职能人员的组织，每个成员(或部门)只受一位直接领导的指挥。其组织形式如图 1.1 所示。

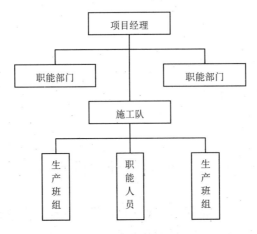

图 1.1 直线职能式项目管理组织形式

直线职能式项目管理组织形式是将整个组织结构分为两部分。一是项目部生产部门。它们实行直线指挥体系，自上而下有一条明确的管理层次，每个下属人员明确地知道自己的上级是谁，而每个领导也都明确地知道自己的管辖范围和管辖对象。在这条管理层次线上，每层的领导都拥有对下级实行指挥和发布命令的权力，并对处于本层次单位的工作全面负责。二是项目部职能部门。项目部职能部门是项目经理的参谋和顾问，只能对施工队的施工员实施业务指导、监督、控制和服务，而不能直接对生产班组和职能人员进行指挥和发布命令。

直线职能制的组织结构保证了项目部各级单位都有统一的指挥和管理，避免了多头领导和无人负责的混乱现象，同时，职能部门的设立，又保证了项目管理的专业化，即在保证行政统一指挥的同时，又接受专职业务管理部门的指导、监督、控制和服务，避免了项目施工单位(施工队)只注重进度和经济效益而忽视质量和安全的问题。

这种组织模式虽有上述一些优点，但也存在不易正确处理好行政指挥和业务指导之间关系的问题。如果这个关系处理不好，就不能做到统一指挥，下属人员仍然会出现多头领导的问题。这个问题的最终处理方法，是在企业内部实行标准化、规范化、程序化和制度化的科学管理，使企业内部的一切管理活动都有法可依、有章可循，各级各类管理人员都明确自己的职责，照章办事，不得相互推诿和扯皮。

2. 事业部式项目管理组织

事业部式项目管理组织是指由企业内部成立派往各地的项目管理班子，并相应成立具有独立法人资格的企业分公司，这些分公司可以按地区或专业来划分。其组织形式如图1.2所示。

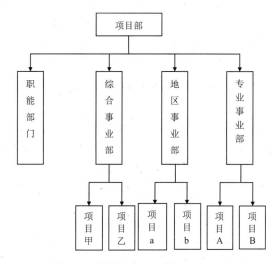

图 1.2　事业部式项目管理组织形式

事业部对企业来说是内部的职能部门，对企业外部具有相对独立的经营权，也可以是一个独立的法人单位。事业部可以按地区设置，也可以按工程类型或经营内容设置。事业部的主管单位可以是企业，也可以是企业下属的某个单位。如图 1.2 所示的地区事业部，可以是公司的驻外办事处，也可以是公司在外地设立的具有独立法人资格的分公司。专业事业部是公司根据其经营范围成立的事业部，如基础公司、装饰公司、钢结构公司等。事业部下设项目经理部，项目经理由事业部任命或聘任，受事业部直接领导。

事业部式项目管理组织，能迅速适应建筑市场的变化，提高施工企业的应变能力和决策效率，有利于延伸企业的经营管理职能，拓展企业的业务范围和经营领域，扩大企业的影响。按事业部式建立项目组织，其缺点是企业对项目经理部的约束力减弱，协调指导的机会减少，当遇到技术问题时，不能充分利用企业技术资源来解决，往往会造成企业结构的松散，导致公司的决策不能全面贯彻执行。

事业部式项目管理组织适用于大型经营性企业的工程承包项目，特别适用于远离公司本部的工程承包项目。

3. 矩阵式项目管理组织

矩阵式项目管理组织是指其组织结构形式呈矩阵状，项目管理人员接受企业有关职能部门或机构的业务指导，同时还要服从项目经理的直接领导。其组织形式如图1.3所示。

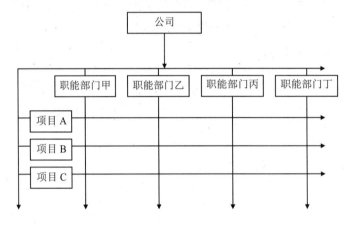

图1.3　矩阵式项目管理组织形式

从图1.3可以看出，在进行A、B、C三个工程项目施工时，可以把原来属于纵向领导体系中甲、乙、丙、丁等不同职能部门的专业人员抽调集中在一起，组成A、B、C三个工程项目的横向领导体系，这样多个项目与职能部门的结合组成了矩阵式管理模式。矩阵结构中的每个工作人员都要受两个方面的领导，即在管理工作中既要接受职能部门的纵向领导，又要分别接受不同工程项目部项目经理的横向领导。一旦该工程项目结束，项目部自动解体，管理人员再回到原来的职能部门中去。

矩阵式项目管理组织的主要优点有：首先，该组织解决了传统管理模式中企业组织和项目组织相互矛盾的状况，把项目的业务管理和行政管理有机地联系在一起，达到专业化管理效果；其次，能以尽可能少的人力，实现多个项目的高效管理，管理人员可以根据工作情况在各项目中流动，打破了一个职工只接受一个部门领导的原则，加强了部门间的协调，便于集中各种专业和技能型人才，快速去完成某些工程项目，提高了管理组织的灵活性；最后，它有利于在企业内部推行经济承包责任制和实行目标管理，同时，也能有效地精简施工企业的管理机构。

矩阵式项目管理组织存在以下缺点：矩阵式项目管理组织中的管理人员，由于要接受纵向(所在职能部门)和横向(项目经理)两个方面的双重领导，必然会削弱项目部的领导权力和出现扯皮现象，当两个部门的领导意见不一致或有矛盾时，便会影响工程进展；当管理人员同时管理多个项目时，往往难以确定管理项目的优先顺序，造成顾此失彼。矩阵式项目管理组织对企业管理水平、项目管理水平、领导者的素质、组织机构的办事效率、信息沟通渠道的畅通等均有较高要求。因此，在协调组织内部关系时，必须要有强有力的组织措施和协调办法，来解决矩阵式项目管理组织模式存在的问题和不足。

矩阵式项目管理的组织模式，适用于同时承担多个大型、复杂的施工项目。

1.4.2　建筑工程项目任务的组织模式

工程项目任务的组织模式是通过研究工程项目的承发包方式，确定工程的任务模式。任务模式的确定也决定了工程项目的管理组织，决定了参与工程项目各方项目管理的工作内容和责任。

一个建设项目按工作性质和专业不同可分解成多个建设任务，如项目的设计、项目的施工、项目的监理等工作任务，这些任务不可能由项目法人自己独立完成。对于项目的建筑施工任务，一般要委托专门的有相应资质的建筑施工企业来承担，对项目设计和监理任务也要委托有相应资质的专业设计和监理咨询单位来完成。项目业主或法人如何进行委托，委托的形式及做法等就是本小节所要讨论的建设项目任务的组织模式。

建筑市场的市场体系主要由三方面构成，一是以业主方为主体的发包体系；二是以设计、施工、供货方为主体的承建体系；三是以工程咨询、评估、监理等方面为主体的咨询体系。市场三方主体由于各自的工作对象和内容不同、深度和广度不同，它们各自的项目任务组织模式也不同。

一般情况下，项目业主或法人必须通过建筑工程交易市场招投标来确定建筑工程项目的中标单位，并采用承发包的形式进行项目委托。建筑工程项目任务组织模式主要有平行承发包、总分包、项目全包、全包负责、施工联合体和施工合作体等承发包模式。

1. 平行承发包模式

平行承发包模式是业主将工程项目的设计、施工等任务分解后，分别发包给多个承建单位的方式。此时无总包和分包单位，各设计单位、施工单位、材料或设备供应单位及咨询单位之间的关系是平行的，各自对业主负责，如图 1.4 所示。

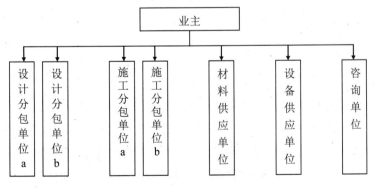

图 1.4　平行承发包模式

对业主而言，平行承发包模式将直接面对多个施工单位、多个材料设备供应单位和多个设计单位，而这些单位之间的关系是平行的。对于某个承包商而言，他只是这个项目众多承包商中的一员，与其他承包商并无直接关系，但需共同工作，他们之间的协调由业主来负责。

2. 总分包模式

总分包模式分为设计任务总分包与施工任务总分包两种形式。它是业主将工程的全部设计任务委托给一家设计单位承担，将工程的全部施工任务委托给一家施工单位来承建的方式。这一设计单位也就成为设计总承包单位，施工单位就成为施工总承包单位。采用总分包模式，业主在项目设计和施工方面直接面对的只是这两个总承包单位。这两个总承包单位之间的关系是平行的，他们各自对业主负责，他们之间的协调由业主负责。总分包模式如图1.5所示。总承包单位与业主签订总承包合同后，可以将其总承包任务的一部分再分包给其他承包单位，形成工程总承包与分包的关系。总承包单位与分包单位分别签订工程分包合同，分包单位对总承包单位负责，业主与分包单位没有直接的合同关系。业主一般会规定允许分包的范围，并对分包商的资格进行审查和控制。

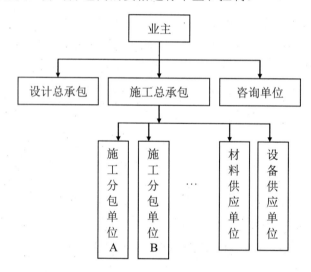

图1.5　总分包模式

3. 项目全包模式

项目全包模式是业主将工程的全部设计和施工任务一起委托给一个承包单位实施的方式。这一承包单位就称项目总承包单位，由其进行从工程设计、材料设备订购、工程施工、设备安装调试、试车生产到交付使用等一系列全过程的项目建设工作。采用项目全包模式，业主与项目总承包单位签订项目总包合同，只与其发生合同关系。项目全包模式如图1.6所示。项目总承包单位一般要同时拥有设计和施工力量，并具有国家认定的相应的设计和施工资质，且具备较强的综合管理能力。项目总承包单位也可以由设计单位和施工单位组成项目总承包联合体。项目总承包单位可以按与业主签订的合同要求，将部分的工程任务分包给分包单位完成，总承包单位负责对分包单位进行协调和管理，业主与分包单位不存在直接的承发包关系，但在确定分包单位时，须经业主认可。

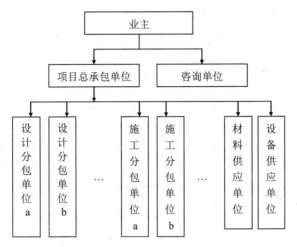

图1.6　项目全包模式

4. 全包负责模式

项目全包负责模式是指全包负责单位向业主承揽工程项目的设计和施工任务后，经业主同意，把承揽的全部设计和施工任务转包给其他单位，它本身并不承担任何设计和施工任务。这一点也是项目全包负责模式与全包模式的根本区别。项目全包模式中的总包单位既可自己承担其中的部分任务，又可将部分任务分包给其他单位，全包负责单位在项目中主要是进行项目管理活动。除项目全包负责外，还有设计全包负责与施工全包负责两种模式。

5. 施工联合体模式

施工联合体是若干建筑施工企业为承包完成某项大型或复杂工程的施工任务而联合成立的一种施工联合机构，它是以施工联合体的名义与业主签订一份工程承包合同，共同对业主负责，它属于紧密型联合体。在联合体内部，参加施工联合体的各施工单位之间还要签订内部合同，以明确彼此的经济关系和责任等。

施工联合体的承包方式是由多个承建单位联合共同承包一个工程的方式。多个承建单位只是针对某一个工程而联合，各单位之间仍是各自独立的，这一工程完成以后，联合体就不复存在。施工联合体统一与业主签约，联合体成员单位以投入联合体的资金、机械设备以及人员等作为在联合体中的投入份额，财务统一，并按各自投入的比例分享收益与风险。

施工联合体中的成员企业，共同推选出一位项目总负责人，由其统一组织领导和协调工程项目的施工。施工联合体一般还要设置一个监督机构，由各成员企业指派专人参加，以便共同商讨项目施工中的有关事宜，或作为办事机构处理有关日常事务。

采用施工联合体的工程承包方式，联合体成员单位在资金、技术、管理等方面可以集中各自的优势，各取所长，使联合体有能力承包大型工程或复杂工程，同时也可以增强抵抗风险的能力。施工联合体不是注册企业，因而不需要注册资金。在工程进展过程中，若联合体中某一成员单位破产，则其他成员单位仍需负责对工程的实施，其他成员单位需要共同协商补充相应的资源来保证工程施工的正常进行。通常在联合体内部的和约中有相应的规定，业主一般不会因此而造成损失。

6. 施工合作体模式

施工合作体是多个建筑施工企业以合作施工的方式，为承包完成某项工程建设施工任务组成的联合体。它属于松散型联合体。施工合作体与业主签订承包合同，由合作体统一组织、管理与协调整个工程的实施。施工合作体形式上与施工联合体相同，但实质上却完全不同。合作体成员单位只是在合作体的统一规划和协调下，各自独立地完成整个承包内容中的某个范围和规定数量的施工任务，各成员企业投入到项目中的人、财、物等只供本施工企业支配使用，各自独立核算、自负盈亏、自担风险。施工合作体一般不设置统一的指挥机构，但需推选若干成员企业负责施工合作体的内部协调工作，工程竣工后的利益分配无须统一进行。如果施工合作体内部某一成员单位破产倒闭，其他成员单位无须承担相应的经济责任，这一风险由业主承担。对业主而言，采用施工合作体模式，组织协调工作量可以减少，但项目实施的风险要大于施工联合体。

1.4.3 建筑方项目管理方式

1. 建设单位自管方式

建设单位自管方式是指建设单位直接参与并组织项目的管理，一般是建设单位设置基建机构，负责建设项目管理的全过程。如支配资金、办理各种手续及场地准备、设计招标、采购设备、施工招标、验收工程以及协调和沟通内外组织的关系。有的还组织专门的技术力量，对设计和施工进行审核和把关。但作为一个单位的基建部门，其专业技术人才的数量、人才结构、水平等往往不能满足工程建设的需要，而且由于工程建设任务不多，工作经验难以积累，往往造成项目的管理不善，不能实行高效科学的管理。其组织管理形式如图1.7所示。

2. 工程指挥部管理组织方式

工程指挥部通常由政府主管部门指令各有关方面派代表组成，工程完工后指挥部即宣告解体。在计划经济体制下，指挥部的管理体制对于保证重点工程建设项目的顺利实施、发展国民经济，都起着非常重要的作用。工程指挥部管理形式如图1.8所示。进入市场经济以后，工程指挥部管理方式的弊端越来越多地显露出来。如工程指挥部的工作人员临时从四面八方调集而来，多数人员缺乏项目管理经验。由于是一次性、临时性的工作难以积累经验，工作人员不稳定，在思想上也不会很重视。指挥部政企不分，与建设单位的关系是领导与被领导关系，指挥部凌驾于建设单位之上，一般仅对建设期负责，对经营期不负责，不负责投资回收和偿还贷款，因此他们考虑一次性投资多，考虑项目全生命周期的经济效益少。采用指挥部管理组织方式主要存在的问题：一是以行政权力和利益方式代替科学管理；二是以非稳定班子和非专业班子进行项目管理；三是缺乏建设期和经营期的连续性和综合性考虑。鉴于上述原因，这种组织方式现已很少采用。

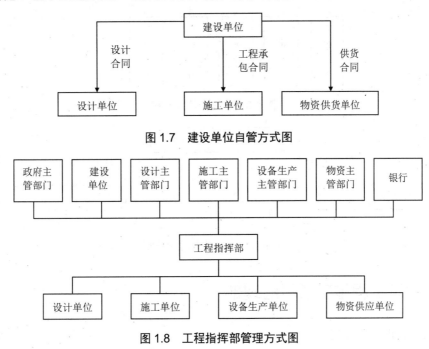

图 1.7　建设单位自管方式图

图 1.8　工程指挥部管理方式图

3. 工程托管方式

建设单位将整个工程项目的全部工作，包括可行性研究、建设准备、规划、勘察设计、材料供应、设备采购、施工、监理及工程验收等全部任务都委托给工程项目管理专业公司去管理或实施，由该公司派出项目经理，进行设计及施工的招标或直接组织有关专业公司共同完成整个建设项目。这种项目管理组织形式如图 1.9 所示。

4. 三角式管理组织方式

由建设单位分别与承包单位和咨询公司签订合同，由咨询公司代表建设单位对承包单位进行管理，这是国际上通行的传统项目管理组织。其组织形式如图 1.10 所示。

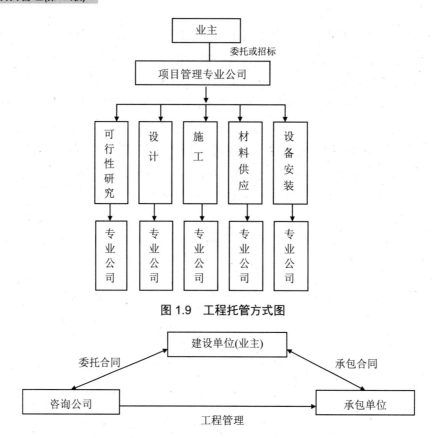

图 1.9 工程托管方式图

图 1.10 三角式管理组织图

1.4.4 建筑工程施工项目经理部

1. 项目经理部的作用

项目经理部是由项目经理在法定代表人授权和职能部门的支持下组建的、在现场进行项目管理的一次性组织机构。项目经理部是项目经理的工作班子，直接受项目经理的领导，同时又受企业职能部门的业务指导和管理。

项目经理部是一个组织团体，其作用包括以下内容。

(1) 完成企业所赋予的基本任务，即项目管理和专业技术管理任务等。

(2) 集中管理人员的力量，充分调动其积极性。

(3) 促进管理人员的合作，树立为事业献身的精神。

(4) 协调部门之间、管理人员之间的关系，发挥每个人的作用，共同处理好日常的项目建设工作。

(5) 影响和改变管理人员个体化的观念和行为，使个人的思想、行为变为项目组织的积极因素。

(6) 便于贯彻各项责任制度，促进部门之间的沟通，加强作业层之间、公司之间及各组织之间的信息联系与管理。

2. 项目经理部的设立

设立项目经理部应遵循以下基本原则。

(1) 要根据所设计的建筑工程项目管理组织形式设置项目经理部。项目管理组织形式与企业对项目经理部的授权有关。不同的组织形式对项目经理部的管理力量和管理职责提出了不同的要求，同时也提供了不同的管理环境。

(2) 要根据项目的规模、复杂程度和专业特点设置项目经理部。例如，大型项目经理部可以设置职能部、处；中型项目经理部可以设置职能处、科；小型项目经理部一般只需设置职能人员。如果项目的专业性强，可设置专业性强的职能部门，如水电和安装处等。

(3) 项目经理部是一个一次性管理组织，应随工程任务的变化而进行必要的调整，不应搞成一个固定的组织。项目经理部在项目开工前建立，工程交付后，项目管理任务完成，项目经理部自动解体。项目经理部不应有固定的作业队伍，而应根据项目的需要从劳务市场进行招聘，通过培训和优化组合后可上岗作业，实行作业队伍的动态管理。

(4) 项目经理部的人员配备应面向现场，满足现场的计划与调度、技术与质量、成本与核算、劳务与物资、安全与文明作业的需要，而不应设置与项目作业关系较少的非生产性管理部门，以达到项目经理部的高效与精简。

(5) 项目经理部应建立有益于组织运转的各项工作制度。

3. 项目经理部的规章制度

项目经理部的规章制度应包括下列各项。

(1) 项目管理人员岗位责任制度。

(2) 项目技术管理制度。

(3) 项目质量管理制度。

(4) 项目安全管理制度。

(5) 项目计划、统计与进度管理制度。

(6) 项目成本核算制度。

(7) 项目的材料采购制度。

(8) 项目材料、机械设备管理制度。

(9) 项目现场管理制度。

(10) 项目分配与奖励制度。

(11) 项目例会及施工日志制度。

(12) 项目分包及劳务管理制度。

(13) 项目组织协调制度。

(14) 项目信息管理制度。

项目经理部自行制定的规章制度与企业现行的有关规定不一致时，应报送企业或其授权的职能部门批准。

4. 项目经理部的运行

(1) 项目经理应组织项目经理部成员学习和贯彻各项规章制度，检查执行情况和效果，并应根据反馈信息改进管理。

(2) 项目经理应根据项目管理人员岗位责任制度对管理人员的责任目标进行检查、考核和奖惩。

(3) 项目经理部应对作业队伍和分包人实行合同管理，并应加强控制与协调。

(4) 项目经理部解体应具备下列条件。

① 工程已经竣工验收。

② 各种资料已整理完成，并在政府有关部门备案。

③ 与各分包单位已经结算完毕。

④ 已协助企业管理层与发包人签订了"工程质量保修书"。

⑤ "项目管理目标责任书"已经履行完成，经企业管理层审计合格。

⑥ 已与企业管理层办理了相关手续。

⑦ 最后清理完毕。

1.5　建筑工程项目监理

1.5.1　建筑工程项目监理概述

1. 建筑工程项目监理的概念

建筑工程项目监理是指具有相应资质的社会化、专业化的工程监理单位接受建设单位的委托，根据国家批准的工程项目建设文件与有关工程建设的法律、法规和建设监理合同以及其他工程建设合同，进行其项目管理工作，并代表建设单位对承建单位的建设行为进行监管的专业化服务活动。

建设单位是委托监理的一方，其在工程建设中拥有确定建设工程规模、标准、功能以及选择勘察、设计、施工、监理单位的条件等重大事宜的决定权。工程监理单位是指具有法人资格、取得监理资质的依法从事建设工程监理业务活动的经济组织，在受委托的范围内，对工程建设中的重大事宜拥有建议权。

2. 建筑工程项目监理的特征

1) 建筑工程监理的行为主体

实行监理的建筑工程，由建设单位委托具有相应资质条件的工程监理单位实施监理。其行为主体是工程监理单位。

2)　建筑工程监理实施的前提

建设单位与其委托的工程监理单位应当签订书面建设工程委托监理合同。工程监理单位应根据委托监理合同和建设单位与承建单位签订的工程建设合同的规定实施监理。

工程监理单位在委托监理的工程中拥有一定的监督管理权限，并开展一系列的监督管理活动，这是建设单位授权的结果。

依据法律、法规，以及有关建设工程合同，承建单位必须接受工程监理单位对其建设行为进行的监督管理。承建单位接受并配合监理就是履行其与建设单位签订的工程建设合同的一种行为。

3)　建筑工程监理的依据

建设工程监理的依据包括工程建设文件，有关工程建设的法律、法规、部门规章和标准、规范，以及建设工程委托监理合同和有关的工程建设合同。

4)　建筑工程监理的范围

建筑工程监理的范围可以分为监理的工程范围和监理的建设阶段范围。

(1)　工程范围。《建设工程质量管理条例》对实行强制性监理的工程范围做了原则性的规定，《建设工程监理范围和规模标准规定》则对实行强制性监理的工程范围做了具体规定。

《建设工程质量管理条例》明确规定了必须实行监理的工程有：国家重点建设工程，大中型公用事业工程，成片开发建设的住宅小区工程，利用外国政府或者国际组织贷款、援助资金的工程，国家规定必须实行监理的其他工程。

(2)　阶段范围。建筑工程监理可以适用于工程建设投资决策阶段和实施阶段，但目前主要是对建筑工程施工阶段实施监理。

在施工阶段委托监理，其目的是更有效地发挥监理的规划、控制、协调作用，为在计划目标内建成工程提供最好的监督和管理。

3. 建筑工程监理的工作性质

1)　服务性

建筑工程监理的服务性是由其业务性质决定的。建筑工程监理是通过规划、控制与协调，对建筑工程的进度、质量、投资、安全等方面进行管理；其基本目的就是协助建设单位在计划的目标内将建筑工程建成并投入使用。监理单位既不同于承建单位直接进行生产活动，又不同于业主进行直接投资活动，它不需要投入大量资金、材料、设备和劳动力。监理人员只是在工程项目建设过程中利用自己的知识、技能和经验、信息以及必要的试验、检测手段，为建设单位提供高智能的监督管理服务，以满足项目业主对项目管理的要求。监理单位是通过技术服务来获取相应的劳动报酬的。

工程监理单位只能在授权范围内代表建设单位从事管理工作，它不具有工程建设重大问题的决策权。所以，建筑工程监理不能完全取代建设单位的管理活动。

2) 科学性

建筑工程监理的科学性是由其工作任务决定的。工程监理单位应当由组织管理能力强、工程建设经验丰富的人员担任领导，应当有由足够数量的注册监理工程师组成的骨干队伍，并有健全的管理制度和现代化的管理手段，应当积累了足够的技术、经济资料和数据。监理工程师应当具备丰富的管理经验和应变能力，应当掌握先进的管理理论、方法和手段；监理人员要有科学的工作态度和严谨的工作作风，要实事求是、创造性地开展工作。

由于建筑工程项目具有一次性的特点，在整个施工过程中要求监理人员对工程的进度、质量、投资等进行严格的把关。这就要求监理人员按设计图纸和规范的要求对各个施工环节进行有效的控制，用科学来说话。

3) 独立性

《工程建设监理规定》和《建设工程监理规范》明确规定，工程监理单位应按照"公正、独立、自主"的原则开展监理工作。

工程监理单位是依据有关法律、法规、规范、工程建设文件、工程建设技术标准、建设工程委托监理合同、有关的建设工程合同等实施监理的。在实施监理的工程中，与承建单位不得有隶属关系和其他利害关系；实施监理时，必须建立自己的组织，独立地开展工作。

监理单位是直接参与工程项目建设的三方当事人之一，它受建设单位的委托进行项目的监理，与建设单位之间是合同的关系；按与建设单位签订的合同要求对承建单位的建设进行监理，与承建单位是监理与被监理的关系。监理单位是建设市场独立的一方，一切按照合同的规定来办事，具有独立性。

4) 公正性

公正性是监理行业能够长期生存和发展的基本职业道德要求。实施监理时，工程监理单位应当排除各种干扰，客观、公正地对待建设单位和承建单位，以事实为依据，以法律和有关合同为准绳，在维护建设单位的合法权益时，不损害承建单位的合法权益。

在实施监理过程中，监理单位必须按监理和施工合同的要求，公正地开展监理活动。既要保证建设单位完成项目的进度、质量、投资等的预期目标，又要为施工单位创造良好的施工环境，及时地督促建设单位支付工程进度款及办理合理的索赔事项，为建设单位和承建单位做好公正的第三方。

4. 建筑工程监理的工作任务

从建筑工程监理的基本概念和建筑工程监理的工作性质中，我们不难看出，建筑工程监理单位在委托授权的范围内，代表建设单位对建筑工程项目进行监督和管理，为建设单位提供管理服务。建筑工程监理的基本目的就是协助建设单位在计划的目标内将建设工程建成并投入使用。

建设工程监理的主要工作任务是：对建设工程实施进度管理、质量管理、安全管理、环境管理、成本管理、有关合同管理、信息管理、沟通管理、采购管理、资源管理、风险管理和项目结束阶段管理，并对建设工程承建单位的建设行为实施有效监控，确保建设工程的进度、质量、安全、环境、成本处于受控状态，以实现建设工程监理的目的。

1.5.2　建筑工程项目管理与工程监理的区别

1988 年，我国建立建设工程监理制度之初就明确规定，我国的建设工程监理是专业化、社会化的建设单位项目管理，所依据的基本理论和方法来自建设项目管理学。我国监理工程师培训教材就是以建设项目管理学的理论为指导进行编写的，并尽可能及时地反映建设项目管理学的最新发展。因此，我国的建设工程监理无论在管理理论和方法上，还是在业务内容和工作程序上，与建设工程项目管理都是相同的。

建筑工程项目管理与工程监理的区别主要表现在以下几个方面。

1)　建筑工程监理的服务对象具有单一性

建筑工程项目管理按服务对象主要可分为为建设单位服务的工程项目管理和为承建单位服务的工程项目管理。我国的建设工程监理制度规定，工程监理单位只接受建设单位的委托，即只为建设单位服务，它不能接受承建单位的委托为其提供管理服务。从这个意义上来看，可以认为我国的建设工程监理就是为建设单位服务的工程项目管理。换言之，建筑工程项目既要由承建单位自行开展的工程项目管理活动，又要接受建设单位委托的监理单位的监督管理。

2)　建筑工程监理属于强制推行的制度

建筑工程项目管理是我国市场经济条件下工程建设的必然要求，是建设各方提高自身管理水平完成预期建设合同目标的需要，其发展过程也是整个建筑市场发展的一个方面，没有来自政府部门的行政指导或干预。而我国建设工程监理制度从一开始就是作为对计划经济条件下所形成的建设工程管理体制改革的一项新制度提出来的，是依靠行政手段和法律手段在全国范围推行的。为此，不仅在各级政府部门中设立了主管建设工程监理有关工作的专门机构，而且制定了有关的法律、法规、规章，明确提出国家推行建设工程监理制度的各项要求，并具体规定了必须实行建设工程监理的工程范围。其结果是在较短时间内促进了建设工程监理在我国的发展，形成了一批专业化、社会化的工程监理单位和监理工程师队伍，缩小了与发达国家建设工程项目管理的差距。实行建筑工程监理是我国建筑市场与国际接轨的需要。

3)　建筑工程监理具有对第三方的监督功能

我国的工程监理单位有其特殊地位，它与建设单位构成委托与被委托关系，与承建单位虽然无任何合同和经济关系，但根据建设单位授权，与承建单位是监理与被监理的关系，有权对其建设行为进行监督，或者预先防范和实施管理，发现问题可及时令其修改和纠正，或者向有关部门反映，做出处理。不仅如此，在我国的建设工程监理中还强调对承建单位施工过程和施工工序的监督、检查和验收，而且在实践中又进一步提出了旁站监理的规定。

4) 建筑工程监理实行注册监理工程师制度

建筑工程监理企业实行注册监理工程师制度，根据监理资质的不同，监理单位需要有不同数量的注册监理工程师。每个项目均要有一个总监理工程师对项目进行现场监管，总监理工程师必须是国家注册监理工程师，对整个工程项目承担监理技术责任。注册监理工程师每年由国家组织考试一次，报考人员必须从事建设工作一定年限的并具有中级以上专业技术职称的。

1.5.3 建筑工程项目的监理规划

1. 项目监理规划的概念

项目监理规划是以被监理的建筑工程项目为对象进行编制的，是用来指导项目监理组织全面开展各项监理工作的技术、经济、组织和管理的纲领性文件。它是根据项目监理委托合同规定范围和业主的具体监理要求，由项目监理总工程师主持编制的。

按照项目监理委托合同订立和实施过程不同，它可分为监理大纲、监理规划和监理实施细则三种。监理大纲和监理实施细则是与监理规划相互关联的两个重要监理文件，它们与监理规划一起共同构成监理规划系列性文件。

监理规划的作用表现在以下几个方面。

1) 监理规划指导项目监理组织全面开展监理工作

建筑工程项目的监理是一个复杂的、系统的工作，必须在全面开展监理工作之前就制定好各项工作的规划，对如何建立组织、配备监理人员，如何进行有效的领导、实施目标控制做出具体的安排。合理制定好监理规划，才能圆满地完成建设监理的任务，实现监理的总目标。因此，项目的监理规划须对项目的各项监理工作做出全面、系统的组织和安排，它包括确定监理总目标，建立项目的监理组织，制定项目的进度管理、质量管理、安全管理、成本管理、合同管理、信息管理和沟通管理等各项具体的工作，并确定采用的方法和有关措施。监理规划是监理人员工作的依据。

2) 监理规划是监理主管部门对监理单位实施监督管理的重要依据

监理单位均要接受建设行政主管部门的监督和管理，目前主要的主管部门是建委(或行业协会)、质检站和安检站等。除了对监理单位进行一般性的年度资质审查外，还要对监理单位参加的每个监理工程进行检查，并现场打分。而监理规划是监理工作的一个非常重要的评价依据，它不仅能考核监理单位是否履行了监理规划的承诺，是否派出了相应的监理人员，而且也是衡量监理单位技术素质和管理水平的重要依据之一。

3) 监理规划是业主确认监理单位是否全面履行工程建设监理合同的主要依据

监理单位开展监理工作必须严格按合同的规定和要求来进行，由于合同的条款不可能对各项工作内容和要求描述得很具体，故监理规划也可被视作监理单位履行合同的补充文件，它也是监理单位对业主完成项目监理的一个承诺。因此，业主对监理单位的评价应综合考虑其完成合同的情况及履行监理规划的情况，在实施项目的监理过程中，业主可以按监理规划的要求对监理人员进行监督。

4)　监理规划系列文件是监理单位重要的存档资料

监理规划系列文件是监理单位重要的存档资料，它不仅要在本单位存档，也要作为工程验收的重要资料，必须上交建设行政主管部门存档。

2. 项目监理规划的编制

1)　监理大纲

监理大纲也称为监理方案，它是监理单位在招投标过程中或业主委托监理的过程中为了承揽监理业务而编制的监理方案性的文件。监理大纲的主要作用表现在两个方面：一是向业主显示本项目监理的目标、管理组织和技术方案，使业主认可监理单位，从而承揽到监理业务；二是为今后开展监理工作制定方案，这是监理规划编制的主要依据之一。监理大纲也是监理单位在项目中标之前向业主做出的承诺，在中标后的监理过程中必须遵守。其内容应当根据监理招标文件的要求制定。其通常包括的内容有：监理单位拟任用的总监理工程师和派往项目上的主要监理及管理人员，并对他们的资质情况和工程经历进行介绍；监理单位应根据业主所提供的和自己初步掌握的工程信息制定准备采用的监理方案(监理组织方案、各目标控制方案、合同管理方案、组织协调方案等)；明确说明将提供给业主的、反映监理阶段性成果的文件。项目监理大纲是监理单位开展监理活动前期工作的重要文件，由项目总监理工程师主持编制。

2)　监理规划

监理规划是监理单位获得了项目的监理业务并与业主签订了工程建设监理合同之后，根据监理合同的约定，在监理大纲的基础上，结合项目的具体情况及业主的其他书面要求，广泛收集工程信息和资料的情况下制定的。监理规划是指导整个项目监理组织开展监理工作的技术和组织管理文件，由项目总监理工程师主持编制。

监理大纲和监理规划从内容和范围上讲都是围绕整个项目监理组织所开展的监理工作来编写的，但监理规划的内容要比监理大纲更翔实全面。监理大纲编写时工程设计文件可能尚未完成，监理单位只能根据业主招标书的要求来编制；监理规划则是在收到工程项目的设计文件后，根据项目的实际情况进行编制的，它更符合工程的监理实际。

监理规划编制的程序与依据应符合下列规定。

(1)　监理规划应在签订委托监理合同及收到设计文件后开始编制，完成后必须经监理单位技术负责人审核批准，并应在召开第一次工地会议前报送建设单位。

(2)　监理规划应由总监理工程师主持、专业监理工程师参加编制。

(3)　编制监理规划的依据如下。

①　建设工程的相关法律、法规及项目审批文件。

② 与建设工程项目有关的标准、设计文件、技术资料。

③ 监理大纲、委托监理合同文件以及与建设工程项目相关的合同文件。

监理规划应包括以下主要内容。

(1) 工程项目概况。

(2) 监理工作范围。

(3) 监理工作内容。

(4) 监理工作目标。

(5) 监理工作依据。

(6) 项目监理机构的组织形式。

(7) 项目监理机构的人员配备计划。

(8) 项目监理机构的人员岗位职责。

(9) 监理工作程序。

(10)监理工作方法及措施。

(11)监理工作制度。

(12)监理设施。

在监理工作实施过程中，如实际情况或条件发生重大变化而需要调整监理规划时，应由总监理工程师组织专业监理工程师研究修改，经总监理工程师批准后报建设单位。

监理实施细则又称项目监理细则。监理实施细则是在项目监理规划的基础上，由项目监理组织的各有关部门，根据监理规划的要求，在专业监理工程师的主持下，针对所分担的具体监理任务和工作，结合项目具体情况和掌握的工程信息制定的具体指导各专业监理业务实施的文件。如果把工程建设监理看作一项系统工程，那么项目监理规划系列文件就是一套完整的监理设计图纸，监理大纲是方案设计，监理规划是施工图设计，而监理实施细则是施工图设计中的节点大样。

监理实施细则是在监理规划完成后才开始编写的。其内容具有局部性，一般按专业来划分，是围绕自己部门的主要工作来编写的。它的作用是指导各专业具体监理业务的开展。

对中型及以上或专业性较强的工程项目，项目监理机构应编制监理实施细则。监理实施细则应符合监理规划的要求，并应结合工程项目的专业特点，做到详细具体、具有可操作性。

监理实施细则的编制程序与依据应符合下列规定。

(1) 监理实施细则应在相应工程施工开始前编制完成，而且必须经总监理工程师批准。

(2) 监理实施细则应由专业监理工程师编制。

(3) 编制监理实施细则的依据如下。

① 已批准的监理规划。

② 与专业工程相关的标准、设计文件和技术资料。

③ 施工组织设计。

监理实施细则应包括下列主要内容。

(1) 专业工程的特点。

(2) 监理工作的流程。

(3) 监理工作的控制要点及目标值。

(4) 监理工作的方法及措施。

在监理工作实施过程中，监理实施细则应根据实际情况进行补充、修改和完善。

1.5.4　建筑工程监理相关的法律、法规简介

1. 建筑工程监理相关的法律、法规以及部门规章

(1) 法律。中华人民共和国建筑法。

(2) 行政法规。建设工程质量管理条例。

(3) 部门规章。

① 建设工程监理规范。

② 房屋建筑工程施工旁站监理管理办法(试行)。

2. 《中华人民共和国建筑法》中有关建设工程监理的规定

《中华人民共和国建筑法》中专门针对"建筑工程监理"做出了相关规定，其具体内容如下。

(1) 国家推行建筑工程监理制度。国务院可以规定实行强制监理的建筑工程的范围。

(2) 实行监理的建筑工程，由建设单位委托具有相应资质条件的工程监理单位监理。建设单位与其委托的工程监理单位应当订立书面委托监理合同。

(3) 建筑工程监理应当依据法律、行政法规及有关的技术标准、设计文件和建筑工程承包合同，对承包单位在施工质量、建设工期和建设资金使用等方面，代表建设单位实施监督。工程监理人员认为工程施工不符合工程设计要求、施工技术标准和合同约定的，有权要求建筑施工企业改正。工程监理人员发现工程设计不符合建筑工程质量标准或者合同约定的质量要求的，应当报告建设单位，要求设计单位改正。

(4) 实施建筑工程监理前，建设单位应当将委托的工程监理单位、监理的内容及监理权限，书面通知被监理的建筑施工企业。

(5) 工程监理单位应当在其资质等级许可的监理范围内，承担工程监理业务。工程监理单位应当根据建设单位的委托，客观、公正地执行监理任务。工程监理单位与被监理工程的承包单位以及建筑材料、建筑构配件和设备供应单位不得有隶属关系或者其他利害关系。工程监理单位不得转让工程监理业务。

(6) 工程监理单位不按照委托监理合同的约定履行监理义务，对应当监督检查的项目不检查或者不按照规定检查，给建设单位造成损失的，应当承担相应的赔偿责任。工程监

理单位与承包单位串通，为承包单位谋取非法利益、给建设单位造成损失的，应当与承包单位承担连带赔偿责任。

3. 《建设工程质量管理条例》中有关建设工程监理的规定

1) 工程监理单位具有质量责任和义务

(1) 工程监理单位应当依法取得相应等级的资质证书，并在其资质等级许可的范围内承担工程监理业务。

(2) 禁止工程监理单位超越本单位资质等级许可的范围或者以其他工程监理单位的名义承担工程监理业务；禁止工程监理单位允许其他单位或者个人以本单位的名义承担工程监理业务。

2) 工程监理单位不得转让工程监理业务

(1) 工程监理单位与被监理工程的施工承包单位以及建筑材料、建筑构配件和设备供应单位有隶属关系或者其他利害关系的，不得承担该项建设工程的监理业务。

(2) 工程监理单位应当依照法律、法规以及有关技术标准、设计文件和建设工程承包合同，代表建设单位对施工质量实施监理，并对施工质量承担监理责任。

(3) 工程监理单位应当选派具备相应资格的总监理工程师和(专业)监理工程师进驻施工现场。

未经监理工程师签字，建筑材料、建筑构配件和设备不得在工程上使用或安装，施工单位不得进行下一道工序的施工。未经总监理工程师签字，建设单位不拨付工程款，不进行竣工验收。

(4) 监理工程师应当按照工程监理规范的要求，采用旁站、巡视和平行检验等形式，对建设工程实施监理。

3) 工程监理单位违反条例的处罚规定

(1) 工程监理单位超越本单位资质等级承担监理业务的，责令停止违法行为，对工程监理单位处合同约定的监理酬金1倍以上2倍以下的罚款。

(2) 工程监理单位允许其他单位或者个人以本单位名义承揽工程的，责令改正，没收违法所得，对工程监理单位处合同约定的监理酬金1倍以上2倍以下的罚款。

(3) 工程监理单位转让工程监理业务的，责令改正，没收违法所得，对工程监理单位处合同约定的监理酬金25%～50%的罚款；可以责令停业整顿，降低资质等级；情节严重的，吊销资质证书。

(4) 工程监理单位与建设单位或施工单位串通，弄虚作假、降低工程质量的，或者将不合格的建设工程、建筑材料、建筑构配件和设备按照合格签字的，责令改正，处50万元以上100万元以下的罚款，降低资质等级或者吊销资质证书；有违法所得的，予以没收；造成损失的，承担连带责任。

(5) 工程监理单位与被监理工程的施工承包单位以及建筑材料、建筑构配件和设备供应单位有隶属关系或者其他利害关系承担该项建设工程的监理业务的，责令改正，处 5 万元以上 10 万元以下的罚款，降低资质等级或者吊销资质证书；有违法所得的，予以没收。

(6) 监理工程师(注册执业人员) 因过错造成质量事故的，责令停止执业 1 年；造成重大质量事故的，吊销执业资格证书，5 年以内不予注册；情节特别恶劣的，终身不予注册。

(7) 工程监理单位违反国家规定，降低工程质量标准，造成重大安全事故，构成犯罪的，对直接责任人员依法追究刑事责任。

(8) 工程监理单位的工作人员因调动工作、退休等原因离开单位后，被发现在该单位工作期间违反国家有关建设工程质量管理规定造成重大工程质量事故的，仍应依法追究法律责任。

4. 《建设工程监理规范》简介

目前实行的《建设工程监理规范》(GB 50319—2013)对建设工程监理工作在技术管理、经济管理、合同管理、组织管理和工作协调等方面的内容、方式、范围和深度均做出了具体规定。由于目前监理工作在建设工程投资决策阶段和设计阶段尚未形成系统、成熟的经验，需要通过实践进一步研究探索，故该规范暂未涉及工程项目前期可行性研究和设计阶段的监理工作。

本规范主要介绍了以下几方面的内容。

1) 项目监理机构及其设施

(1) 项目监理机构。

(2) 监理人员的职责。

(3) 监理设施。

2) 监理规划及监理实施细则

(1) 监理规划。

(2) 监理实施细则。

3) 施工阶段的监理工作

(1) 制定监理工作程序的一般规定。

(2) 施工准备阶段的监理工作。

(3) 工地例会。

(4) 工程质量控制工作。

(5) 工程造价控制工作。

(6) 工程进度控制工作。

(7) 竣工验收。

(8) 工程质量保修期的监理工作。

4) 施工合同管理的其他工作

(1) 工程暂停与复工。

(2) 工程变更的管理。

(3) 费用索赔的处理。

(4) 工程延期及工程延误的处理。

(5) 合同争议的调解。

(6) 合同的解除。

5) 施工阶段监理资料的管理

(1) 监理资料。

(2) 监理月报。

(3) 监理工作总结。

(4) 监理资料的管理。

6) 设备采购监理与设备监造

(1) 设备采购监理。

(2) 设备制造。

(3) 设备采购监理与设备制造的监理资料。

5.《房屋建筑工程施工旁站监理管理办法》的有关规定

为了提高建设工程质量，建设部于 2002 年 7 月 17 日颁布了《房屋建筑工程施工旁站监理管理办法(试行)》。该规范性文件要求建设工程监理单位在工程施工阶段实行旁站监理，并明确了旁站监理的工作程序、内容以及旁站监理人员的职责。

1) 旁站监理的概念

旁站监理是指监理人员在工程施工阶段，对建设工程的关键部位、关键工序的施工质量实施全过程现场跟班的监督管理活动。旁站监理是控制工程施工质量的重要手段之一。旁站监理产生的记录则是确认建设工程相关部位工程质量的重要依据。

在实施旁站监理工作中，建设工程的关键部位、关键工序，必须结合具体的专业工程来予以确定。如房屋建筑工程的关键部位、关键工序包括两类内容。一是基础工程类：土方回填，桩基工程，地下连续墙、土钉墙、地下室后浇带及防水混凝土浇筑。二是主体结构工程类：梁柱节点及端部钢筋绑扎，混凝土浇筑，预应力张拉，装配式结构安装，钢结构安装，网架结构安装，索膜安装。至于其他部位或工序是否需要旁站监理，可由建设单位与监理单位根据工程具体情况协商确定。

2) 旁站监理的程序

旁站监理一般按下列程序实施。

(1) 监理单位制定旁站监理方案，明确旁站监理的范围、内容、程序和旁站监理人员的职责，并编入监理规划中。旁站监理方案同时送建设单位、施工企业和工程所在地的建设行政主管部门或其委托的工程质量监督机构各一份。

(2) 施工企业根据监理单位制定的旁站监理方案，在需要实施旁站监理的关键部位、关键工序进行施工前 24 小时，书面通知监理单位派驻工地的项目监理机构。

(3) 项目监理机构安排旁站监理人员按照旁站监理方案实施旁站监理。

3) 旁站监理人员的工作内容和职责

(1) 检查施工企业现场质检人员到岗、特殊工种人员持证上岗以及施工机械、建筑材料准备情况。

(2) 在现场跟班监督关键部位、关键工序的施工方案执行情况以及工程建设强制性标准的执行情况。

(3) 核查进场建筑材料、建筑构配件、设备和商品混凝土的质量检验报告等，并可在现场监督施工企业进行检验或者委托具有资格的第三方进行复验。

(4) 做好旁站监理记录和监理日记，保存旁站监理原始资料。

如果旁站监理人员或施工企业现场质检人员未在旁站监理记录上签字，则施工企业不能进行下一道工序施工，监理工程师或者总监理工程师也不得在相应文件上签字。

旁站监理人员在旁站监理时，如果发现施工企业有违反工程建设强制性标准行为的，有权制止并责令施工企业立即整改；如果发现施工企业的施工活动已经或者可能危及工程质量的，应当及时向监理工程师或者总监理工程师报告，由总监理工程师下达局部暂停施工指令或者采取其他应急措施，制止危害工程质量的行为。

【案例 1.1】

背景材料：

某办公楼建筑工程总建筑面积为 34 928m²，主体为框架剪力墙结构(局部钢筋混凝土结构)，基础结构形式为钢筋混凝土筏板基础，主体建筑地下 3 层，地上 21 层，建筑檐高 63.8m，位于繁华闹区。

问题：

施工中与建设单位的协调内容应包括哪些？

案例分析：

主动与业主沟通，积极与业主配合；工程开工时，请业主在开工报表上签章，及时向业主介绍施工进度情况；按时参加业主召开的工程会议；重视业主提出的工程变更意见，变更费用必须得到业主签章认可；及时邀请业主参加隐蔽工程验收；呈报工程进度月报表，请业主在报表上签章，作为工程计量的依据。

【案例 1.2】

背景材料：

某公司(业主)拟投资建设一建筑工程，在该工程项目的设计文件完成后，委托了一家监理单位，该监理单位的工作范围被限定在施工招标和施工阶段。监理合同签订后，总监理工程师分析了该工程项目的规模和特点，准备按照组织结构设计、确定管理层次、确定监理工作内容、确定监理目标和制定监理工作流程等步骤，来建立本项目的监理组织机构。

问题：

(1) 常用组织结构形式有哪几种？若想建立起机构简单、权力集中、命令统一、职责分明、隶属关系明确的监理组织机构，应选择哪一种组织结构形式？

(2) 在施工招标之前，监理单位编制了招标文件，主要内容包括：①工程综合说明；②设计图纸和技术资料；③施工方案；④工程量清单；⑤主要材料与设备供应方式；⑥施工项目管理机构；⑦合同条件；⑧保证工程质量、进度、安全的主要技术组织措施；⑨特殊工程的施工要求。请问施工招标文件内容中哪几条不正确？并简述其原因。

(3) 监理组织机构设置步骤有何不妥？应该怎样改正？

(4) 为了使监理工作规范化进行，总监理工程师拟以工程项目建设条件、监理合同、施工合同、施工组织设计和各专业监理工程师编制的监理实施细则为依据，编制施工阶段监理规划。请问监理规划编制依据有何不妥之处？为什么？

案例分析：

(1) 常见的组织结构形式有事业部式、直线职能式和矩阵式。应选择直线职能式的项目管理组织结构形式。

(2) ④、⑥、⑧条不正确。因为④、⑥、⑧三条均是投标文件(或投标单位编制)的内容。

(3) 设置步骤中不应包含"确定管理层次"，且其他步骤的顺序不正确。正确的步骤应是：①确定监理目标；②确定监理工作内容；③组织结构设计；④确定监理工作流程。

(4) 不妥之处：编制依据中不应该包括监理实施细则和施工组织设计。因为施工组织设计是施工单位(或承包单位)编制指导施工的文件；监理实施细则是根据监理规划编制的。

【案例1.3】

背景材料：

建设单位委托某监理公司负责拟建的某大楼施工阶段的监理工作。

该监理公司的技术负责人组织技术部门人员编制该项目施工阶段的监理规划。参加编写监理规划人员根据投标时的监理大纲，将本监理公司已有的监理规划标准范本，做适当改动后编制成该工程项目监理规划。该工程项目监理规划经该监理公司总经理审核签字后，报送建设单位。

该工程项目监理规划包括以下内容。

① 工程项目概况。

② 监理工作依据。

③ 监理工作内容。

④ 项目监理机构的组织形式。

⑤ 项目监理机构人员配备计划。

⑥　监理工作方法及措施。

⑦　项目监理机构的人员岗位职责。

⑧　监理设施。

问题:

(1)　该监理公司编制"监理规划"的做法有何不妥?

(2)　该项目"监理规划"内容中有哪些缺项名称?

案例分析:

(1)　监理公司编制"监理规划"的做法中,不妥之处主要有以下几项。

①　监理规划由监理公司技术负责人组织技术部门人员编制不妥,应由总监理工程师主持,专业监理工程师参加编写。

②　监理公司总经理审核不妥,应由监理公司技术负责人审核。

③　根据范本修改不妥,应具有针对性(或应根据该工程特点、规模、合同等编制)。

(2)　缺项名称:监理工作范围、监理工作目标、监理工作程序、监理工作制度。

思　考　题

1. 什么是建筑工程施工项目管理?

2. 建筑工程施工项目管理有哪些主要内容?

3. 建筑工程施工项目管理组织有哪些主要形式?

4. 建筑工程施工项目管理规划的编制原则有哪些?

5. 建筑工程施工项目管理实施规划的内容是什么?

6.《建设工程监理规范》对项目监理机构有哪些规定?

7. 施工阶段项目监理机构的工作有哪些?

8. 简述监理的工作性质和工作任务。

9. 简述建筑工程施工项目管理与工程监理的关系和区别。

10. 监理规划应包括哪些主要内容?

第 2 章　建筑工程项目进度管理

教学指引

◆　知识重点：施工项目进度控制措施；施工进度计划的编制；流水施工组织形式；横道图进度计划与网络计划控制技术；施工进度计划的实施、检查及其调整。

◆　知识难点：网络计划的绘制；网络计划时间参数的计算方法；关键线路和关键工作的确定方法；实际进度与计划进度的比较方法。

学习目标

◆　熟悉建筑工程项目进度管理的概念。

◆　了解建筑工程项目进度管理工作程序。

◆　了解建筑工程进度计划系统。

◆　熟悉建筑工程项目进度计划的编制方法。

◆　掌握建筑工程项目流水施工组织方式。

◆　掌握建筑工程项目横道图进度计划的编制。

◆　掌握建筑工程项目网络进度计划控制技术。

◆　熟悉建筑工程项目进度计划的实施。

◆　掌握实际进度与计划进度的比较方法。

案例导入

某建筑公司作为工程承包商，承接了某市冶金机械厂的施工任务，该项目由铸造车间、机械加工车间、检测中心等多个工业建筑和办公楼等配套工程组成，计划工期为24个月，由于项目提前投入运营将产生极大的经济效益，业主与承包商及监理方签订了提前完成工程项目的奖励协议。

针对该工程特点、进度计划编制主体及进度计划涉及内容的范围和时段等具体情况，确定了该工程进度分为三个大层次进行管理，即业主层、监理层和施工承包商层。业主根据合同要求编制了施工项目总进度计划，施工承包商依据工程总进度计划，在确定了施工方案和施工组织设计后，对招标文件要求的工期、阶段目标进一步分解和细化之后，编制了单位工程进度计划。在项目实施过程中，将进度实际执行情况不断反馈，然后对原有的进度计划进行调整，做出下一步计划。同时当实际进度与计划进度出现偏差时，通过建立严格的进度计划会商和审批制度；对进度计划执行进行考核，对总进度计划中的关键项目进行重点跟踪等进度控制措施，来确保工期目标的实现。同时为提高工作效率、加强联系并及时互通信息，在业主、监理和施工承包商之间建立了计算机局域网，这些基础建设为进度计划编制和传递提供了强有力的手段。

通过有效的进度管理措施和方法，提高了劳动生产力和工程质量，加快了施工进度，该工程比计划工期提前了2个月完工，业主与承包商及监理方均取得了显著的经济效益。

2.1 建筑工程项目进度管理的工作过程

进度管理 →
1. 编制项目总进度计划。
2. 编制单位工程进度计划。
3. 建筑工程项目进度计划的实施。
4. 建筑工程项目进度计划的检查与调整。

1. 编制项目总进度计划 →
- 计算工程量。
- 确定各单位工程施工工期。
- 确定各单位工程搭接关系。
- 编制施工总进度计划。

2. 编制单位工程进度计划 →

- 研究施工图和有关资料并调查施工条件。
- 划分施工过程，编排合理的施工顺序。
- 计算各施工过程的工程量、劳动力和机械台班数。
- 采用流水施工方法、横道图进度计划和网络计划控制技术，编制项目施工的进度计划。
- 编制劳动力和物资计划。

3. 建筑工程项目进度计划的实施 →

- 编制月(旬)作业计划。
- 签发施工任务书。
- 做好施工记录，认真填报施工进度统计表。
- 做好施工中的调度工作。

4. 建筑工程项目进度计划的检查与调整 →

- 跟踪检查施工实际进度，收集实际进度数据。
- 整理统计检查数据。
- 对比实际进度与计划进度。
- 通过改变工作间的逻辑关系和缩短工作持续时间调整项目进度计划。

2.2　建筑工程项目进度管理概述

2.2.1　建筑工程项目进度管理的概念

1. 进度

进度(Rate of Progress)通常是指项目实施结果的进展状况。建筑工程项目进度是一个综合的概念，除工期以外，还可以用工程量、资源消耗等来衡量。影响工程进度的因素也是多方面的、综合性的，包括人为因素、技术因素、材料设备因素、资金因素、水文地质气象因素、社会环境因素等。

2. 进度指标

按照一般的理解，工程进度表达的是项目实施结果的进展状况，就应该以项目任务的完成情况，如工程的数量来表达。但由于通常工程项目对象系统是复杂的，常常很难选定一个恰当的、统一的指标来全面反映工程的进度。人们将工程项目任务、工期、成本有机结合起来，目前应用得较多的是如下四种指标。

(1) 持续时间。项目与工程活动的持续时间是进度的重要指标之一。一般情况下，开始阶段投入资源少、工作配合不熟练，进而施工效率低；中期投入资源多、工作配合协调，效率最高；而后期工作面小，投入资源较少，施工效率也较低，实际工作中工作效率与时间的关系如图 2.1 所示。只有在施工效率和计划效率完全相同时，工期消耗才能真正代表进度，通常使用这一指标与完成的实物量、已完工程的价值量或者资源消耗等指标结合起来对项目进展状况进行分析。

(2) 完成的实物量。用完成的实物量表示进度。例如，设计工程按资料完成量；混凝土工程按完成的体积计量，设备安装工程按完成的吨位计量；管线、道路工程用长度计量等。完成的物量适用于描述单一任务的专项工程，如道路、土方工程等，但其同一性较差，不适合用来描述综合性、复杂工程的进度，如分部工程、分项工程进度。

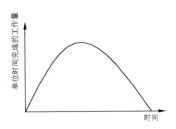

图 2.1　时间效率关系图

(3) 已完工程的价值量。已完工程的价值量是指已完成的工作量与相应合同价格或预算价格的乘积。它将各种不同性质的工程量从价值形态上统一起来，可方便地将不同分项工程统一起来，能够较好地反映由多种不同性质工作所组成的复杂、综合性工程的进度状况。

(4) 资源消耗指标。常见的资源消耗指标有：工时、机械台班、成本等。资源消耗指标具有统一性和较好的可比性。各种项目均可用它们作为衡量进度的指标，便于统一分析尺度。在实际应用中，常常将资源消耗指标与工期指标结合起来，分析进度是否实质性拖延及成本超支。

3. 进度管理

进度管理是指根据进度总目标及资源优化配置的原则，对工程项目各建设阶段的工作内容和程序、持续时间和衔接关系编制计划并付诸实施，而后在进度计划的实施过程中经常检查实际进度是否按计划要求进行，如有偏差，则分析产生偏差的原因，采取补救措施或调整、修改原计划，再按新计划实施，如此动态循环，直到工程竣工交付使用。进度管理的总目标是确保建设项目按预定的时间交工或提前交付使用。

2.2.2　建筑工程项目进度管理工作程序

建筑工程项目进度管理工作程序可以概括为计划、实施、检查、调整四个基本过程，如图 2.2 所示。该过程的基本原理是按 PDCA 循环理论来展开的，它是一个动态持续改进的过程。其中 P(plan)是指根据施工合同确定的开工日期、总工期和竣工日期等资料确定建筑工程项目总进度目标和分进度目标，并编制进度计划；D(do)是指按进度计划实施项目；C(check)是指监督检查实施情况，进行实际施工进度与计划施工进度的比较；A(action)是指出现进度偏差(不必要的提前或延误)时，应采取相应的措施及时进行调整，并应不断地预测进度状况。每进行完一个控制循环，进度控制的水平就提高一步，在改进的基础上展开下一个阶段的控制。

1. 确定目标，制订进度计划

由于施工项目受诸多因素的影响，项目管理者需要收集施工合同、施工方案、有关技术经济资料等，对影响进度的各种因素进行调查、分析，预测它们对进度可能产生的影响，确定科学、合理的进度总目标。根据进度总目标和资源的优化配置原则，编制可行的进度计划。该进度计划应包括各种不同层次的进度计划，例如从项目进程角度，需要有项目整体性计划及各种不用阶段的进度计划。在此基础上制定进度保证措施，最后还需对这些计划进行优化，以提高进度计划的合理性。

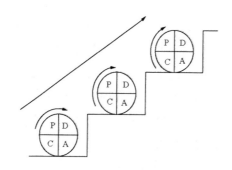

图 2.2　PDCA 循环示意图

2. 项目进度计划实施

首先应建立以项目负责人为首的进度计划管理组织机构，将项目进度目标落实到人。其次要建立完善的进度考核管理制度。由于现实建筑工程项目实施环境中会存在大量的干扰因素，因而在实施阶段要对可能影响进度的风险事件进行识别，制定和采取必要的预控措施，这样才能减少实际与计划的偏差，把控制重点放在事前和事中。

3. 项目进度状况检查

定期对项目进度计划在实施过程中的状况进行检查和测量，将得到的资料数据进行归类、汇总和分析，将其与计划进度进行比较，并及时进行趋势预测。项目进度管理，在项目进度监测阶段的主要工作为：收集进度情况数据、资料；将实际进度与计划进度比较，进行偏差分析；进行趋势分析及预测。只有对偏差的及时识别、对发展趋势的有效预测，才能为后续的进度调整提供可靠的依据。

4. 项目进度分析、调整

在项目实施过程中，由于众多外界因素的干扰，产生偏差是很自然的事情，因而调整才显得更加重要。有时需要采取一定的措施，而这个过程有时是个非常复杂的过程。项目进度管理进度分析、处理阶段的主要工作为：一是偏差分析，分析产生进度偏差的前因后果；二是动态调整，寻求进度调整的约束条件和可行方案；三是优化控制，对调整措施和新计划进行优化并做出评审。偏差分析、动态调整和优化控制是项目进度管理过程中最困难、最关键的环节。

2.2.3 建筑工程项目进度控制措施

建筑工程项目进度控制采取的主要措施有组织措施、管理措施、经济措施、技术措施等。

1. 组织措施

组织是目标能否实现的决定性因素，为实现项目的进度目标，应充分重视健全项目管理的组织体系。进度控制工作任务和相应的管理职能应在项目管理组织设计的任务分工表和管理职能分工表中标示并落实。进度控制的组织措施包括以下几个方面。

(1) 建立进度控制目标体系，明确工程现场监理机构进度控制人员及其职责分工。

(2) 建立工程进度报告制度及进度信息沟通网络。

(3) 建立进度计划审核制度和进度计划实施中的检查分析制度。

(4) 建立进度协调会议制度，包括协调会议举行的时间、地点、参加人员等。

(5) 建立图纸审查、工程变更和设计变更制度。

2. 管理措施

管理措施涉及管理的思想、管理的方法、管理的手段、承发包模式、合同管理和风险管理等。在理顺组织的前提下，科学和严谨的管理显得十分重要。进度控制的管理措施包括以下几个方面。

(1) 科学地使用工程网络计划对进度计划进行分析。通过工程网络的计算可以发现关键工作和关键线路，也可以知道非关键工作可使用的时差，工程网络计划有利于实现进度控制的科学化。

(2) 选择合理的承发包模式。建设项目的承发包模式直接关系到工程实施的组织和协调，为实现进度目标，应选择合理的合同结构，包括：EPC 模式、DB 模式、施工联合体模式等，均可有效地减少合同界面。

(3) 加强风险管理。为实现进度目标，不但应进行进度控制，还应分析影响工程进度的风险，对工程项目风险进行全面的识别、分析和量化，在此基础上采取风险管理措施，以减少进度失控的风险量。

(4) 重视信息技术在进度控制中的应用。信息技术包括相应的软件、局域网、互联网以及数据处理设备，信息技术的应用有利于提高进度信息处理的效率、有利于提高进度信息的透明度，而且还可以促进进度信息的交流和项目各参与方的协同工作。

3. 经济措施

建设工程项目进度控制的经济措施涉及资金需求计划、资金供应的条件和经济激励措施等。进度控制的经济措施包括以下几个方面。

(1) 资源需求计划。为确保进度目标的实现，应编制与进度计划相适应的资源需求计划(资源进度计划)，包括资金需求计划和其他资源(人力、材料和机械等资源)需求计划，以反映工程实施的各时段所需要的资源。

(2) 落实实现进度目标的保证资金。在工程预算中应考虑加快工程进度所需要的资金，其中包括为实现进度目标将要采取的经济激励措施所需要的费用。

(3) 签订并实施关于工期和进度的经济承包责任制。

(4) 调动积极性，建立并实施关于工期和进度的奖罚制度。

(5) 加强索赔管理。

4. 技术措施

建设工程项目进度控制的技术措施涉及对实现进度目标有利的设计技术和施工技术的选用。不同的设计理念、设计技术路线、设计方案会对工程进度产生不同的影响，在设计工作的前期，特别是在设计方案评审和选用时，应对设计技术与工程进度的关系作分析比较。在工程进度受阻时，应分析是否存在设计技术的影响因素，为实现进度目标有无设计变更的可能性。

施工方案对工程进度有直接的影响，在决策其选用时，不仅应分析技术的先进性和经济合理性还应考虑其对进度的影响。在工程进度受阻时，应分析是否存在施工技术的影响因素，为实现进度目标有无改变施工技术、施工方法和施工机械的可能性。

2.3　建筑工程项目进度计划的编制

2.3.1　建筑工程项目进度计划系统

由于建筑工程项目的复杂性及参与者众多，为了方便进度的控制，针对不同层次的管理者应编制不同类型的进度计划，形成一个有机的计划体系。建筑工程项目进度计划系统是由多个相互关联的进度计划组成的系统，它是项目进度控制的依据。如图 2.3 所示是一个建筑工程项目进度计划系统的示例，这个计划系统有四个计划层次。

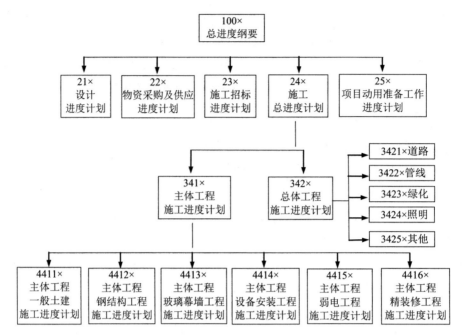

图2.3 建筑工程项目进度计划系统的示例

1. 建筑工程项目进度计划系统的分类

根据项目进度控制不同的需要和不同的用途,业主方和项目各参与方可以构建多个不同的建筑工程项目进度计划系统。

1) 按计划深度分类

不同深度的进度计划构成的进度计划系统,包括:施工总进度计划、单项工程施工进度计划、单位工程施工进度计划、分部分项工程进度计划等。

2) 按功能分类

不同功能的进度计划构成的进度计划系统,包括:控制性进度计划、指导性进度计划、实施性(操作性)进度计划等。

3) 按项目参与方分类

不同项目参与方的进度计划构成的进度计划系统,包括:业主方编制的整个项目实施的进度计划、设计单位进度计划、施工和设备安装进度计划、采购和供货进度计划等。

4) 按计划周期分类

不同周期的进度计划构成的进度计划系统,包括:年度施工进度计划、季度施工进度计划、月度施工进度计划、旬施工进度计划等。

2. 建筑工程项目进度管理体系

1) 施工准备工作计划

施工准备工作的主要任务是为建设工程的施工创造必要的技术条件和物资条件,统筹安排施工力量和施工现场。施工准备的工作内容通常包括：技术准备、物资准备、劳动组织准备、施工现场准备的施工场外准备。为落实各项施工准备工作，加强检查和监督，应根据各项施工准备工作的内容、时间和人员，编制施工准备工作计划。

2) 施工总进度计划

施工总进度计划是根据施工部署中施工方案和工程项目的开展程序，对全工地所有单位工程做出时间上的安排。施工总进度计划在于确定各单位工程及全工地性工程的施工期限及开竣工日期，进而确定施工现场劳动力、材料、成品、半成品、施工机械的需求数量和调配情况，以及现场临时设施的数量、水电供应量及能源需求量等。

3) 单位工程施工进度计划

单位工程施工进度计划是在既定施工方案的基础上，根据规定的工期和各种资源供应条件，遵循各施工过程的合理施工顺序，对单位工程中的各施工过程做出时间和空间上的安排，并以此为依据，确定施工作业所必需的劳动力、施工机具和材料供应计划。

4) 分部分项工程进度计划

分部分项工程进度计划是针对工程量较大或施工技术比较复杂的分部分项工程，在依据工程具体情况所制定的施工方案的基础上，对其各施工过程所做出的时间安排。

2.3.2　施工项目总进度计划的编制

1. 施工项目总进度计划的编制依据

1) 施工合同的工期目标

每一个建筑工程施工项目，在承包方和发包方签署的《建筑工程施工合同》和承包方的有效投标文件中，必有承包方承诺的工程施工的工期目标。施工合同包括合同工期、分期分批工期的开竣工日期，有关工期提前延误调整的约定等。

2) 施工企业的进度目标

除合同约定的施工进度目标外，承包商可能有自己的施工进度目标，用以指导施工进度计划的编制。

3) 工期定额

工期定额是在过去工程资料统计的基础上形成的行业标准或企业标准。

4) 有关技术经济资料

有关技术经济资料包括施工环境资料、道路交通、建筑物的施工质量、空间特点等资料。

5) 施工部署与主要工程施工方案

施工项目进度计划在施工方案确定后编制。

6) 国家现行的建筑施工技术、质量、安全规范、操作规程和技术经济指标

项目施工方案及措施、施工顺序等必须符合国家行政主管部门对施工的要求。

7) 其他类似工程的进度计划等资料

其他类似工程的进度计划包括类似工程的进度计划、施工方案、项目执行情况、工期、关键部位施工技术等资料。

建筑工程施工项目的规划大纲和实施规划均确立了本项目的工期总目标。

2. 施工项目总进度计划的编制步骤

1) 计算工程量

根据批准的工程项目一览表,按单位工程分别计算其主要实物工程量,工程量只需粗略地计算。工程量的计算可按初步设计(或扩大初步设计)图纸和有关定额手册或资料进行。常用的定额手册和资料包括以下几点。

(1) 每万元或每 10 万元投资工程量、劳动量及材料消耗扩大指标。

(2) 概算指标和扩大结构定额。

(3) 已建成的类似建筑物、构筑物的资料。

2) 确定各单位工程的施工工期

各单位工程的施工工期应根据合同工期确定。影响单位工程施工工期的因素有很多,如建筑类型、结构特征和工程规模,施工方法、施工技术和施工管理水平,劳动力和材料供应情况,以及施工现场的地形、地质条件等。各单位工程的工期应根据现场具体条件,综合考虑上述影响因素后予以确定。

3) 确定各单位工程的搭接关系

确定各单位工程的搭接关系时应注意以下几点。

(1) 同一时期施工的项目不宜过多,以避免人力、物力过于分散。

(2) 尽量做到均衡施工,以使劳动力、施工机械和主要材料的供应在整个工期范围内达到均衡。

(3) 尽量提前建设可供工程施工使用的永久性工程,以节省临时施工费用。

(4) 对于某些技术复杂、施工工期较长、施工困难较多的工程,应安排提前施工,以利用整个工程项目按期支付使用。

(5) 施工顺序必须与主要生产系统投入生产的先后次序相吻合,同时还要安排好配套工程的施工时间,以保证建成的工程能迅速地投入生产或交付使用。

(6) 应注意季节对施工顺序的影响,要确保施工季节不导致工期拖延,不影响工程质量。

(7) 应使主要工种和主要施工机械能连续施工。

(8) 安排一部分附属工程或零星项目作为后备项目,用于调整主要项目的施工进度。

4) 编制施工总进度计划

首先根据各施工项目的工期与搭接时间,以工程量大、工期长的单位为主导,编制初步施工总进度计划。初步施工总进度计划编制完成后,应对其进行检查,主要检查总工期是否符合要求,资源使用是否均衡且其供应是否能得到保证,如果出现问题,则应调整进度计划。最后，编制正式的施工总进度计划。正式的施工总进度计划确定后，应根据其编制劳动力、材料、大型施工机械等资源的需用量计划，以便组织供应，保证施工总进度计划的实现。

2.3.3　单位工程进度计划的编制

1. 单位工程进度计划的编制依据

(1) 项目管理目标责任。在《项目管理目标责任书》中明确规定了项目进度目标。这个目标既不是合同目标，也不是定额工期，而是项目管理的责任目标，不但有工期，而且有开工时间和竣工时间。《项目管理目标责任书》中对进度的要求，是编制单位工程施工进度计划的依据。

(2) 施工总进度计划。单位工程施工进度计划必须执行施工总进度计划中所要求的开工时间、竣工时间及工期安排。

(3) 施工方案。施工方案对施工进度计划有决定性作用，施工方案直接影响施工进度。

(4) 主要材料和设备的供应能力。施工进度计划编制的过程中，必须考虑主要材料和机械设备的能力。机械设备既影响所涉及项目的持续时间、施工顺序，又影响总工期。一旦进度确定，则供应能力必须满足进度的需要。

(5) 施工人员的技术素质及劳动效率。施工人员技术素质的高低，影响着速度和质量，技术素质必须满足规定。

(6) 施工现场条件、气候条件、环境条件。

(7) 已建成的同类工程的实际进度及经济指标。

2. 单位工程施工进度计划的编制步骤

1) 研究施工图和有关资料并调查施工条件

认真研究施工图、施工组织总设计对单位工程进度计划的要求。

2) 划分施工过程

任何项目都包括一定工作内容的施工过程，是施工进度计划的基本组成单位。工作项目内容的多少、划分的粗细程度，应该根据计划的需要来确定。对于大规模建设过程，经常需要编制控制性施工进度计划，此时工作项目可以划分得粗一些，一般可按分部分项工程划分施工过程，如开工前准备、打桩工程、基础工程、主体结构工程等。

3) 编排合理的施工顺序

确定施工顺序是为了按照施工的技术规律和合理的组织关系，解决各工作项目之间在时间上的先后和搭接问题，以达到保证质量、安全施工、充分利用空间、争取时间、实现合理安排工期的目的。

一般来说，施工顺序受施工工艺和施工组织两方面的制约。当施工方案确定之后，工作项目之间的工艺关系也就随之确定。如果违背这种关系，将不可能施工，或者导致出现工程质量事故和安全事故，或者造成返工浪费。

4) 计算各施工过程的工程量

工程量的计算应根据施工图和工程量计算规则，针对所划分的每一个工作项目进行。当编制施工进度计划时已有预算文件，且工作项目的划分与施工进度计划一致时，可以直接套用施工预算的工程量，不必重新计算。若某些项目有出入，但出入不大时，应结合工程的实际情况进行某些必要的调整。

5) 计算劳动量和机械台班数

根据工作项目的工程量和所采用的定额，可按下式计算出各工作项目所需要的劳动量和机械台班数。

$$P=Q/S=Q \cdot H \tag{2.1}$$

式中：P——工作项目所需要的劳动量(工日)或机械台班数(台班)；

Q——工作项目的工程量(m^3，m^2，t，…)；

S——工作项目所采用的人工产量定额(m^3/工日，m^2/工日，t/工日，……)或机械台班产量定额(m^3/台班，m^2/台班，t/台班，……)；

H——工作项目所采用的时间定额(工日/m^3，工日/m^2，工日/t，……)。

零星项目所需要的劳动量可结合实际情况，根据承包单位的经验进行估算。

由于水、暖、电、卫等工程通常由专业施工单位施工，因此，在编制施工进度计划时，不计算其劳动量和机械台班数，仅安排其与土建施工相配合的进度。

6) 确定工作项目的持续时间

施工项目工作持续时间的计算方法一般包括三时估计法、定额计算法和倒排计划法等。

(1) 三时估计法。三时估计法就是根据过去的经验进行估计，一般适用于采用新工艺、新技术、新结构、新材料等无定额可循的工程，先估计出完成该施工项目的最乐观时间(A)、最悲观时间(B)和最可能时间(C)三种施工时间，然后确定该施工项目的工作持续时间。

$$T=(A+4C+B)/6 \tag{2.2}$$

(2) 定额计算法。定额计算法就是根据施工项目需要的劳动量或机械台班量，以及配备的劳动人数或机械台班，来确定其工作持续时间。

$$T = \frac{P}{R \cdot B} \tag{2.3}$$

式中：T——完成施工项目所需要的时间，即持续时间，天；

P——该施工项目所需的劳动量，工日；

R——每天安排的施工班组人数或施工机械台班数，人或台；

B——每天采用的工作班制。

在确定施工班组人数时，应考虑最小劳动组合、最小工作面和可能安排的施工人数等因素。其中最小劳动组合即某一施工过程进行正常施工所必需的最低限度的班组人数及其合理组合；最小工作面及施工班组为保证安全生产和有效的操作所必需的工作面；可能安排的施工人数即施工单位所能配备的人数。

(3) 倒排计划法。倒排计划法是根据流水施工方式及总工期要求，先确定施工时间和工作班制，再确定施工班组人数或机械台班。根据 $R=P/(T \cdot B)$，如果计算出的施工人数或机械台班对施工项目来说过多或过少，应根据施工现场条件、施工工作面大小、最小劳动组合、可能得到的人数和机械等因素合理调整。如果工期太紧，施工时间不能延长，则可考虑组织多班组、多班制的施工。

7) 编排施工进度计划

施工进度计划，首先应选择施工进度计划的表达形式。目前，常用来表达建筑工程施工进度计划的方法有横道图和网络图两种形式。

横道图比较简单，而且非常直观，多年来被人们广泛地用于表达施工进度计划，并以此作为控制过程进度的主要依据。但是，采用横道图控制过程进度具有一定的局限性。随着计算机的广泛应用，网络计划技术日益受到人们的青睐。

8) 编制劳动力和物资计划

有了施工进度计划以后，还需要编制劳动力和物资需要量计划，附于施工进度计划之后。这样，就更具体、更明确地反映出完成该进度计划所必须具备的基本条件，便于领导掌握情况，统一平衡、保证及时调配，以满足施工任务的实际需要。

2.4 横道图进度计划与流水施工

2.4.1 横道图进度计划

时间进度计划单靠语言和文字很难表达清楚。为了清楚、直观地表达项目各项活动之间的时间先后和逻辑关系，1917 年亨利·甘特(Henry Gantt)发明了著名的甘特图，即横道图，用于车间日常工作安排。如今横道图仍然是项目管理领域最重要的进度计划表述工具，它是一种最简单、运用最广泛的进度计划方法。

横道图表达法如图 2.4 所示。它用横坐标表示时间，工程活动在图的左侧纵向排列，以活动所对应的横道位置表示活动的起始时间，横道的长短表示持续时间的长短，它实质上是图与表的结合形式。

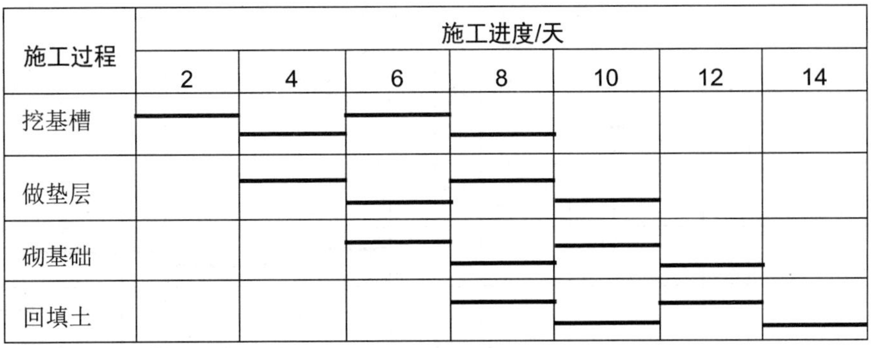

施工过程	施工进度/天						
	2	4	6	8	10	12	14
挖基槽							
做垫层							
砌基础							
回填土							

图 2.4 横道图表达法

横道图能够清楚地表达活动的开始时间、结束时间和持续时间，一目了然，能够被各层次的人员所接受。横道图易于理解，且制作简单，流水情况表达得很清楚，不仅能安排工期，而且可以与劳动计划、资源计划、资金计划相结合，形成组合控制工具。

横道图计划表中的进度线(横道)与时间坐标相对应，这种表达方式较直观，易看懂计划编制的意图。但是，横道图进度计划法也存在一些问题，主要表现在以下几个方面。

(1) 工序(工作)之间的逻辑关系可以设法表达，但不易表达清楚。

(2) 适用于手工编制计划。

(3) 没有通过严谨的进度计划时间参数计算，不能确定计划的关键工作、关键路线与时差。

(4) 计划调整只能用手工方式进行，其工作量较大。

(5) 难以适应大的进度计划系统。

2.4.2　建筑工程项目施工组织方式

建筑工程项目的施工组织方式包括依次施工、平行施工和流水施工三种。

1. 依次施工

依次施工是将拟建工程的整个建造过程分解成若干个施工段，按照一定的施工顺序，依次完成每个施工段的第一个施工过程后，再开始第二个施工过程，直至完成最后一个施工过程的施工。这是一种最基本、最原始的施工组织方式，如图 2.5 所示。

依次施工组织具有以下特点。

(1) 由于没有充分利用工作面去争取时间，所以工期较长。

(2) 工作队不能实现专业化施工，不利于工人改进操作方法和施工机具，不利于提高工程质量和劳动生产率。

(3) 如采用专业工作队施工，则工作队及工人不能连续作业。

(4) 单位时间内投入的资源数量比较少，有利于资源供应的组织工作。

(5) 施工现场的组织、管理比较简单。

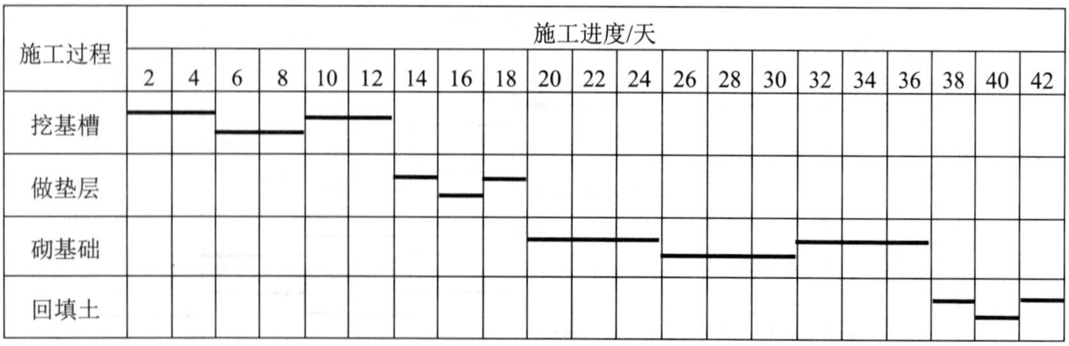

施工过程	施工进度/天																				
	2	4	6	8	10	12	14	16	18	20	22	24	26	28	30	32	34	36	38	40	42
挖基槽																					
做垫层																					
砌基础																					
回填土																					

图 2.5　依次施工横道计划图

2. 平行施工

在拟建工程任务十分紧迫、工作面允许以及资源保证供应的条件下，可以组织几个相同的工作队，在同一时间、不同的空间上进行施工，这样的施工组织方式称为平行施工，如图 2.6 所示。

平行施工组织方式具有以下特点。

(1) 充分利用了工作面，争取了时间，可以缩短工期。

(2) 工作队不能实现专业化生产，不利于改进工人的操作方法和施工机具，不利于提高工程质量和劳动生产效率。

(3) 如采用专业工作队施工，则工作队及其工人不能连续作业。

(4) 单位时间投入施工的资源成倍增长，现场临时设施也相应增长，施工成本高。

(5) 施工现场组织、管理复杂。

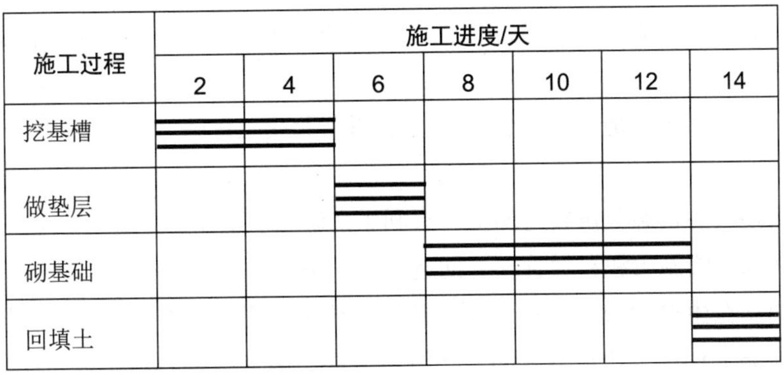

施工过程	施工进度/天						
	2	4	6	8	10	12	14
挖基槽	▬▬	▬▬					
做垫层			▬				
砌基础				▬▬	▬		
回填土							▬

图 2.6　平行施工横道图

3. 流水施工

流水施工是将拟建工程项目全部建造过程，在工艺上分解为若干施工过程，在平面上划分为若干施工段，在竖向上划分为若干施工层，然后按照施工过程组建专业工作队(或组)，专业工作队按照规定的施工顺序投入施工，完成第一施工段上的施工之后，专业工作人数、使用材料和机具不变，依次地、连续地投入到第二、第三……施工段，完成相同的施工过程，并使相邻两个专业工作队在开工时间上最大限度地、合理地搭接起来。如分层施工，当第一施工层各施工段的相应施工过程全部完成后，专业工作队依次地、连续地投入到第二、第三……施工层，保证工程项目施工全部过程在时间上和空间上，有节奏、均衡、连续地进行下去，直到完成全部的工程任务，这种施工组织方式，称为流水施工组织方式，如图 2.7 所示。

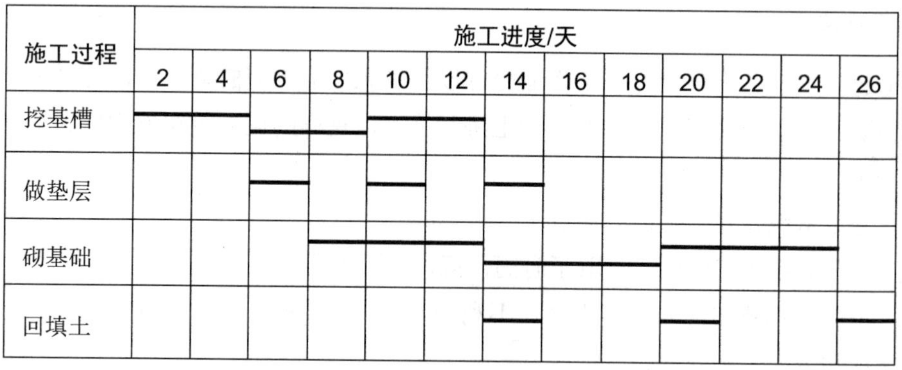

施工过程	施工进度/天												
	2	4	6	8	10	12	14	16	18	20	22	24	26
挖基槽	▬	▬	▬	▬	▬	▬							
做垫层			▬	▬	▬	▬	▬						
砌基础				▬	▬	▬	▬			▬	▬	▬	
回填土							▬			▬	▬		▬

图 2.7　流水施工横道图

流水施工组织方式具有以下特点。

(1) 科学地利用了工作面，争取了时间，总工期趋于合理。

(2) 工作队及其工人实现了专业化生产，有利于改进操作技术，可以保证工程质量和提高劳动生产率。

(3) 工作队及其工人能够连续作业，相邻两个专业工作队之间，实现了最大限度、合理的搭接。

(4) 每次投入的资源数量较为均衡，有利于资源供应的组织工作。

(5) 为现场文明施工和科学管理，创造了有利条件。

实践证明，在生产领域中，流水作业是组织施工的理想和有效的方法。同样，流水施工也是建筑安装工程施工的最有效的科学组织方法，因为这种方法是建立在分工协作的基础上的。但是，由于建筑产品及其生产的特点不同，流水施工的概念、特点及效果与其他产品的流水作业也有所不同。

【案例 2.1】

背景材料：

某装饰工程有写字楼3间，装饰标准相同，均采用铝合金方板天花。主要施工过程为：吊杆安装→龙骨框架安装→铝合金板安装。假设每个施工过程均为 2 天，按房间划分施工段。

问题：

(1) 组织施工若为流水施工方式，则流水施工如何表示？

(2) 流水施工组织方式有哪些特点？

案例分析：

(1) 根据题意，流水施工进度表如图 2.8 所示。

(2) 流水施工的特点是施工的连续性和均衡性，因而材料、物资资源的供应和组织、运输、消耗也具有均衡性，劳动力得到合理安排，充分利用空间，制定合理的工期，确保工程质量，可改善现场施工管理条件，降低工程成本，从而带来较好的经济效果。

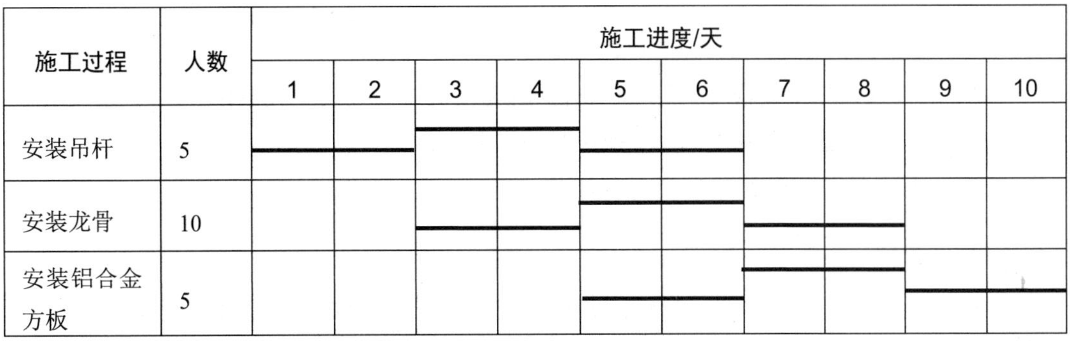

施工过程	人数	施工进度/天									
		1	2	3	4	5	6	7	8	9	10
安装吊杆	5										
安装龙骨	10										
安装铝合金方板	5										

图 2.8 流水施工进度图

2.4.3 流水施工参数

为了说明组织流水施工时，各施工过程在时间和空间上的展开情况及相互制约关系，必须引入一些描述流水施工的工艺流程、空间布置和时间安排等方面的特征和各种数量关系的状态参数，这些参数称为流水施工参数。它主要包括工艺参数、空间参数和时间参数三类。

1. 工艺参数

在组织流水施工时，工艺参数用以表达流水施工在施工工艺上开展顺序及其特征的参数，具体是指在组织流水施工时，将拟建工程项目的整个建造过程可分解为施工过程的种类、性质和数目的总称。通常，工艺参数包括施工过程数和流水强度两种。

1) 施工过程数

施工过程数是指参与一组流水组当中，参与流水施工的施工过程数目，以符号"n"表示。没有加入到流水组的施工过程，不属于工艺参数的计数范围。当其中某些施工过程齐头平行施工时，则齐头平行的若干个施工过程只能计算为一个工艺参数。

施工过程划分的粗细程度根据实际需要而定，粗细要适中。一般来说，当编制控制性施工进度计划时，组织流水施工的施工过程可划分得粗一些，施工过程可以是单位工程，也可以是分部工程，如基础工程、主体结构吊装工程、装修工程、屋面工程等；当编制实施性的施工进度计划时，施工过程可以划分得细一些，施工过程可以是分项工程，甚至将分项工程再按专业工种不同分解而成的施工工序，如将基础工程分解成挖土、浇筑混凝土基础，砌筑基础墙、回填土等施工过程。

2) 流水强度

流水强度是指每一施工过程在单位时间内所完成的工程量(如浇捣混凝土施工过程，每工作班能浇筑多少立方米混凝土)，又称流水能力或生产能力。

流水强度的计算公式为

$$V = \sum_{i=1}^{X} R_i \cdot S_i \tag{2.4}$$

式中　　V——某施工过程(队)的流水强度；

R_i——投入该施工过程中的第 i 种资源量(施工机械台数或工人数)；

S_i——投入该施工过程中的第 i 种资源的产量定额；

X——投入该施工过程中的资源种类数。

2. 空间参数

在组织流水施工时，用以表达流水施工在空间布置上所处状态的参数，称为空间参数。空间参数主要有工作面、施工段数和施工层数三种。

1) 工作面

工作面是指施工对象上可供操作工人或施工机械进行施工的活动空间。工作面的大小可以采用不同的计量单位来表示。例如，道路工程以 m 为单位；浇筑混凝土楼板工程以 m^2 为单位等。

2) 施工段数

在组织流水施工时，通常把施工对象在平面或空间上划分为劳动量相等或大致相等的若干个段，这些段称为施工段。施工段的数目一般用 m 表示，它是流水施工的主要参数之一。划分施工段的基本要求如下。

(1) 建筑物每层可分为一个或若干个施工段，各层应有相等的段数和上下垂直对应的分段界限。

(2) 各段的工程量应大致相等(≤10%～15%)，以便组织节奏流水，使施工连续、均衡、有节奏。

(3) 有利于保持结构整体性，尽量利用结构缝及在平面上有变化处，住宅可按单元、按楼层划分；厂房可按跨生产线划分；线性工程可以主导施工过程的工程量为平衡条件，按长度分段；建筑群可按栋、按区分段。

(4) 段数的多少应与主导施工过程相协调，以主导施工过程为主形成工艺组合。施工过程数应等于或小于施工段数。因此分段不宜过多，过多可能会延长工期或使工作面狭窄；过少则无法组织流水，使劳动力或机械设备出现窝工现象。

(5) 分段大小应与劳动组织相适应，有足够的工作面。以机械为主的施工对象还应考虑机械的台班能力的发挥。混合结构、大模板现浇混凝土结构、全装配结构等工程的分段大小，都应考虑吊装机械能力的充分利用。

3) 施工层数

在组织流水施工时，为了满足专业工作队对操作高度和施工工艺的要求，将拟建工程项目在竖向上划分为若干个操作层，这些操作层称为施工层。在多层、高层建筑物、构筑物或需要分层施工的工程的流水施工中，施工层数也是一个主要的流水参数。施工层数用 r

表示。对于多、高层建筑物、构筑物或需要分层施工的工程，在组织流水施工时，将施工对象既要在水平平面上划分成若干个施工段，又要在垂直方向上划分成若干个施工层。一般以一个结构层为一个施工层。在墙体的砌筑工作中，较高的墙体需要分层砌筑，其施工层的划分应以可砌高度为依据，一个可砌高度为一个施工层。

3. 时间参数

1)　流水节拍

流水节拍是指从事某施工过程的施工班组在一个施工段上完成施工任务所需的时间，通常用 t_i 来表示。流水节拍是流水施工的主要参数之一，它表明流水施工的速度和节奏性。流水节拍的大小决定着单位时间投入的劳动力、机械和材料等资源量的多少，同时，也是区别流水施工组织方式的特征参数。其计算公式为

$$t_i = \frac{Q}{RS} = \frac{P}{R} \tag{2.5}$$

式中　t_i——流水节拍；

　　　Q——一个施工段的工程量；

　　　R——专业队的人数或机械数；

　　　S——产量定额，即单位时间(工日或台班)完成的工程量；

　　　P——劳动量或台班量。

确定流水节拍应注意以下问题。

(1) 流水节拍的取值必须考虑到专业队组织方面的限制和要求，尽可能不过多地改变原来的劳动组织状况，以便于对专业队进行领导。专业队的人数应有起码的要求，以便于他们具有集体协作的能力。

(2) 流水节拍的确定，应考虑到工作面条件的限制，必须保证有关专业队有足够的施工操作空间，保证施工操作安全和能充分发挥专业队的劳动效率。

(3) 流水节拍的确定，应考虑到机械设备的实际负荷能力和可能提供的机械设备数量，也要考虑机械设备操作场所安全的质量的要求。

(4) 有特殊技术限制的工程，如有防水要求的钢筋混凝土工程，受潮汐影响的水工作业，受交通条件影响的道路改造工程、铺管工程，以及设备检修工程等，都受技术操作或安全质量等方面的限制，对作业时间长度和连续性都有限制或要求，在安排其流水节拍时，应当满足这些限制要求。

(5) 必须考虑材料和构配件的供应能力与水平对进度的影响和限制，合理确定有关施工过程的流水节拍。

(6) 首先应确定主导施工过程的流水节拍，并以此为依据确定其他施工过程的流水节拍，做到施工过程的流水节拍应是各施工过程流水节拍的最大值，尽可能是有节奏的，以便组织节奏流水。

2) 流水步距

流水步距是指两个相邻的工作队进入流水作业的最小时间间隔，以符号"K"表示。流水步距的长度，要根据需要及流水方式的类型经过计算确定，计算时应考虑以下因素。

(1) 每个专业队连续施工的需要。流水步距的最小长度，必须是专业队进场以后，不发生停工、窝工的现象。

(2) 技术间歇的需要。有些施工过程完成后，后续施工过程不能立即投入作业，必须有足够的时间间歇，这个间歇时间应尽量安排在专业队进场之前，否则便不能保证专业队工作的连续。

(3) 流水步距的长度应保证每个施工段的施工作业程序不乱，不发生前一施工过程尚未全部完成，而后一施工过程便开始施工的现象。有时为了缩短时间，某些次要的专业队可以提前插入，但必须在技术上可行，而且不影响前一个专业队的正常工作。提前插入的现象越少越好，多了会打乱节奏，影响均衡施工。

3) 流水施工工期

流水施工工期是指从第一个专业队投入流水作业开始，到最后一个专业队完成最后一个施工过程的最后一段工作退出流水作业为止的整个持续时间。由于一项工程往往由许多流水组组成，因此这里说的是流水组的工期，不是整个工程的总工期，可用符号"T_t"表示。

2.4.4　流水施工的基本组织方式

1. 全等节拍流水施工

全等节拍流水施工是指流水节拍、流水步距均相等的流水施工方式，如图 2.9 所示。它是最理想的组织流水方式，这种组织方式能够保证专业队的工作连续、有节奏，可以实现均衡施工。在可能的情况下，应尽量采用这种流水方式组织流水施工。

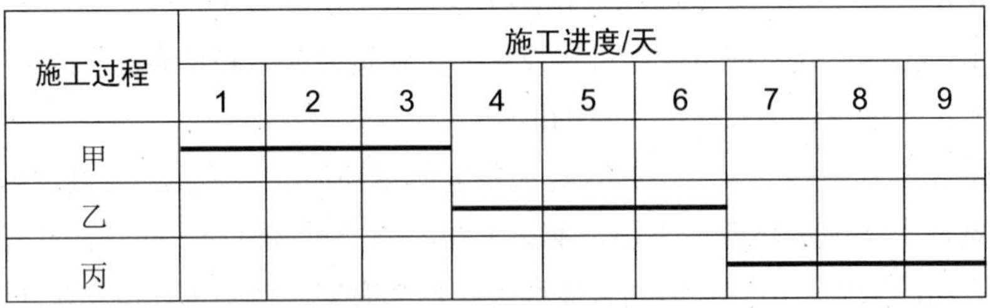

施工过程	施工进度/天								
	1	2	3	4	5	6	7	8	9
甲									
乙									
丙									

图 2.9　全等节拍流水施工横道图

全等节拍流水施工适用于各施工段的工程量基本相等，其他施工过程的流水节拍与主导施工过程的流水节拍相等，一般在多层的建筑施工中，且每层的工程量变化不大的情况下最适合，但应做到施工段数与专业队数相等。

2. 成倍节拍流水施工

成倍节拍流水施工是指不同施工过程的流水节拍不完全相等，但各施工过程在不同施工段上的流水节拍都相同的流水方式。在这种流水方式中，各专业队在各施工段上的工作具有相同的节奏，这会给组织连续、均衡施工带来方便。一般来说，在组织这种流水施工时，常采用各专业队的流水节拍都是某一个常数的倍数，即成倍节拍流水。如图 2.10 所示为成倍节拍流水施工横道图。

施工过程	施工进度/天														
	1	2	3	4	5	6	7	8	9	10	11	12	13	14	15
甲															
乙															
丙															

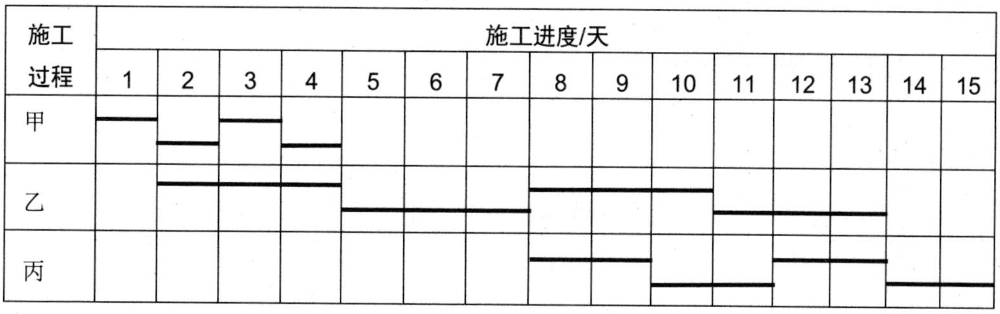

图 2.10　成倍节拍流水施工横道图

注：这种流水施工的横道图绘制方法一般以主导施工过程为主，其余施工过程按主导施工过程的时间安排。

3. 无节奏流水施工

无节奏流水施工是指不同施工过程的流水节拍不完全相等，各施工过程在不同施工段上的流水节拍也不完全相等的流水方式。针对这种情况，可以采用分别流水法施工，即安排施工应以确保各专业队连续作业为前提，计算确定流水步距，使专业队之间在一个施工段内不会相互干扰(不超前，但可能滞后)，尽量做到施工过程相邻的专业队之间工作紧密衔接。因此，组织无节奏流水的关键就是正确计算流水步距。如图 2.11 所示为无节奏流水施工横道图。

施工过程	施工进度/天																
	1	2	3	4	5	6	7	8	9	10	11	12	13	14	15	16	17
甲																	
乙																	
丙																	

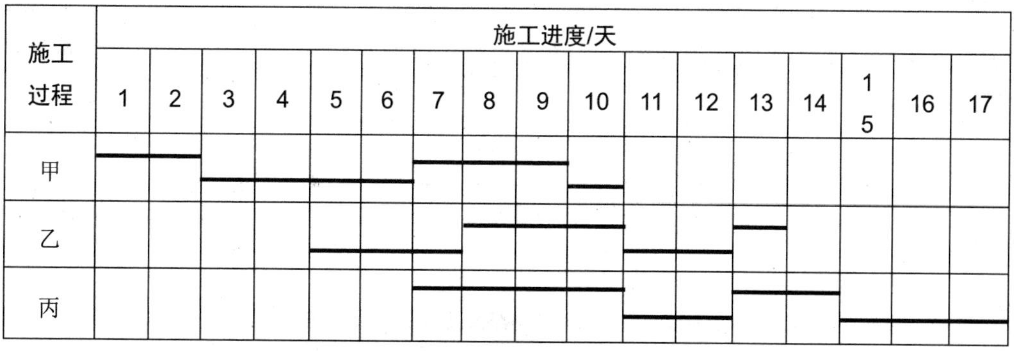

图 2.11　无节奏流水施工横道图

2.5　网络计划控制技术

与横道图进度计划相比，网络图进度计划方法能够明确地反映出工程各组成工序之间的相互制约和依赖关系，可以用它进行时间分析，确定出哪些工序是影响工期的关键工序，以便施工管理人员集中精力抓施工中的主要矛盾，减少盲目性。而且它是一个定义明确的数学模型，可以建立各种调整优化方法，可利用计算机进行分析计算。我国《工程网络计划技术规程》(JGJ/T 121—1999)中推荐常用的工程网络计划包括：双代号网络计划、单代号网络计划、双代号时标网络计划、单代号搭接网络计划，本章主要介绍前三种网络计划。

2.5.1　双代号网络计划

1. 基本概念

双代号网络图是由箭线、节点和线路组成的，用来表示工作流程的有向的、有序的网状图形，如图 2.12 所示。在网络图上加注工作时间参数而编成的进度计划，称为网络计划。

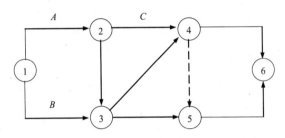

图 2.12　某工程双代号网络图

1)　箭线(工作)

一条箭线表示一项工作，工作是泛指一项需要消耗人力、物力和时间的具体活动过程，也称工序、活动、作业。在双代号网络图中，箭线的箭尾节点 i 表示该工作的开始，箭头表示该工作的结束，工作名称应写在箭线上方，工作持续时间可标注在箭线的下方，如图 2.13 所示。由于一项工作需用一条箭线和其箭尾与箭头处两个圆圈中的号码来表示，故称为双代号网络计划。

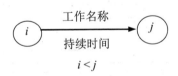

图 2.13　双代号网络图工作的表示方法

在双代号网络图中，任意一条实箭线都要占用时间，并且多数要消耗资源(劳动力、机具、设备、材料等)。在建筑工程中，一条箭线表示项目中的一个施工过程，它可以是一道工序、一个分项工程、一个分部工程或一个单位工程，其粗细程度和工作范围的划分根据计划任务的需要来确定。

在无时间坐标的网络图中，箭线的长度并不反映该工作占用时间的长短，其占用的时间以下方标注的时间参数为准。箭线可以为直线、折线或斜线，但其行进方向均应从左向右。

在双代号网络图中，通常将工作用 $i–j$ 工作表示。紧排在本工作之前的工作称为紧前工作，紧排在本工作之后的工作称为紧后工作，与之平行进行的工作称为平行工作，该工作本身则称为本工作。

在双代号网络图中，为了正确地表达图中工作之间的逻辑关系，往往需要应用虚箭线。虚箭线是实际工作中并不存在的一项虚设工作，故它们既不占用时间，也不消耗资源，一般起着工作之间的联系、区分和断路三个作用。

2) 节点(又称结点、事件)

节点是网络图中箭线之间的连接点。节点表示一项工作的开始或结束，用圆圈表示。节点是前后两项工作的交接点，它既不占用时间，也不消耗资源。

双代号网络图中有三个类型的节点。其中网络图的第一个节点即为起点节点，它只有外向箭线(由节点向外指的箭线)，一般表示一项任务或一个项目的开始。网络图的最后一个节点即为终点节点，它只有内向箭线(指向节点的箭线)，一般表示一项任务或一个项目的完成。除了起点节点和终点节点外，网络图中既有内向箭线，又有外向箭线的节点称为中间节点。

双代号网络图中，节点用圆圈表示，并在圆圈内标注编号。一项工作应当只有唯一的一条箭线和相应的一对节点，且要求箭尾节点的编号小于其箭头节点的编号，即 $i < j$。网络图节点的编号顺序应从小到大，可不连续，但不允许重复。

3) 线路

网络图中从起始节点开始，沿箭头方向顺序通过一系列箭线与节点，最后达到终点节点的通路称为线路。在一个网络图中可能有很多条线路，线路中各项工作持续时间之和就是该线路的长度，即线路所需的时间。一般网络图有多条线路，可依次用该线路上的节点代号来记述，如图 2.12 中有①—②—④—⑥、①—②—④—⑤—⑥、①—②—③—④—⑤—⑥、①—②—③—⑤—⑥等八条线路。

在各条线路中，有一条或几条线路的总时间最长，称为关键路线，一般用双线或粗线标注。其他线路长度均小于关键线路，称为非关键线路。

4) 逻辑关系

网络图中工作之间相互制约或相互依赖的关系称为逻辑关系，具体包括工艺关系和组织关系，在网络中均应表现为工作之间的先后顺序。

(1) 工艺关系：生产性工作之间由工艺过程决定的，非生产性工作之间由工作程序决定的先后顺序称为工艺关系。

(2) 组织关系：工作之间由于组织安排需要或资源(劳动力、原材料、施工机具和资金等)调配需要而确定的先后顺序关系称为组织关系。

网络图必须正确地表达整个工程或任务的工艺流程和各工作开展的先后顺序，以及它们之间相互依赖和相互制约的逻辑关系。因此，绘制网络图时必须遵循一定的基本规则和要求。双代号网络图中的常见逻辑关系及其表示方法如表 2.1 所示。

表 2.1　双代号网络图中常见的逻辑关系及其表示方法

序 号	工作之间的逻辑关系	网络图的表示方法
1	A 完成后进行 B 和 C	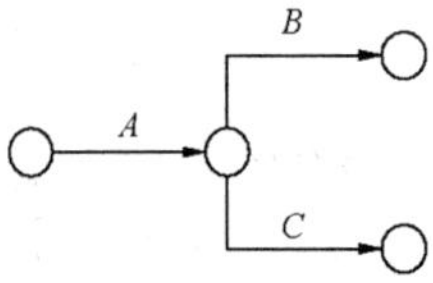
2	A、B 均完成后进行 C	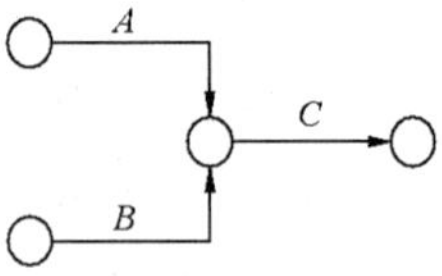
3	A、B 均完成后同时进行 C 和 D	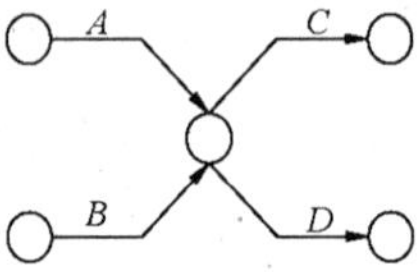
4	A 完成后进行 C A、B 均完成后进行 D	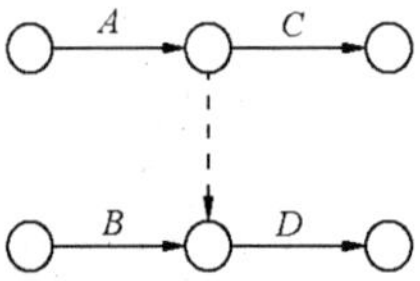
5	A、B 均完成后进行 D A、B、C 均完成后进行 E D、E 均完成后进行 F	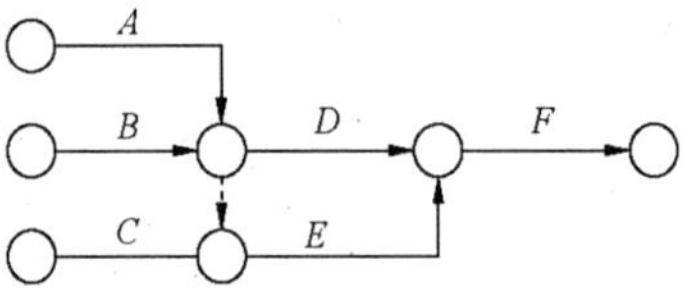
6	A、B 均完成后进行 C B、D 均完成后进行 E	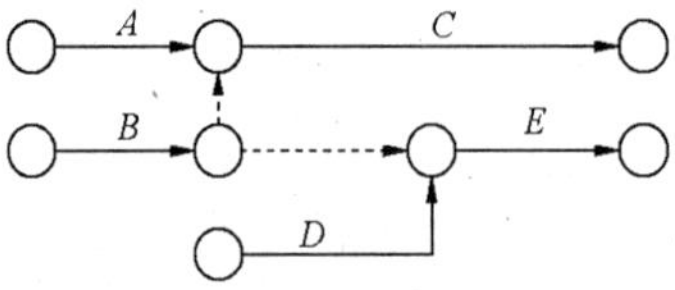
7	A、B、C 均完成后进行 D B、C 均完成后进行 E	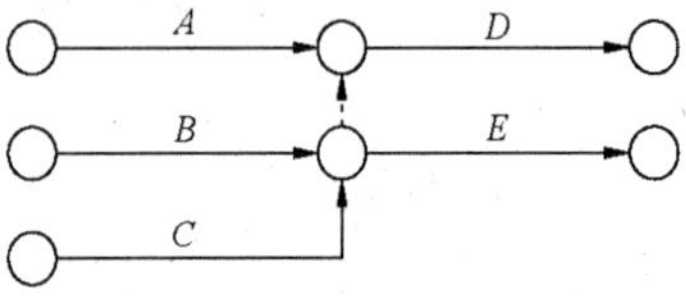
8	A 完成后进行 C A、B 均完成后进行 D B 完成后进行 E	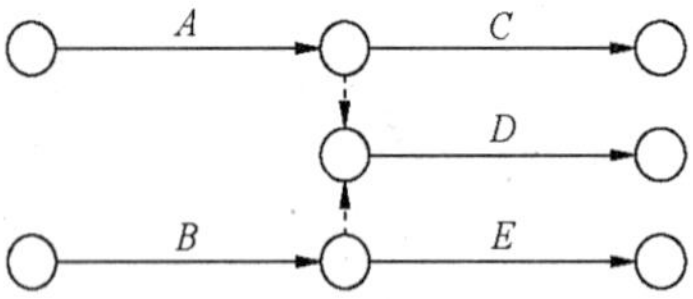

续表

序　号	工作之间的逻辑关系	网络图的表示方法
9	A、B两项工作分为三个施工段，分段流水施工；A_1完成后进行A_2、B_1，A_2完成后进行A_3、B_2，A_2、B_1均完成后进行B_2，A_3、B_2均完成后进行B_3	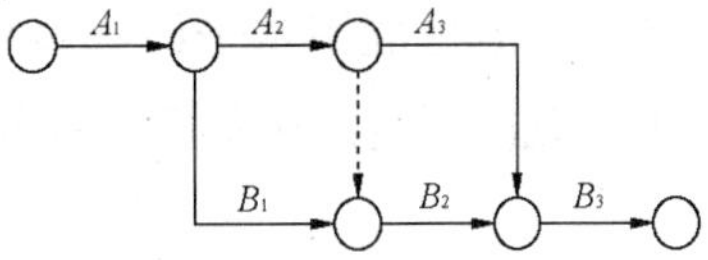 第一种表示法 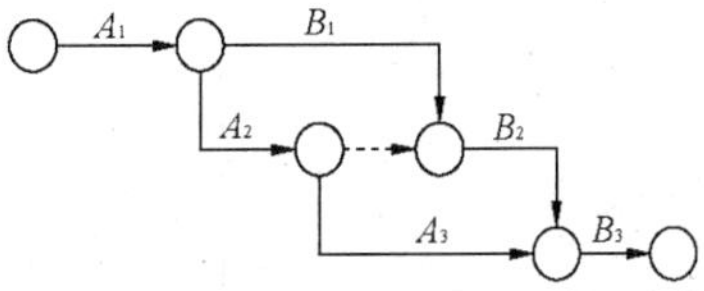 第二种表示法

2. 绘图规则

(1) 双代号网络图必须正确表达已定的逻辑关系。

(2) 双代号网络图中，不允许出现循环回路。即不允许从网络图中的某一个节点出发，顺着箭线方向再返回原来出发点的线路，如图2.14所示。

(3) 双代号网络图中，在节点之间不能出现带双向箭头或无箭头的连线，如图2.15所示。

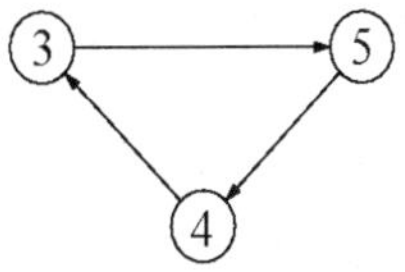

图2.14　循环线路示意图

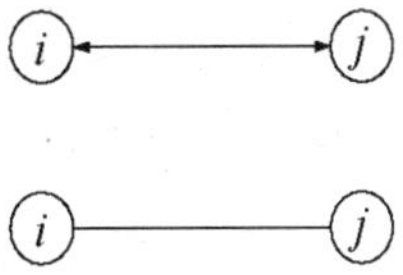

图2.15　箭线的错误画法

(4) 双代号网络图中，不允许出现没有箭头节点或没有箭尾节点的箭线，如图2.16所示。

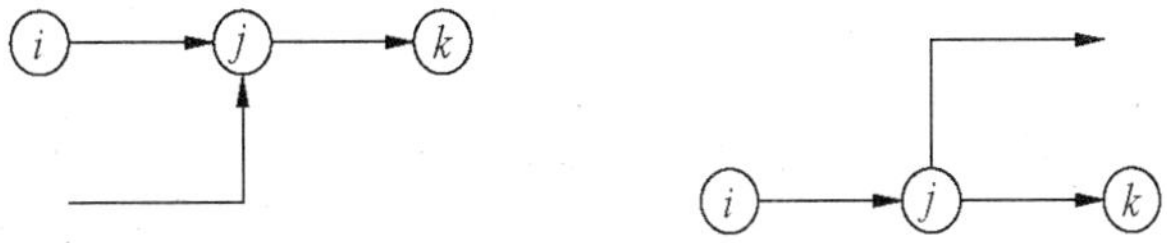

图2.16　没有箭尾节点的箭线和没有箭头节点的箭线

(5) 当双代号网络图的某些节点有多条外向箭线或多条内向箭线时，为使图形简洁，可使用母线法绘制(但应满足一项工作用一条箭线和相应的一对节点表示)，如图2.17所示。

(6) 绘制网络图时，应尽量减少交叉箭线。当交叉不可避免时，可用过桥法或指向法，如图2.18所示。

(7) 双代号网络图中只允许有一个起点节点和一个终点节点，而其他所有的节点均应是中间节点。

(8) 双代号网络图应条理清楚，布局合理。例如，网络图中的工作箭线不宜画成任意方向或曲线形状，尽可能用水平线或斜线；关键线路、关键工作尽可能安排在图面中心位置，其他工作分散在两边；避免倒回箭头等。

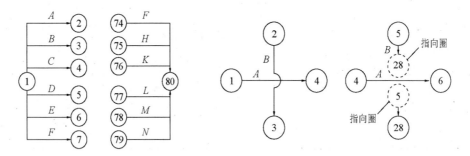

图 2.17　母线法　　　　　　　　图 2.18　过桥法和指向法

3. 绘制步骤

(1) 绘草图。其绘图步骤如下：

① 画出从起点节点出发的所有箭线。

② 从左至右一次绘出紧接其后的箭线，直至终点节点。

③ 检查网络图中各施工过程的逻辑关系。

(2) 整理网络图。使网络图条理清楚、层次分明。

(3) 计算双代号网络计划时间参数。双代号网络计划时间参数计算的目的在于通过计算各项工作的时间参数，确定网络计划的关键工作、关键线路和计算工期，为网络计划的优化、调整和执行提供明确的时间参数。双代号网络计划时间参数的计算方法有很多，一般常用的计算方法有按工作计算法、按节点计算法和标号计算法。以下只讨论按工作计算法在图上进行计算的方法。

按工作计算法计算网络计划中各时间参数，其计算结果应标注在箭线之上，如图 2.19 所示。

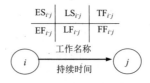

图 2.19　按工作计算法的标注内容

按工作计算法计算双代号网络计算时间参数的方法如下。

(1) 最早开始时间(ES_{i-j})，是指在各紧前工作全部完成后，工作 $i-j$ 有可能开始的最早时刻。工作最早时间参数受到紧前工作的约束，故其计算顺序应从起点节点开始，顺着方向依次逐项计算。以网络计划的起点节点为开始节点的工作最早开始时间为零。如网络计划起点节点编号为 1，则：

$$\mathrm{ES}_{i\text{-}j} = 0(i = 1)$$

最早开始时间等于各紧前工作的最早完成时间的最大值：

$$\mathrm{ES}_{i\text{-}j} = \max\{\mathrm{EF}_{h\text{-}i}\}$$

或
$$\mathrm{ES}_{i\text{-}j} = \max\{\mathrm{ES}_{h\text{-}i} + D_{h\text{-}i}\}$$

(2) 最早完成时间($\mathrm{EF}_{i\text{-}j}$)，是指在各紧前工作全部完成后，工作 $i\text{-}j$ 有可能完成的最早时刻。最早完成时间($\mathrm{EF}_{i\text{-}j}$)等于最早开始时间($\mathrm{ES}_{i\text{-}j}$)加上其持续时间($D_{i\text{-}j}$)之和。其计算公式为

$$\mathrm{EF}_{i\text{-}j} = \mathrm{ES}_{i\text{-}j} + D_{i\text{-}j}$$

(3) 最迟开始时间($\mathrm{LS}_{i\text{-}j}$)，是指在不影响整个任务按期完成的前提下，工作 $i\text{-}j$ 必须开始的最迟时刻。工作最迟时间参数受到紧后工作的约束，故其计算顺序应从终点节点起，逆着箭线方向依次逐项计算。以网络计划的终点节点($j = n$)为箭头节点的工作的最迟完成时间等于计划工期，即：

$$\mathrm{LF}_{i\text{-}n} = T_p$$

最迟开始时间等于最迟完成时间减去其持续时间：

$$\mathrm{LS}_{i\text{-}j} = \mathrm{LF}_{i\text{-}j} - D_{i\text{-}j}$$

(4) 最迟完成时间($\mathrm{LF}_{i\text{-}j}$)，是指在不影响整个任务按期完成的前提下，工作 $i\text{-}j$ 必须完成的最迟时刻。最迟完成时间等于各紧后工作的最迟开始时间 $\mathrm{LS}_{j\text{-}k}$ 的最小值，即：

$$\mathrm{LF}_{i\text{-}j} = \min\{\mathrm{LS}_{j\text{-}k}\}$$

或
$$\mathrm{LF}_{i\text{-}j} = \min\{\mathrm{LF}_{i\text{-}j} - D_{j\text{-}k}\}$$

(5) 总时差($\mathrm{TF}_{i\text{-}j}$)，是指在不影响总工期的前提下，本工作 $i\text{-}j$ 可以利用的机动时间。总时差等于其最迟开始时间减去最早开始时间，或等于最迟完成时间减去最早完成时间，即：

$$\mathrm{TF}_{i\text{-}j} = \mathrm{LS}_{i\text{-}j} - \mathrm{ES}_{i\text{-}j}$$
$$\mathrm{TF}_{i\text{-}j} = \mathrm{LF}_{i\text{-}j} - \mathrm{EF}_{i\text{-}j}$$

(6) 自由时差($\mathrm{FF}_{i\text{-}j}$)，是指在不影响其紧后工作最早开始时间的前提下，工作 $i\text{-}j$ 可以利用的机动时间。当工作 $i\text{-}j$ 有紧后工作 $j\text{-}k$ 时，其自由时差为

$$\mathrm{FF}_{i\text{-}j} = \mathrm{ES}_{j\text{-}k} - \mathrm{EF}_{i\text{-}j}$$

或
$$\mathrm{FF}_{i\text{-}j} = \mathrm{ES}_{j\text{-}k} - \mathrm{ES}_{i\text{-}j} - D_{i\text{-}j}$$

以网络计划的终点节点($j = n$)为箭头节点的工作，其自由时差 $\mathrm{FF}_{i\text{-}n}$ 应按网络计划的计划工期 T_p 确定，即：

$$\mathrm{FF}_{i\text{-}n} = T_p - \mathrm{EF}_{i\text{-}n}$$

(7) 工期(T)，泛指完成任务所需要的时间，在网络计划中，一般有以下三种。

① 计算工期，根据网络计划时间参数计算出来的工期，用 T_c 表示；计算工期等于以网络计划的终点节点为箭头节点的各个工作的最早完成时间的值。当网络计划终点节点的

编号为 n 时，计算工期：

$$T_c = \max\{EF_{i\text{-}n}\}$$

② 要求工期，是指任务委托人所提出的指令性工期，用 T_r 表示；

③ 计划工期，是指根据要求工期和计算工期所确定的作为实施目标的工期，用 T_p 表示。网络计划的计划工期 T_p 应按下列情况分别确定。

当已规定了要求工期时，计划工期不应超过要求工期，即：$T_p \leqslant T_r$。

当未规定要求工期时，可令计划工期等于计算工期，即：$T_p = T_c$。

(8) 关键工作和关键线路。网络计划中总时差最小的工作是关键工作。自始至终全部由关键工作组成的线路为关键线路，或线路上总的工作持续时间最长的线路为关键线路。网络图上的关键线路可用双线或粗线标注。

【案例 2.2】

背景材料：

某混凝土工程施工的各工序的代号及工作持续时间、逻辑关系如表 2.2 所示。

表 2.2　某混凝土工程施工活动情况表

序　号	工序名称	紧前工作	紧后工作	持续时间/d
A	支模板 1	—	B、C	2
B	支模板 2	A	D、E	3
C	绑扎钢筋 1	A	E、F	2
D	支模板 3	B	G	2
E	绑扎钢筋 2	B、C	G、H	3
F	浇混凝土 1	C	H	1
G	绑扎钢筋 3	D、E	I	2
H	浇混凝土 2	E、F	I	1
I	浇混凝土 3	G、H	—	1

问题：

(1) 简述双代号网络计划时间参数的种类。

(2) 什么是工作持续时间？工作持续时间的计算方法有哪几种？

(3) 根据表 2.2 绘制双代号网络图，计算时间参数。

(4) 双代号网络计划关键线路应如何判断？确定该网络计划的关键线路。

案例分析：

(1) 双代号网络计划时间参数如下。

工作持续时间、工作最早开始时间、工作最早完成时间、计算工期、计划工期、工作最迟完成时间、工作最迟开始时间、工作总时差、工作自由时差。

(2) 工作持续时间：一项工作从开始到完成的时间。

工作持续时间的计算方法：三时估计法、定额计算法、倒排计算法等。

(3) 双代号网络图及时间参数如图 2.20 所示。

(4) 双代号网络图关键线路的判断：先判断关键工作，总时差最小的工作是关键工作。其次，将关键工作相连所形成的线路即为关键线路。

该网络计划的关键线路：1—2—3—5—6—7—9—10。

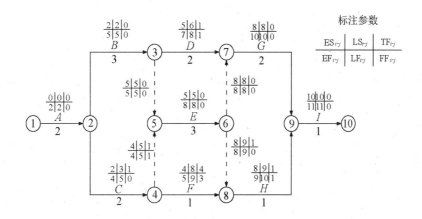

图 2.20　双代号网络图及时间参数

2.5.2　双代号时标网络计划

双代号时标网络计划是以时间坐标为尺度编制的网络计划，时标网络计划中应以实箭线表示工作，以虚箭线表示虚工作，以波形线表示工作的自由时差。时标网络计划既具有网络计划的优点，又具有横道计划直观易懂的优点，它能将网络计划的时间参数直观地表达出来。

1. 双代号时标网络计划的特点

双代号时标网络计划是以水平时间坐标为尺度编制的双代号网络计划，其主要特点如下。

(1) 时标网络计划兼有网络计划与横道计划的优点，它能够清楚地表明计划的时间进程，使用方便。

(2) 时标网络计划能在图上直接显示出各项工作的开始时间与完成时间、工作的自由时差及关键线路。

(3) 在时标网络计划中可以统计每一个单位时间对资源的需要量，以便进行资源优化和调整。

(4) 由于箭线受到时间坐标的限制，当情况发生变化时，对网络计划的修改比较麻烦，往往需要重新绘图。

2. 双代号时标网络计划的一般规定

(1) 双代号时标网络计划必须以水平时间坐标为尺度表示工作时间。时标的时间单位应根据需要在编制网络计划之前确定,可为时、天 、周、月或季。

(2) 时标网络计划中所有符号在时间坐标上的水平投影位置,都必须与其时间参数相对应。节点中心必须对准相应的时标位置。

(3) 时标网络划中虚工作必须以垂直方向的虚箭线表示,有自由时差时加波形线表示。

3. 时标网络计划的编制

(1) 时标网络计划宜按各个工作的最早开始时间编制。

(2) 在编制时标网络计划之前,应先按已经确定的时间单位绘制时标网络计划表。时间坐标可以标注在时标网络计划表的顶部或底部,也可以在时标网络计划表的顶部和底部同时标注时间坐标。

(3) 编制时标网络计划时应先绘制无时标的网络计划草图,然后按间接绘制法或直接绘制法进行编制。

① 间接绘制法。首先根据项目工作列表绘制双代号网络图,计算各工作的时间参数(或工作最早时间参数),再根据最早时间参数在时标计划表上确定节点位置,将各工作的时间长度绘制相应工作的实箭线部分,使其在时间坐标上的水平投影长度等于工作的持续时间,用虚线绘制虚工作,用波形线将实箭线部分与其紧后工作的开始节点连接起来,以表示工作的自由时差,最后进行节点编号。

【案例 2.3】

背景材料:

某双代号网络计划图如图 2.21 所示。

问题:

利用间接绘制法将图 2.21 双代号网络计划改绘为时标网络计划。

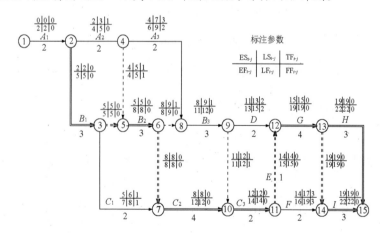

图 2.21　双代号网络计划图

案例分析：

对应的双代号时标网络计划如图 2.22 所示。

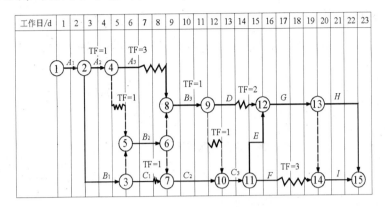

图 2.22 双代号时标网络计划图

② 直接绘制法。根据网络计划中工作之间的逻辑关系及各工作的持续时间，直接在时标计划表上绘制时标网络计划。其绘制步骤如下。

首先，将起点节点定位在时标计划表的起始刻度线上。

其次，按工作持续时间在时标计划表上绘制起点节点的外向箭线。

再次，其他工作的开始节点必须在其所有紧前工作都绘出以后，定位在这些紧前工作最早完成时间最大值的时间刻度上，某些工作的箭线长度不足以到达该节点时，用波浪线补足，箭头画在波浪线与节点连接处。

最后，用上述方法从左至右依次确定其他节点的位置，直至网络计划终点节点定位，绘图完成。

2.5.3 单代号网络计划

单代号网络图是以节点及其编号表示工作，以箭线表示工作之间逻辑关系的网络图，并在节点中加注工作代号、名称和持续时间，以形成单代号网络计划，如图 2.23 所示。

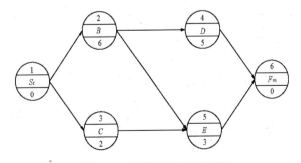

图 2.23 单代号网络计划图

1. 单代号网络图的基本符号

1) 节点

单代号网络图中的每一个节点表示一项工作，节点宜用圆圈或矩形表示。节点所表示的工作名称、持续时间和工作代号等应标注在节点内，如图2.24所示。

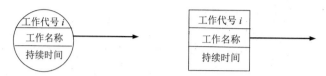

图2.24　单代号网络图工作的表示方法

单代号网络图中的节点必须编号，编号标注在节点内，其号码可间断，但严禁重复。箭线的箭尾节点编号应小于箭头节点的编号。一项工作必须有唯一的一个节点及相应的一个编号。

2) 箭线

单代号网络图中的箭线表示紧邻工作之间的逻辑关系，既不占用时间，也不消耗资源。箭线应画成水平直线、折线或斜线。箭线平投影的方向应自左向右，表示工作的行进方向。工作之间的逻辑关系包括工艺关系和组织关系，在网络图中均表现为工作之间的先后顺序。

3) 线路

单代号网络图中，各条线路应用该线路上的节点编号从小到大依次表述。

2. 单代号网络图的绘制规则

单代号网络图的绘制规则与双代号网络图的绘制规则基本相同，主要区别在于：单代号网络图中只应有一个起点节点和一个终点节点。当网络图中有多项起点节点或多项终点节点时，应在网络图的两端分别设置一项虚工作，作为该网络图的起点节点(S_t)和终点节点(F_{in})。

3. 单代号网络计划时间参数的计算

单代号网络计划时间参数的计算应在确定各项工作的持续时间之后进行。时间参数的计算顺序和计算方法基本上与双代号网络计划时间参数的计算相同。单代号网络计划时间参数的标注形式如图2.25所示。

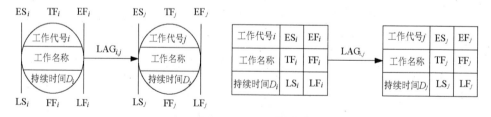

图2.25　单代号网络计划时间参数的标注形式

单代号网络计划时间参数的计算步骤如下。

1)　最早开始时间和最早完成时间

各项工作的最早开始时间和最早完成时间的计算应从网络计划的起点节点开始，顺着箭线方向按节点编号从小到达的顺序依次逐项计算。网络计划的起点节点的最早开始时间为零。如起点节点的编号为 1，则：

$$ES_i = 0 (i = 1)$$

工作最早完成时间等于该工作最早开始时间加上其持续时间，即：

$$EF_i = ES_i + D_i$$

工作最早开始时间等于该工作的各个紧前工作的最早完成时间的最大值，如工作 j 的紧前工作的代号为 i，则：

$$ES_j = \max\{EF_i\}$$

或

$$ES_j = \max\{ES_i + D_i\}$$

式中：ES_i——工作 j 的各项紧前工作的最早开始时间。

2)　相邻两项工作之间的时间间隔 $LAG_{i,j}$

相邻两项工作 i 和 j 之间的时间间隔 $LAG_{i,j}$ 等于紧后工作 j 最早开始时间 ES_j 和本工作最早完成时间 EF_i 的差值，即：

$$LAG_{i,j} = ES_j - EF_i$$

3)　工作总时差 TF_i

工作 i 的总时差 TF_i 应从网络计划的终点节点开始，逆着箭线方向依次逐项计算。网络计划终点节点的总时差 TF_n，如计划工期等于计算工期，该工作的总时差为零，即：

$$TF_n = 0$$

其他工作 i 的总时差 TF_i 等于该工作的各个紧后工作 j 的总时差 TF_j 加上该工作与其紧后工作之间的时间间隔 $LAG_{i,j}$ 之和的最小值，即：

$$TF_i = \min\{TF_j + LAG_{i,j}\}$$

4)　工作自由时差

工作 i 若无紧后工作，其自由时差 FF_j 等于计划工期 T_p 与本工作的最早完成时间 EF_n 之差，即：

$$FF_j = T_p - EF_n$$

当工作 i 有紧后工作 j 时，其自由时差 FF_i 等于该工作与其紧后工作 j 之间的时间间隔 $LAG_{i,j}$ 的最小值，即：

$$FF_i = \min\{LAG_{i,j}\}$$

5)　工作的最迟开始时间和最迟完成时间

工作 i 的最迟开始时间 LS_i 等于该工作的最早开始时间 ES_i 与其总时差 TF_i 之和，即：

$$LS_i = ES_i + TF_i$$

工作 i 的最迟完成时间 LF_i 等于该工作的最早完成时间 EF_i 与其总时差 TF_i 之和，即：

$$LF_i = EF_i + TF_i$$

6) 网络计划的计算工期 T_c

T_c 等于网络计划的终点节点 n 的最早完成时间 EF_n，即：

$$T_c = EF_n$$

7) 关键工作和关键线路的确定

总时差最小的工作为关键工作。将这些关键工作相连，并保证相邻两项关键工作之间的时间间隔为零所成的线路就是关键线路。

利用相邻两项工作之间的时间间隔确定关键线路。从网络计划的终点节点开始，逆着箭线方法依次找出相邻两项工作之间时间间隔为零的线路就是关键线路。

2.6　建筑工程项目进度计划的实施、检查与调整

2.6.1　建筑工程项目进度计划的实施

1. 编制月(旬)作业计划

为了实施施工计划，将规定的任务结合现场施工条件，如施工场地的情况、劳动力、机械等资源和实际的施工进度，在施工开始前和施工过程中不断地编制月(旬)作业计划，这是使施工计划更具体、更实际和更可行的重要环节。在月(旬)计划中要明确本月(旬)应完成的任务、所需要的各种资源量、提高劳动生产率和节约的措施等。

2. 签发施工任务书

施工任务书既是一份计划文件，也是一份核算文件，还是原始记录。它把作业任务下达到班组进行责任承包，并将计划执行与技术管理、质量管理、成本核算、原始记录、资源管理等融为一体，是计划与作业的联结纽带。施工任务书一般由工长根据计划要求、工程数量、定额标准、工艺标准、技术要求、质量标准、节约措施、安全措施等为依据进行编制。

施工任务书下达班组时，由工长进行交底。交底内容为：交任务、交操作规程、交施工方法、交质量、交安全、交定额、交节约措施、交材料使用、交施工计划、交奖罚要求等。要做到任务明确，报酬预知，责任到人。施工班组接到任务书后，应做好分工，安排完成，执行中要保质量、保进度、保安全、保节约、保工效提高。任务完成后，班组自检，在确认已经完成后，向工长报请验收。工长验收时查数量、查质量、查安全、查用工、查节约，然后回收任务书，交作业队登记结算。

3. 做好施工记录，认真填报施工进度统计表

在计划任务完成的过程中，各级施工进度计划的执行者都要跟踪做好施工记录，包括

如实记载每一项工作的开始日期、工作进程和结束日期；记录施工现场发生的各种情况、干扰因素的排除情况，并跟踪做好工程形象进度、工程量、总产值、耗用的人工、材料和机械台班等数量统计与分析，可为进度计划实施的检查、分析、调整、总结提供原始资料。要求跟踪记录，如实记录，最好借助图表形成记录文件。

4. 做好施工中的调度工作

调度工作主要对进度管理起协调作用。它可协调各工种间的关系，解决施工中出现的各种矛盾，克服薄弱环节，实现动态平衡。调度工作的内容包括：检查作业计划执行中的问题，找出原因，并采取措施解决；督促供应单位按进度要求供应资源；控制施工现场临时设施的使用；按计划进行作业条件准备；传达决策人员的决策意图；发布调度令等。要求调度工作做得及时、灵活、准确、果断。

2.6.2　建筑工程项目进度计划的检查

由于建筑工程项目的复杂性和外界环境的干扰，如气候的变化、意外事故以及其他条件都会对工程进度计划的实施产生影响，为了进行进度控制，进度控制人员应经常或定期跟踪检查施工实际的进度情况。施工进度的检查与进度计划的执行是融合在一起的，施工进度的检查应与施工进度记录结合进行，具体应主要检查工作量的完成情况、工作时间的执行情况、资源使用及进度的互相配合情况等。在数据搜集的基础上进行进度统计整理和对比分析，确定实际进度与计划进度之间的关系，并根据实际情况对计划进行调整，其进度检查过程如图 2.26 所示。

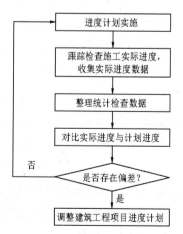

图 2.26　建筑工程项目进度检查过程

1. 跟踪检查施工实际进度，收集实际进度数据

采用多种控制手段保证各个工程活动按计划及时开始，记录各工程活动的开始和结束时间及完成程度。跟踪检查的主要工作是定期收集反映实际工程进度的有关数据。跟踪检

查的时间和收集数据的质量，直接影响控制工作的质量和效果，不完整或不正确的进度数据将导致不全面或不正确的决策。一般来说，进度检查的时间间隔与工程项目的类型、规模、范围大小、现场条件等多方面因素有关，可视工程进度的实际情况，每月、每半月或每周进行一次。在某些特殊情况下，甚至可能进行每日进度检查。

2. 整理统计检查数据

将收集的数据进行整理、统计和分析，形成与计划具有可比性的数据。例如，根据本期检查实际完成量确定累计完成的量、本期完成的百分比和累计完成的百分比等数据资料。将实际数据与计划数据进行比较，如将实际的完成量、实际完成百分比与计划的完成量、计划完成百分比进行比较。通过比较，了解实际进度比计划进度超前、延后还是与计划进度一致。确定整个项目的完成程度，并结合工期、生产成果、劳动效率、消耗等指标，评价项目进度状况，分析其中的问题。

3. 对比实际进度与计划进度

进度计划的检查方法主要是对比法，即把实际进度与计划进度进行对比，从而发现偏差。将实际进度数据与计划进度数据进行比较，可以确定项目实际执行状况与计划目标之间的差距。为了直观地反映实际进度偏差，通常采用表格或图形进行实际进度与计划进度的对比分析，从而得出实际进度比计划进度超前、滞后还是一致的结论。实践中，常用的比较方法有：横道图比较法、S形曲线比较法、"香蕉"曲线比较法等，具体内容见后文2.6.3。

4. 调整建筑工程项目进度计划

施工进度计划在执行过程中呈现出波动性、多变性和不均衡性的特点，所以在施工项目进度计划执行中，要经常检查进度计划的执行情况，及时发现问题，当实际进度与计划进度存在差异时，必须对进度计划进行调整，以实现进度目标。

2.6.3 实际进度与计划进度的比较方法

1. 横道图比较法

横道图比较法是将在项目实施中检查实际进度收集的信息，经加工整理后直接用横道线平行绘于原计划的横道线处，进行实际进度与计划进度的比较方法。采用横道图比较法，可以形象、直观地反映实际进度与计划的比较情况，是最常用的方法。

某工程项目基础工程的计划进度和截至第9天的实际进度如图2.27所示，其中空心线代表计划进度，粗实线代表实际进度。从图2.27中实际进度与计划进度的比较可以看出，到第9天检查实际进度时，A工作已在0～5天完成；B工作已在5～7天完成；C工作按计划也该完成，但实际只完成了3/4，任务拖延1天；D工作按计划应完成4/5，而实际只完成 2/5，进度拖延 2 天；E 工作按计划已开始 1 天，已完成 1/4，而实际尚未开始，进度拖延 1 天，F 工作尚未开始。

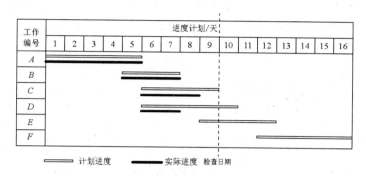

图 2.27　某工程项目实际进度与计划进度比较图

2. S 形曲线比较法

S 形曲线是一个以横坐标表示时间，纵坐标表示累计工作量完成情况的曲线图。该图工作量的表达方式可以是实物工程量、工时消耗或费用支出额，也可用相应的百分比表示。由于该曲线形如 S，故而得名。

S 形曲线绘制如下。

以时间为横坐标，以累计工作量(或者完成的累计价值、工时消耗量)为纵坐标而绘出的时间—累计工作量图。作图步骤如下。

(1) 确定工程进展速度曲线。该曲线主要反映不同时间工作量的完成情况。

(2) 计算不同时间累计完成的工作量。

(3) 将不同时间累计完成的工作量用曲线连接起来，形成 S 形曲线。

【案例 2.4】

背景材料：

已知某土方工程的总开挖量为 10 000m³，要求在 10 天内完成，不同时间的土方开挖量如表 2.3 所示。

表 2.3　完成工程量汇总表

时间/d	1	2	3	4	5	6	7	8	9	10
每日完成工程量/m³	300	500	800	1400	1700	1800	1400	1000	800	300
累计完成工程量/m³	300	800	1600	3000	4700	6500	7900	8900	9700	10000

问题：

绘制该土方工程的 S 形曲线。

案例分析：

其 S 形曲线按以下步骤绘出。

(1) 收集不同时间土方开挖量填入表 2.3 中,或绘制每日完成工作量柱状图,如图 2.28 所示。

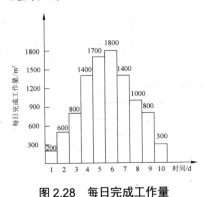

图 2.28　每日完成工作量

(2) 计算不同时间累计完成土方开挖量,结果列于表 2.3 中。

(3) 根据累计完成土方量,绘出每日完成土方量柱状图,并描绘出 S 形曲线,如图 2.29 所示。

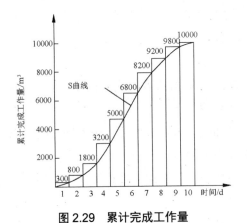

图 2.29　累计完成工作量

S 形曲线比较法是将实施过程中定期检查收集的累计工程量数据与计划进度 S 形曲线进行比较,如图 2.30 所示。进度控制人员在计划实施前绘制出计划 S 形曲线,在项目实施过程中,按规定时间将检查的实际完成任务情况,与计划 S 形曲线绘制在同一张图上,可得出实际进度 S 形曲线,通过分析可以得到如下信息:

(1) 实际工程进展状况。当实际进展点落在计划 S 形曲线左侧,表明实际进度比计划超前;反之,则表示进度落后。

(2) 实际进度比计划进度超前或者拖延的时间。如图 2.30 所示,ΔT_a 表示 T_a 时刻实际比计划超前的时间,ΔT_b 表示 T_b 时刻实际拖后的时间。

(3) 工程量的完成情况。如图 2.30 所示,ΔQ_a 表示 T_a 时刻超额完成的任务量,ΔQ_b 表示在 T_b 时刻拖欠的任务量。

(4) 预测工程进度。如图 2.30 所示,T_b 时刻所做出的工期预测:如果后期进度仍然按照以前效率进行,则工期将拖延 ΔT_c。

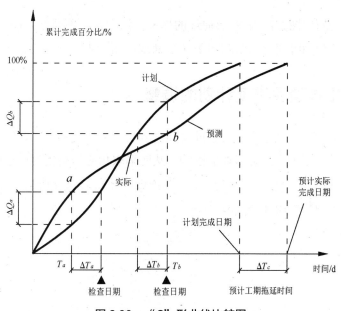

图 2.30   "S"形曲线比较图

3．"香蕉"曲线比较法

"香蕉"曲线是由两种 S 形曲线组合而成，由最早开工时间绘制的 S 形曲线，称为 ES 曲线；由最迟时间开工绘制的 S 形曲线，称为 LS 曲线。由于两条 S 形曲线都是同一项目，其计划开始时间和完成时间相同，因此 ES 曲线和 LS 曲线是闭合的，如图 2.31 所示。理想的状况是每次按实际进度描出的实际施工进度线落在 ES、LS 两条曲线所包含的区域内。若检查的落点落在 ES 左侧，则说明实际进度比计划进度超前；若检查点落在 LS 右侧，则说明实际进度延后。检查的方法是：当工程实施到 t_1 时，实际完成的工作量比最早时间计划少完成 $\Delta Q_1 = Q_1 - Q$；比最迟时间计划曲线的要求多完成 $\Delta Q_2 = Q - Q_2$。当计划进行到 t_1，实际进度比最迟时间要求完成的工作量时间提前，所以不会影响总工期。同理可对 t_2 点进行分析。

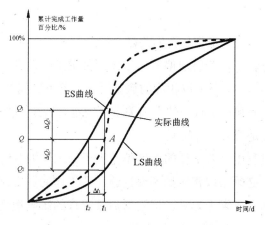

图 2.31   "香蕉"曲线比较法示意图

"香蕉"曲线的作图方法与S形曲线的作图方法一致，不同之处在于它是以工作的最早开始时间和最迟开始时间分别绘制两条S形曲线，用于表示建筑项目总体进展情况。

2.6.4　建筑工程项目进度计划的调整

在建筑工程项目实施过程中，当通过实际进度与计划进度的比较，发现有进度偏差时，需要分析该偏差对后续工作及总工期的影响，从而采取相应的措施对原进度计划进行调整，以确保工期目标的顺利实现。这样才能充分发挥进度计划的控制功能，实现进度计划的动态控制。进度计划调整系统如图2.32所示。

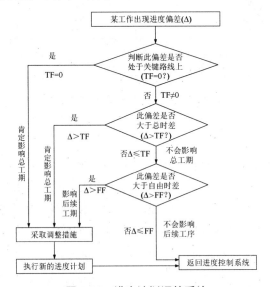

图2.32　进度计划调整系统

1. 进度偏差对总工期及后续工作影响的分析

进度偏差对总工期和后续工作的影响取决于偏差的大小及其所处的位置。分析步骤如下。

1)　分析出现进度偏差的工作是否为关键工作

在工程项目施工过程中，若出现偏差的工作为关键工作，则无论偏差大小，都会对后续工作及总工期产生影响，必须采取相应的调整措施。若出现偏差的工作不是关键工作时，需要根据偏差值与总时差和自由时差的大小关系，确定对后续工作和总工期的影响程度。

2)　分析进度偏差是否大于总时差

在工程项目施工过程中，若工作的进度偏差大于该工作的总时差，说明该偏差必将影响后续工作和总工期，必须采取相应的调整措施。若工作的进度偏差小于或等于该工作的总时差，说明该偏差对总工期无影响，但它对后续工作的影响程度需要根据比较偏差与自由时差的情况来确定。

3)　分析进度偏差是否大于自由时差

在工程项目施工过程中，若工作的进度偏差大于该工作的自由时差，说明该偏差对后续工作产生影响，该如何调整，应根据后续工作允许影响的程度而定。若工作的进度偏差小于或等于该工作的自由时差，则说明该偏差对后续工作无影响，因此，原进度计划可以不做调整。

2. 对进度计划的调整方法

采取何种进度调整方式，应在对具体的实施进度进行分析的基础上确定。可行的调整方案是多种多样的，但归纳起来，进度调整的方式主要有以下两种。

1)　改变工作间的逻辑关系

若实施中的进度产生的偏差影响了总工期，可以改变关键线路和超过计划工期的非关键线路上的有关工作之间的逻辑关系，达到缩短工期的目的。特别是改变组织关系，对组织关系进行优化，常会取得更明显的效果。例如，采用平行作业或流水作业代替"依次作业"。

2)　缩短工作持续时间

这种方法不改变工作之间的逻辑关系，通过财务增加资源投入、提高劳动效率等措施缩短某些工作的持续时间，使施工进度加快，从而保证实现计划工期。在项目进度拖延的情况下，为了加快进度，通常是压缩引起总工期拖延的关键线路和某些非关键线路的工作持续时间。这种方法实际上就是用工期优化或工期—费用优化法进行调整。

【案例 2.5】

背景材料：

某建筑公司中标某学校教学楼工程，该工程结构形式为框架结构，于 2014 年 5 月 21 日开工建设，合同工期为 200 天。该公司根据项目特点组建了项目经理部，由于施工现场狭窄，工地不设混凝土搅拌站，全部采用商品混凝土。

问题：

(1)　如果预拌混凝土的供应能够满足施工顺利进行，则该工程预拌混凝土的运输工程是否应列入进度计划？原因是什么？

(2)　如果在进度控制时，混凝土的浇筑是关键工作，由于预拌混凝土的运输原因，使该项工作拖后两天，会对工期造成什么影响？为什么？为了保证按合同工期完成施工任务，施工单位进行进度计划调整，其依据是什么？

案例分析：

(1)　预拌混凝土的运输过程不应列入进度计划。原因是混凝土的运输属于作业前的准备工作，而且能保证混凝土的浇筑按计划进行，不影响工期即不应列入施工进度计划。

(2)　会使工期拖后两天。原因是网络计划的工期是由关键线路上的关键工作决定的，

因此，关键工作的拖延会造成工期的拖延。

施工进度计划的调整依据是进度计划的检查结果。

思 考 题

1. 什么是建筑工程项目进度管理?

2. 建筑工程项目进度控制的措施有哪些?

3. 建筑工程项目进度计划的种类有哪些?

4. 简述单位工程施工进度计划的编制步骤。

5. 建筑工程项目施工组织方式有哪几种?

6. 流水施工的基本组织方式包括哪些?

7. 双代号网络计划的绘制规则是什么?

8. 网络计划的种类有哪几种?

9. 简述建筑工程项目总进度计划的编制步骤。

10. 简述建筑工程项目施工进度计划调整的方法。

第 3 章　建筑工程项目质量管理

教学指引

◆ 　知识重点：施工项目质量控制的特点；建筑工程项目质量保证体系；质量计划的编制；施工项目质量控制的内容和方法；施工质量计划的实施、检查及其整改；建筑工程项目施工质量不合格的处理；建筑工程项目质量的政府监督。

◆ 　知识难点：建筑工程项目质量控制的特点；建筑工程项目质量保证体系的建立与运行；质量计划的编制；建筑工程项目质量控制的内容和方法；建筑工程项目施工质量不合格的处理；建筑工程项目质量的政府监督。

学习目标

◆ 　熟悉建筑工程项目质量管理的概念。

◆ 　掌握建筑工程项目质量管理工作程序。

◆ 　了解建筑工程质量计划。

◆ 　熟悉建筑工程项目质量计划的编制方法。

◆ 　熟悉建筑工程项目质量计划的实施。

◆ 　掌握工程项目质量控制的内容和方法。

◆ 　掌握对建筑工程项目施工质量不合格的处理。

◆ 　了解建筑工程项目质量的政府监督。

案例导入

　　某建筑工程公司通过投标并中标，承接了某个厂房、办公室及附属设施的施工任务。该项目包括生产车间一栋一层；办公楼一栋二层；工作连廊二层；门廊一层；水泵房一层；传达室一层；以及围墙、大门、道路等工程。发包方要求的工程施工质量等级是"合格"。

　　针对该工程特点，承包商确定了该工程质量目标为"合格；争取××市样板工程"，并将总目标按单位工程、分部工程和分项工程逐层分解和细化到各级子目标；策划了质量保证体系，制订了质量计划，将实现各分项工程和各工序质量目标的职责细分到各班组。施工中，通过施工技术交底制度的执行，严格控制工程项目的施工过程处于正常状态；通过"三检"制度的执行，严格监督工程项目的过程质量。由于不同层次质量管理职责落实到各岗位、各层次管理人员和各班组，并结合奖惩制度的严格执行，各分部分项工程均一次性验收合格。工程项目竣工验收等级为"合格"。

　　一年后，该工程被评为"××市样板工程"。

3.1　建筑工程施工项目质量管理的工作过程

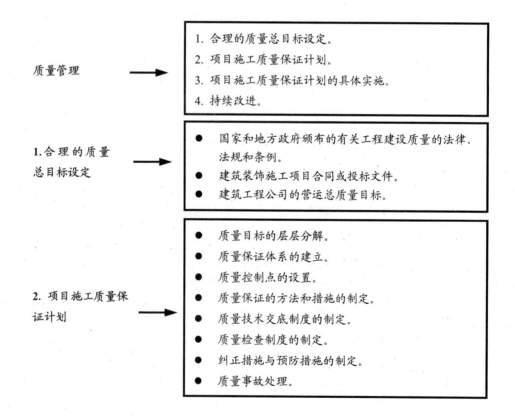

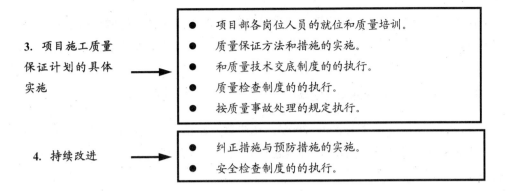

3.2　建筑工程项目质量管理概述

3.2.1　工程质量、建筑工程项目质量管理与质量控制的基本概念

1. 工程质量的概念

提到工程质量，我们首先会联想到交付使用的工程实体的质量，即，完工后的工程"产品"(工程实体) 所具备的质量特性是否同时满足国家及行业的相应强制性标准的要求，以及业主或建设单位的要求；并且，质量特性还体现了"满足上述要求的程度"。针对建筑工程，工程实体的质量特性具体表现在以下几个方面。

(1) 适用性。适用性即功能，是指工程实体满足使用目的的各种性能。它包括理化性能，如尺寸、规格、强度、塑性、硬度、冲击韧性、抗渗、耐磨、保温、隔热、隔音等物理性能，以及如耐酸、耐碱、耐腐蚀、防火、防风化、防尘等化学性能。

(2) 耐久性。耐久性即寿命，是指满足规定功能要求使用的年限。它一般由所用材料的寿命等来决定，如塑料管道、屋面防水、卫生洁具、电梯等，视生产厂家设计的产品性质及工程的合理使用寿命周期而规定不同的耐用年限。

(3) 安全性。安全性是指工程实体在使用过程中保证人的生命和财产，以及周围环境免受危害的程度。如抗震、耐火及防火能力，人民防空的抗辐射、抗核污染等能力，是否达到相应规定要求，都是安全性的重要标志。另外，如阳台栏杆、楼梯扶手、电气系统漏电保护等，也须保证使用者的人身安全。

(4) 可靠性。可靠性是指工程实体在规定的时间和规定的条件下完成规定功能的能力。工程实体不仅要求在交工验收时要达到规定的指标，而且在合理的使用寿命周期内要保持应有的正常功能。如工程实体的防洪与抗震能力、防水隔热、恒温恒湿措施等，都属于可靠性的质量范畴。

(5) 经济性。经济性是指工程从规划、勘察、设计、施工等到工程实体使用寿命周期内的维修、维护等各阶段所发生的费用的合理性，以及总成本花费的合理性。

(6) 与环境的协调性。与环境的协调性是指工程实体为保证适应可持续发展的要求，与其周围生态环境协调程度，与所在地区经济环境协调程度，以及与周围已建工程相协调的程度。

2. 工程项目质量管理的基本概念

质量管理的定义(GB/T 19000—2008)：在质量方面指挥和控制组织的协调的活动。

针对质量的指挥和控制活动，通常包括制定质量方针和质量目标，以及质量策划、质量控制、质量保证和质量改进。

一般意义上的工程项目质量管理，是指在工程项目实施过程中，为了确保工程质量，建设方首先策划总质量计划，再将各参与方根据各自的义务策划相应的质量计划纳入总质量计划体系，然后依据总质量计划体系指挥和控制项目各参与方关于质量的相互协调的活动。换而言之，为保证工程质量，而开展的建设、勘察、设计、施工、监理等多家单位参与的策划、组织、实施、检查、监督和审核等所有管理活动的总和。

承包商进行的建筑工程项目质量管理，属于一般意义上的工程项目质量管理的一部分。

本书侧重讨论承建商在施工阶段的项目质量管理，故本书中后面章节涉及的"工程项目质量管理""工程项目质量控制""工程项目质量管理体系"等内容的讨论，如没有进行特别说明，都是针对承包商的工作范围和内容来展开的。

为了便于大家理解"策划、组织、实施、检查、监督和审核"等管理活动，我们来分析承包商接到施工任务后应该做的工作。

(1) 为确保工程"产品"的质量特性能满足要求，同时有效预防不合格"产品"的出现，承包商首先必须做好以下工作。

① "产品"有明确的质量目标。(策划成果)

② 有明确的"产品"检验、验收标准，以及各工作(工艺)流程、操作规范和规程。(策划成果)

③ 相关工作由有资格和能力的人进行。(组织成果)

④ 施工人员知晓或可以获得相关工作(工艺)流程、操作规范和规程，并能遵照执行。(组织成果、策划成果)

⑤ 施工人员拥有必需的资源(如材料、工器具等)。(策划成果)

⑥ 施工人员依据各工作(工艺)流程、操作规范和规程施工。(实施活动)

⑦ 施工人员已做的工作有据可查(如记录)。(实施成果)

(2) 为确保上述工作能有效进行，承包商还必须做到以下几点。

① 配备质检部门/质检小组和有资格和能力的质量检验人员。(策划成果、组织活动)

② 明确质检部门/质检小组和质量检验人员的职责。(策划活动)

③ 明确质检部门/质检小组和质量检验人员的工作准则和工作规范。(策划活动)

④ 质量检验人员遵照相应的工作准则和工作规范，依据检验、验收标准对"产品"

进行检查、验收。(实施活动、检查和监督活动)

⑤ 配备其他相关职能部门/职能小组(如行政部门、人事部门、技术部门、采购部门等)。(策划成果、组织活动)

⑥ 明确各职能部门/职能小组和各岗位人员的职责。(策划活动)

⑦ 明确各职能部门/职能小组和各岗位人员的工作准则和工作规范。(策划活动)

⑧ 各职能部门/职能小组的人员遵照相应的工作准则和工作规范进行工作。(实施活动)

(3) 为确保上述工作均能有效完成,避免出现不可接受的偏差,承包商必须具备前瞻性,在进行上述工作前做好以下工作。

① 确定企业在公众心目中应具有的地位。(策划活动)

② 确定为保持企业在公众心目中的地位,企业质量的发展方向(质量方针)和相应阶段的质量目标。(策划活动)

③ 确定并实现必要的人力及物力资源。(策划活动、组织活动)

④ 确定并执行企业有关质量的各级规章制度、工作规范。(策划活动、实施活动)

由此不难看出:施工单位只有确保施工过程中与工程质量的形成有关的各类管理工作的质量,才有可能确保工程"产品"的质量,有效预防不合格"产品"的出现。

这样,质量的概念拓展为:既包含工程实体的质量,也包括相关管理工作的质量。即,质量包括三个方面的内容:工程质量、工序质量和工作质量。

工程质量是指工程实体在适用性、可靠性、安全性、经济性、耐久性和与环境的协调性等方面,满足国家和行业标准、施工合同要求、设计要求的程度。

在施工中,有些工作和资源的提供对工程实体质量的形成起着直接的作用,这些工作通常技术性较强。这些资源则主要是指施工机具和相应的建筑材料,这些工作和资源提供的质量就是工序质量。

在施工过程中,有些工作和资源提供是通过保证工序质量来实现工程质量的。这些工作属于管理方面的工作(如施工过程的计划工作、组织工作、合同管理工作、成本分析工作、工程质量检验工作、工序质量的监督工作、施工记录等)。这些资源的提供则是除了施工机具和建筑材料之外的资源(如计算机、办公条件、临时居住条件等)的提供。

这些工作和资源提供的质量称为工作质量。

在工程项目施工阶段,承包商通过 "确保工作质量以保证工序质量、确保工序质量以保证工程质量"的围绕着"质量"而进行的"策划、组织、实施、检查、监督和审核"工作(管理活动),即为承包商对工程项目进行的质量管理。

3. 工程项目质量控制的基本概念

质量控制的定义(GB/T 19000—2008):质量管理的一部分,致力于满足质量要求。

对于建筑工程项目而言,质量控制的活动主要包括以下几点。

(1)　明确总目标和各目标：明确各分部分项工程需要控制的标准以及各项管理工作(活动)的质量目标。

(2)　明确工作(工艺)流程、操作规范和规程。

(3)　实施：遵照工作(工艺)流程、操作规范和规程施工。

(4)　检查、验收和监督：测量各项工作(活动)满足其目标的程度。

(5)　评价：评价各项工作(活动)的质量控制的能力和效果。

(6)　纠偏：对不满足设定目标的偏差，及时纠偏，保持控制能力的稳定性。

可见，工程项目质量控制就是为了实现明确的质量目标，通过对施工方案和资源配置进行策划、实施、检查和监督以及改进等活动，使得各项工作(活动)的质量得到事前控制、事中控制和事后纠偏控制，最终实现预期质量目标的系统过程。

确保工作(活动)的质量偏差在可控的范围内，或者当出现某些工作(活动)的质量偏差超出可控范围时，通过检查、验收和监督工作(活动)的评价，使其得到纠正和改进，恢复到可控的范围内，即为工程项目质量控制的目的。

例如，在"工程项目质量管理的基本概念"中提到的承包商必须做好的工作中提到的："相关工作由有资格和能力的人进行；施工人员知晓或可以获得相关工作(工艺)流程、操作规范和规程，并能遵照执行；配备质检部门/质检小组和有资格和能力的质量检验人员；配备其他相关职能部门/职能小组(如行政部门、人事部门、技术部门采购部门等)；各职能部门/职能小组的人员遵照相应的工作准则和工作规范进行工作；确定并实现必要的人力及物力资源。"这些工作(活动)均属于工程项目质量控制的范围。

3.2.2　建筑工程项目质量控制的特点

建筑工程项目质量控制体系是针对特定工程项目建立的质量控制体系，它与承包商按照 GB/T 19000—2008 族标准建立的质量管理体系既有所联系，也有所不同。

建筑工程项目质量控制体系与承包商按照 GB/T 19000—2008 族标准建立的质量管理体系的联系在于：建筑工程项目质量控制体系自其建立起，就在工程项目的施工周期内构成了承包商的质量管理体系的一部分。

建筑工程项目质量控制体系与承包商按照 GB/T 19000—2008 族标准建立的质量管理体系的不同在于以下几个方面。

1)　建立的目的不同

工程项目质量控制体系的建立只是针对特定工程项目；承包商质量管理体系的建立则是针对整个公司或机构。

2)　服务的范围不同

工程项目质量控制体系只涉及工程项目施工阶段的各项工作(活动)，承包商质量管理体系则涉及承包商的整个公司或机构的工作(活动)，其服务的范围不同。

3)　控制的目标不同

项目质量控制体系的控制目标是工程项目的质量目标；承包商质量管理体系的质量目标，则是承包商的整个公司或机构运作的质量目标。

4)　作用的时效不同

工程项目质量控制体系是一次性的体系；承包商质量管理体系则是长期运行的体系。

3.2.3　建筑工程项目质量的影响因素

影响建设工程项目质量的因素，是指在工程项目实施阶段对工程质量的形成会产生影响的各种主观及客观因素，包括人的因素、机械的因素、材料的因素、方法的因素和环境的因素(简称人、机、料、法、环，即"4M1E")。

1. 人的因素

影响工程项目质量的人的因素，包括以下两个方面。

(1)　直接履行工程项目质量职能的决策者、管理者和作业者个人的质量意识及质量活动能力。

(2)　参与工程项目建设的建设单位、勘察设计单位、咨询服务机构、承包商等组织的质量管理能力。

在工程项目质量管理中，人的因素起着决定性的作用。工程项目质量控制应以控制人的因素为基本出发点。

我国实行建筑业企业经营资质管理制度、市场准入制度、管理和技术人员执业资格注册制度、作业及管理人员持证上岗制度等，就是对从事建设工程活动的人的素质和能力进行必要的控制。

人，作为控制动力，应充分调动人的积极性；作为控制对象，应避免工作失误。因此，必须有效控制工程项目各参与方的人员素质，不断地提高工作质量，才能保证工程项目的质量。

2. 机械的因素

机械包括工程设备、施工机械和施工工器具。工程设备是工程项目的重要组成部分，其质量的优劣，直接影响到工程使用功能的发挥。施工机械设备和施工工器具的合理选择和正确使用是保证工程项目施工质量和安全的重要前提之一。

3. 材料的因素

材料质量不合格，工程质量就不可能达到标准。加强对材料的质量控制，是保证工程质量的另一个重要前提。

4. 方法的因素

方法的因素又称为技术因素，包括勘察、设计、施工所采用的技术和方法，以及工程检测、试验的技术和方法等。采用先进合理的技术和方法进行勘察、设计和施工，必将对工程项目质量的形成起到良好的促进作用。

5. 环境的因素

影响工程项目质量的环境因素，包括工程项目所在地的自然环境因素、社会环境因素、管理环境因素和作业环境因素。

1) 自然环境因素

自然环境因素是指工程项目所在地的工程地质、水文、气象条件、地下障碍物以及其他不可抗力等影响工程项目质量的因素。例如，复杂的地质条件必然对地基处理和房屋基础设计提出更高的要求；在地下水位高的地区，若在雨期进行基坑开挖，容易引起基坑塌方，或地基因受水浸泡导致承载力降低等；在寒冷地区冬期施工，工程容易因受到冻融而影响质量；在潮湿的气候条件下进行卷材屋面防水层的施工(基层不易干燥)，容易导致粘贴不牢及空鼓等工程质量问题等。

2) 社会环境因素

社会环境因素是指会对工程项目质量造成影响的各种社会环境因素，包括工程项目所在地的政治环境因素、经济环境因素，以及当地建筑市场发育程度和规范程度及其服务水准等因素。

3) 管理环境因素

管理环境因素是指工程项目各参建单位的质量管理体系、质量管理制度和各参建单位之间的协调等因素。各参建单位的质量管理体系健全程度、运行的有效性，决定了相应单位的质量管理能力。在工程项目施工中根据承发包合同，建立统一的质量管理运行机制，确保工程项目质量保证体系处于良好的状态，创造良好的质量管理环境，使其成为施工质量的有力保障。

4) 作业环境因素

作业环境因素是指工程项目实施现场的平面和空间环境条件，各种能源介质供应，施工照明、通风、安全防护等设施，施工场地给排水，以及场地周边的交通运输和道路条件等因素。这些条件的优劣，会直接影响到施工能否顺利进行，以及施工质量能否得到保证。

上述因素对工程项目质量的影响，具有复杂多变和不确定性的特点。对这些因素进行控制，是工程项目质量控制的主要内容。

3.3　建筑工程项目质量保证体系的建立与运行

3.3.1　建筑工程项目质量保证体系的概念

　　工程项目质量保证体系是指承包商以保证工程质量为目标，依据国家的法律、法规，国家和行业相关规范、规程和标准，以及自身企业的质量管理体系，运用系统方法，策划并建立必要的项目部组织结构，针对工程项目施工过程中影响工程质量的因素和活动，制订工程项目施工的质量计划，并遵照实施的质量管理活动的总和。

3.3.2　建筑工程项目质量计划的内容

　　为了确保工程质量总目标的实现，必须对具体资源安排和施工作业活动合理地进行策划，并形成一个与项目规划大纲和项目实施规划共同构成统一计划体系的、具体的建筑工程项目施工质量计划，该计划一般包含在施工组织设计中或包含在施工项目管理规划中。

　　建筑工程项目施工的质量策划需要确定的内容如下。

　　(1)　确定该工程项目各分部分项工程施工的质量目标。

　　(2)　相关法律、法规要求；建筑工程的强制性标准要求；相关规范、规程要求；合同和设计要求。

　　(3)　确定相应的组织管理工作、技术工作的程序，工作制度，人力、物力、财力等资源的供给，并使之文件化，以实现工程项目的质量目标，满足相关要求。

　　(4)　确定各项工作过程效果的测量标准、测量方法，确定原材料，半成品构配件和成品的验收标准，验证、确认、检验和试验工作的方法和相应工作的开展。

　　(5)　确定必要的工程项目施工过程中的产生的记录(如工程变更记录、施工日志、技术交底、工序交接和隐蔽验收等记录)。

　　策划的过程中针对工程项目施工各工作过程和各类资源供给做出的具体规定，并将其形成文件，这个(些)文件就是工程项目施工质量计划。

　　施工质量计划的内容一般应包括以下几点。

　　(1)　工程特点及施工条件分析(合同条件、法规条件和现场条件)。

　　(2)　依据履行施工合同所必须达到的工程质量总目标制订各分部分项工程分解目标。

　　(3)　质量管理的组织机构、人力、物力和财力资源配置计划。

　　(4)　施工质量管理要点的设置。

　　(5)　为确保工程质量所采取的施工技术方案、施工程序，材料设备质量管理及控制措施，以及工程检验、试验、验收等项目的计划及相应方法等。

(6) 针对施工质量的纠正措施与预防措施。

(7) 质量事故的处理。

1. 施工质量总目标的分解

进行作业层次的质量策划时，首先必须将项目的质量总目标层层分解到分部分项工程施工的分目标上，以及按施工工期实际情况将质量总目标层层分解到项目施工过程的各年、季、月的施工质量目标。

各分质量目标较为具体，其中部分质量目标可量化，不可量化的质量目标应该是可测量的。

【案例 3.1】

背景材料：

某群体住宅工程施工项目的质量总目标：创建地市级以上样板工程。

问题：

如何将质量总目标分解为各层次质量分目标？

案例分析：

围绕该总目标，承包商依据工程总目标，设定的各分部分项工程的分目标如下。

(1) 检验批合格率：主控项目为 100%，一般项目为 90%以上。

(2) 分项工程合格率：100%。

(3) 分部工程合格率：100%。

(4) 室内检测一次通过率：95%。

2. 建立质量保证体系

设立项目施工组织机构，并确定各岗位的岗位职责。

【案例 3.2】

背景材料：

某承包商承接了一栋高层写字楼工程项目的施工任务。

问题：

承包商怎样建立质量保证组织体系？

案例分析：

承包商建立的质量保证组织体系如下。

1) 施工组织机构

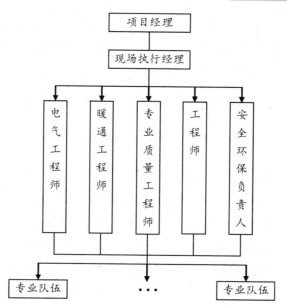

2）项目主要岗位的人员安排

（1）项目经理将由担任过同类型工程项目管理、具备丰富施工管理经验的国家一级建造师赵××担任。

（2）项目技术负责人将由具有较高技术业务素质和技术管理水平的钱××工程师担任。

（3）项目经理部的其他组成人员均经过大型工程项目的锻炼；

（4）组成后的项目经理部具备以下特点。

①　领导班子具有良好的团队意识，班子精炼，组成人员在年龄和结构上有较大的优势，精力充沛，年富力强，施工经验丰富。

②　文化层次高、业务能力强，主要领导班子成员均具有大专以上学历，并具有中高级职称，各业务主管人员均有多年共同协作的工作经历。

③　项目部班子主要成员及各主要部室的职责执行我单位的《质量手册》《环境和职业健康安全管理手册》和相关《程序文件》。在施工过程中，充分发挥各职能部门、各岗位人员的职能作用，认真履行管理职责。

3）各岗位具体岗位职责

项目经理：项目施工现场全面管理工作的领导者和组织者，项目质量、安全生产的第一责任人，统筹管理整个项目的实施。负责协调项目甲方、监理、设计、政府部门及相关施工方的工作关系，认真履行与业主签订的合同，保证项目合同规定的各项目标顺利完成，及时回收项目资金；领导编制施工组织设计、进度计划和质量计划，并贯彻执行；组织项目例会、参加公司例会，掌握项目工、料、机动态，按规定及时准确向公司报表；实行项目成本核算制，严格控制非生产性支出，自觉接受公司各职能部门的业务指导、监督及检查，重大事情、紧急情况及时报告；组织竣工验收资料收集、整理和编册工作。

现场执行经理：对项目经理负责，现场施工质量、安全生产的直接责任人，安排协调各专业、工种的人员保障、施工进度和交叉作业，协调处理现场各方施工矛盾，保证施工计划的落实，组织材料、设备按时进场，协调做好进场材料、设备和已完工程的成品保护，组织专业产品的过程验收和系统验收，办理交接手续。

技术负责人：工程项目主要现场技术负责人。领导各专业责任师、质检员、施工队等技术人员保证施工过程符合技术规范要求，保证施工按正常秩序进行；通过技术管理，使施工建立在先进的技术基础上，保证工程质量的提高；充分发挥设备潜力，充分发挥材料性能，完善劳动组织，提高劳动生产率，完成计划任务，降低工程成本，提高经营效果。

专业质量工程师：熟悉图纸和施工现场情况，参加图纸会审，做好记录，及时办理洽商和设计变更；编制施工组织设计和专业施工进度控制计划(总计划、月计划、周计划)，编制项目本专业物资材料供应总体计划，交物资部、商务部审核；负责所辖范围内的安全生产、文明施工和工程质量，按季节、月、分部、分项工程和特殊工序进行安全和技术交底，编写《项目作业指导书》，编制成品保护实施细则；负责工序间的检查、报验工作，负责进场材料质量的检查与报验，确认分承包方每月完成实物工程量，记好施工日志，积累现场各种见证资料，管理、收集施工技术资料；掌握分承包方劳动力、材料、机械动态，参加项目每周生产例会，发现问题及时汇报；工程竣工后负责编写《用户服务手册》。

质检员：负责整个施工过程中质量检查工作。熟悉工程运用施工规范、标准，按标准检查施工完成质量，及时发现质量不合格工序，报告主任工程师，会同专业工长提出整改方案，并检查整改完成情况。

材料员：认真执行材料检验与施工试验制度；熟悉工程所用材料的数量、质量及技术要求；按施工进度计划提出材料计划，会同采购人员保证工程所用材料按时到达现场；协助有关人员做好材料的堆放与保管工作。

资料员：负责整个工程资料的整理及收藏工作；按各种材料要求合验进场材料的必备资料，保证进场材料符合规范要求；填写并保存各种隐检、预检及评定资料。

3. 质量控制点的设置

作为质量计划的一部分，施工质量控制点的设置是施工技术方案的重要组成部分，是施工质量控制的重点对象。

1) 施工质量控制点的设置原则

(1) 对工程的安全和使用功能有直接影响的关键部位、工序、环节及隐蔽工程应设立控制点。例如主要受力构件的钢筋位置、数量、钢筋保护层厚度、混凝土强度；砖砌体的强度、接槎质量、拉结筋质量、轴线位置、垂直度；基础级配砂石垫层密实度、屋面和卫生间防水性能、门窗正常的开启功能；水、暖、卫无跑冒滴漏堵；电气安装工程的安全性能等。

(2) 对下一道工序质量形成有较大影响的工序应设立控制点。例如，梁板柱模板的轴线位置；卫生间找平层泛水坡度；悬臂构件上部负弯矩筋位置、数量、间距和钢筋保护层厚度；上人吊顶中吊杆位置、间距、牢固性和主龙骨的承载能力；室外楼梯、栏杆和预埋铁件的牢固性等。

(3) 对质量不稳定、经常出现不良品的工序、部位或对象应设立控制点，如易出现裂缝的抹灰工程等。例如预应力空心板侧面经常开裂；砂浆和混凝土的和易性波动；混凝土结构出现蜂窝麻面；铝合金窗和塑钢窗封闭不严；抹灰常出现开裂空鼓等。

(4) 采用新技术、新工艺、新材料的部位或环节。

(5) 施工质量无把握的、施工条件困难的或技术难度大的工序或环节。

2) 施工质量控制点设置的具体方法

根据工程项目施工管理的基本程序，结合项目特点在制订项目总体质量计划时，列出各基本施工过程对局部和总体质量水平有影响的项目，作为具体实施的质量控制点。例如，在建筑工程施工质量管理中，材料、构配件的采购，混凝土结构件的钢筋位置、尺寸，用于钢结构安装的预埋螺栓的位置，以及门窗装修和防水层铺设等均可作为质量控制点。

质量控制点的设定，使工作重点更加明晰。事前预控的工作更有针对性。事前预控包括明确控制目标参数、制定实施规程(包括施工操作规程及检测评定标准)、确定检查项目和数量及其跟踪检查或批量检查方法、明确检查结果的判断标准及信息反馈要求。

3) 质量控制点的管理

(1) 做好施工质量控制点的事前质量控制工作。

① 明确质量控制的目标与控制参数。

② 编制作业指导书和质量控制措施。

③ 确定质量检查检验方式及抽样的数量与方法。

④ 明确检查结果的判断标准及质量记录与信息反馈要求等。

(2) 向施工作业班组进行认真交底。

确保质量控制点上的施工作业人员知晓施工作业规程及质量检验评定标准，掌握施工操作要领；技术管理和质量控制人员必须在施工现场进行重点指导和检查验收。

(3) 做好施工质量控制点的动态设置和动态跟踪管理。

施工质量控制点的管理应该是动态的，一般情况下，在工程开工前、设计交底和图纸会审时，可确定一批整个项目的质量控制点，随着工程的展开、施工条件的变化，定期或不定期进行质量控制点的调整，并补充到原质量计划中成为质量计划的一部分，以始终保持对质量控制重点的跟踪，并使其处于受控状态。

对于危险性较大的分部分项工程或特殊施工过程，除按一般过程质量控制的规定执行外，还应由专业技术人员编制专项施工方案或作业指导书，经施工单位技术负责人、项目总监理工程师、建设单位项目负责人签字后执行。超过一定规模的危险性较大的分部分项工程，还要组织专家对专项方案进行论证。作业前，施工员、技术员进行技术交底，使操作人员能够正确作业。严格按照三级检查制度进行检查控制。在施工中发现质量控制点有异常时，应立即停止施工，召开分析会议，查找原因并采取对策予以解决。

施工单位应主动支持、配合监理工程师的工作。将施工作业质量控制点，细分为"见证点"和"待检点"接受监理工程师对施工质量的监督和检查。凡属"见证点"的施工作业，如重要部位、特种作业、专门工艺等，施工方必须在该项作业开始前 24 h，书面通知现场监理机构到位旁站，见证施工作业过程；凡属"待检点"的施工作业，如隐蔽工程等，施工方必须在完成施工质量自检的基础上，提前通知项目监理机构进行检查验收，然后才能进行工程隐蔽或下一道工序的施工。未经监理工程师检查验收合格的，不得进行工程隐蔽或下一道工序的施工。

4. 质量保证的方法和措施的制定

1) 质量保证方法的制定

质量保证方法的制定，就是在针对建筑工程施工项目各个阶段各项质量管理活动和各项施工过程，为确保各质量管理活动和施工成果符合质量标准的规定，经过科学分析、确认，规定各项质量管理活动和各项施工过程必须采用的正确的质量控制方法、质量统计分析方法、施工工艺、操作方法和检查、检验及检测方法。

质量控制方法的制定须针对以下三个阶段的质量管理活动来进行。

(1) 施工准备阶段的质量管理。

施工准备是指项目正式施工活动开始前，为保证施工生产正常进行而必须事先做好的工作。

施工准备阶段的质量管理就是对影响质量的各种因素和准备工作进行的质量管理。其具体管理活动包括以下内容。

① 文件、技术资料准备的质量管理。包括：工程项目所在地的自然条件及技术经济条件调查资料、施工组织设计、工程测量控制资料。

② 设计交底和图纸审核的质量管理。设计图纸是进行质量管理的重要依据。做好设计交底和图纸审核工作可以使施工单位充分了解工程项目的设计意图、工艺和工程质量要求，同时也可以减少图纸的差错。

③ 资源的合理配置。通过策划，合理确定并及时安排工程施工项目所需的人力和物力。

④ 质量教育与培训。通过教育培训和其他措施提高员工适应本施工项目具体工作的能力。

⑤ 采购质量管理。采购质量管理主要包括对采购物资及其供应商的管理，制定采购要求和验证采购产品。物资供应商的管理，即对可供选用的供应商进行逐个评价，并确定合格供应商名单。采购要求是采购物资质量管理的重要内容。采购物资应符合相关法规、

承包合同和设计文件要求。通过对供方现场检验、进货检验和(或)查验供方提供的合格证明等方式来确认采购物资的质量。

(2) 施工阶段的质量管理。

① 技术交底。各分项工程施工前，由项目技术负责人向施工项目的所有班组进行交底。

交底内容包括图纸交底、施工组织设计交底、分项工程技术交底和安全交底等。通过交底明确施工方法，工序搭接，以及进度、质量、安全要求等。

② 测量控制。

③ 材料、半成品、构配件的控制。其主要包括：对供应商质量保证能力进行评定；建立材料管理制度，减少材料损失、变质；对原材料、半成品、构配件进行标识；加强材料检查验收；发包人提供的原材料、半成品、构配件和设备；材料质量抽样和检验方法。

④ 机械设备控制。机械设备控制包括：机械设备使用的决策；确保配套；机械设备的合理使用；机械设备的保养与维修。

⑤ 环境控制。

一是对影响工程项目质量的环境因素的控制。影响工程项目质量的环境因素主要包括：工程技术环境；工程管理环境；劳动环境。

二是计量控制。施工中的计量工作，包括对施工材料、半成品、成品，以及施工过程的监测计量和相应的测试、检验、分析计量等。

三是工序控制。工序亦称"作业"。工序是施工过程的基本环节，也是组织施工过程的基本单位。

一道工序是指一个(或一组)工人在一个工作地对一个(或几个) 劳动对象(工程、产品、构配件) 所进行的一切连续活动的总和。

工序质量管理首先要确保工序质量的波动必须限制在允许的范围内，使得合格产品能够稳定地生产。如果工序质量的波动超出了允许范围，就要立即对影响工序质量波动的因素进行分析，找出解决办法，采取必要的措施，对工序进行有效的控制，使其波动回到允许范围内。

⑥ 质量控制点的管理。

首先，必须进行技术交底工作，使操作人员在明确工艺要求、质量要求、操作要求后方能上岗，并做好相关记录。

其次，建立三级检查制度，即操作人员自检，组员之间互检或工长对组员进行检查，质量员进行专检。

⑦ 工程变更控制。工程变更的范围：设计变更；工程量的变动；施工进度的变更；施工合同的变更等。

工程变更可能导致工程项目施工工期、成本或质量的改变。因此，必须对工程变更进行严格的管理和控制。

⑧ 成品保护。成品保护要从两个方面着手：首先应加强教育，提高全体员工的成品保护意识；其次要合理安排施工顺序，同时采取有效的保护措施。

(3) 竣工验收阶段的质量管理。

① 最终质量检验和试验。单位工程质量验收也称质量竣工验收，是对已完工程投入使用前的最后一次验收。验收合格的先决条件是：单位工程的各分部工程应该合格；有关的资料文件完整。

另外，还须对涉及安全和使用功能的分部工程进行检验资料的复查，对主要使用功能进行抽查，参加验收的各方人员共同进行观感质量检查。

② 技术资料的整理。技术资料，特别是永久性技术资料，是工程项目施工情况的重要资料，也是施工项目进行竣工验收的主要依据。工程竣工资料主要包括：工程项目开工报告；工程项目竣工报告；图纸会审和设计交底记录；设计变更通知单；技术变更核定单；工程质量事故的调查和处理资料；材料、设备、构配件的质量合格证明；材料、设备、构配件等的试验、检验报告；隐蔽工程验收记录及施工日志；竣工图；质量验收评定资料；工程竣工验收资料。

施工单位应该及时、全面地收集和整理上述资料；监理工程师应对上述技术资料进行审查。

③ 施工质量缺陷的处理包括返修；返工；限制使用；不做处理。

④ 工程竣工文件的编制和移交准备。

⑤ 产品防护。工程移交前，要对已完的工程采取有效的防护措施，确保工程不被损坏。

⑥ 撤场。工程交工后，项目经理部应编制撤场计划，使撤场工作有序、高效地进行，确保施工机具、暂设工程、建筑残土、剩余材料在规定时间内全部拆除运走，达到场清地平；有绿化要求的，达到树活草青。

【案例3.3】

背景材料：

某多层商住楼的装修工作已基本完成，正着手准备申请竣工验收。

问题：

成品保护的方法包括哪些？

案例分析：

成品保护的方法包括以下几种。

(1) 护。护就是提前保护，防止成品被污染受损伤。如对外檐水刷石大角或柱子，采用立板固定保护。

(2) 包。包就是对成品进行包裹，避免成品被污染及受损伤。如在喷浆前对电气开关、插座、灯具等设备进行包裹；铝合金门窗采用塑料布包扎。

(3) 盖。盖就是表面覆盖，防止堵塞、损伤。如高级水磨石地面工程面完成后，可采用苫布覆盖；落水口、排水管安装好后加覆盖，以防堵塞。

(4) 封。封就是局部封闭。如室内墙纸、木地板油漆完成后，立即锁门封闭；屋面防水完成后，封闭上屋面的楼梯门或出入口。

2) 质量保证措施的制定

质量保证措施的制定，就是针对原材料、构配件和设备的采购管理，针对施工过程中各分部分项工程的工序施工和工序间交接的管理，针对分部分项工程阶段性成品保护的管理，从组织方面、技术方面、经济方面、合同方面和信息方面制定有效、可行的措施。

【案例3.4】

背景材料：

某医院建安工程项目的施工。

问题：

请制定施工过程中的质量保证措施。

实例做法参考：

(1) 针对工程性质组建有丰富施工经验的项目经理部负责该工程的施工，保证工程按照业主要求保质按时地进行施工。(组织措施)

(2) 该项目经理部成员须具备丰富的施工现场管理经验和专业知识，且均有"上岗证书"，现场各工种操作人员具备熟练的操作技能。(组织措施)

(3) 本工程所选用的材料、半成品，严格按照国家行业标准进行选择。我方采购的材料应按照甲方的要求进行选料采购。经业主选定的材料或材料半成品，必须经业主认可后，方可进行采购。(技术措施、合同措施)

(4) 材料、材料半成品进入施工现场后，严格按照合同上的规定及有关规范的要求由材料员、施工员共同进行检查验收，不合格的材料半成品绝不使用在工程上。(技术措施、合同措施)

(5) 运至施工现场的各种材料、材料半成品要根据其特点进行分类码放，并安排专人看管。(信息措施)

(6) 分项工程开工前应根据现场情况对工人班组进行书面的技术交底。(技术措施)

(7) 施工过程中每道工序完毕后，操作人员必须进行自检并做好自检记录，不合格处由原操作人员进行整改，直至合格为止，责任工程师、班组长要在自检记录上签字认可。(技术措施、经济措施)

(8) 施工过程中不同的工种、工序、班组之间进行交接检，由施工员组织双方人员参加并做好交接检记录，不合格的项目由原操作人员进行整改，直至合格为止。(技术措施、经济措施)

(9) 每一分项工程完成后，责任工程师对分项工程进行检查验收，不合格的要下发书面的整改通知单，直至整改合格。(技术措施、经济措施)

(10) 分项工程完成后，按照合同及有关的规范要求，施工员对分项工程进行质量评定。(技术措施、合同措施)

(11) 在项目组织对各分项工程的检查验收后，由施工员填写书面的工程报验资料，报业主做最终的分项工程检查验收，凡涉及隐蔽工程，施工完毕后，经检查合格，必须书面报业主进行验收，合格后方可进入下一道工序的施工。(技术措施、合同措施、组织措施)

(12) 工程完工后，项目对工程进行检查验收，做好书面验收记录，以保证四方验收一次通过。(技术措施、合同措施、组织措施)

(13) 工程交付使用后，按照合同及标准规范要求及时对损坏的部位进行修复，保证施工质量。(技术措施)

(14) 组织项目部技术人员认真学习贯彻国家规范、标准、操作规程和各项制度。明确岗位责任制，熟悉图纸、洽商、施工组织设计和施工工艺，做好技术交底，及时进行隐检、预检和各种规定的检验实验。(组织措施、技术措施)

(15) 实行全面质量管理，建立质量保证体系，设专职质量检查员，实行质检员一票否决制。程施工实行样板制、产品挂牌制，每进入一道新工序，先做好质量样板，经各级质量控制人员检查认可后，组织操作者观摩、交底，然后再展开施工。(组织措施、技术措施)

(16) 对于各种材料、半成品，按要求实行质量控制，对于双控材料，要检查出厂合格证和实验报告，主要装饰材料要检验环保达标资料。资料不全的拒绝接受。(技术措施)

(17) 现场水准点、轴线控制点、50 线等重要质量控制点应会同甲方技术人员及监理单位现场认定，做出明确标记并做好保护。(组织措施、合同措施、技术措施)

(18) 组成专职放线小组，负责工程全过程测量放线，由专人保管使用测量仪器，定期校验，未经计量部门鉴定的仪器禁止使用。(技术措施)

(19) 洁净手术室洁净度保证如下。

① 始终要确保管道的严密性、清洁性，应严谨认真。(技术措施)

② 制定保证通风管道洁净的操作程序。(技术措施)

③ 洁净系统管道、附件安装前及调试之前进行认真清洗。(技术措施)

④ 中效、高效、亚高效过滤器安装前进行严格的检验、安装和调试。(技术措施)

⑤ 洁净室内风口安装完毕后，与金属壁板、顶板间要进行密封处理。(技术措施)

(20) 材料设备送审和采购如下。

① 严格送审制度，设备和重要材料都要进行对业主、监理、设计和总包的送审；得到书面的批准后方可进行采购。(合同措施、技术措施)

② 及时和提前充分准备设备、材料资料，以保证设备、材料早日确定，以免延误工期。(组织措施)

5. 质量技术交底制度的制定

为确保施工各阶段的各施工人员明确知道目前工作的质量标准和施工工艺方法，使质量保证方法和措施能够得到有效的执行，必须建立质量技术交底制度。

技术交底制度大致包括如下内容。

(1) 必须严格遵循××规范及××标准要求，对每一道工序均须进行交底。

(2) 必须在各工序开始前××时间进行交底。

(3) 技术交底的组织者、交底人和交底对象。

(4) 交底应口头和书面同时进行。

(5) 交底内容包括：操作工艺、质量要求、安全、文明施工及成品保护要求。

(6) 必须保证技术交底后的施工人员明确理解技术交底的内容。

(7) 交底内容必须记录并保留。

6. 质量验收标准和质量检查制度的制定

1) 质量验收标准的引用和制定

《建筑工程施工质量验收统一标准》(GB 50300—2013)、《建筑装饰工程质量验收规范》(GB 50210—2001)等标准，是建筑工程项目施工的成品、半成品必须满足的国家强制性标准。同时也是施工单位制定质量检查验收制度的重要依据。此外，施工单位还必须将施工质量管理与《建设工程质量管理条例》提出的事前控制、过程控制结合起来，以确保对工作质量和工程成品、半成品质量的有效控制。

作为国家强制性标准，《建筑工程施工质量验收统一标准》(GB 50300—2013)规定了建筑工程各分部分项工程的合格指标。它不仅是施工单位必须达到的施工质量指标，是建设单位(监理单位)对建筑工程进行设计和验收时，工程质量所必须遵守的规定，同时还是质量监督机构对施工质量进行判定的依据。

在符合国家强制性标准的前提下，如果合同有特殊要求，或者施工单位针对本项目承诺施工质量有更高的验收标准，质量计划需明确规定相应验收标准；如合同无特殊要求，施工单位针对本项目承诺施工质量符合国家验收规范和标准，则在质量计划需引用相应规范或标准。

2) 质量检查验收制度的制定

质量检查验收制度必须明确规定建筑工程各分部分项工程质量检查验收的程序和步骤、施工质量检验的内容，以及检查验收的方法和手段。

(1) 施工质量验收的程序和方法。工程项目施工质量验收是对已完工的工程实体的外观质量及内在质量按规定程序检查后，确认其是否符合设计要求及确认其是符合相关行政管理部门制定的各项强制性验收标准的要求、确认其是否可交付使用的一个重要环节。正确地进行工程施工质量的检查评定和验收，是确保工程质量的重要手段之一。

工程质量验收分为过程验收和竣工验收，其程序及组织包括以下内容。

① 施工过程中，隐蔽工程在隐蔽前通知建设单位或监理工程师进行验收，并形成验收文件；分部分项工程完成后，应在施工单位自行验收合格后，通知建设单位和监理工程师验收，重要的分部分项应请设计单位参加验收。

② 单位工程完工后，施工单位应自行组织检查、评定，认为工程质量符合验收标准后，向建设单位提交验收申请。

③ 建设单位收到验收申请后，应组织质量监督机构、设计单位、监理单位、施工单位等共同进行单位工程验收，明确验收结果，并形成验收报告。

④ 按国家现行管理制度，房屋建筑工程及市政基础设施工程依照验收程序，即在规定的时间内，将验收文件报政府有关行政管理部门备案。

(2) 建设工程施工质量验收应符合下列要求。

① 工程质量验收均应在施工单位对工程自行检查评定为"合格"后进行。

② 参加工程施工质量验收的各方人员，应该具有规定的资格。

③ 工程项目的施工质量必须满足设计文件的要求。

④ 隐蔽工程在隐蔽前，由施工单位通知有关单位进行验收，并形成验收文件。

⑤ 单位工程施工质量必须符合相关验收规范的标准。

⑥ 涉及结构安全的材料及施工内容，应按照规定对材料及施工内容进行见证取样并保持检测资料。

⑦ 对涉及结构安全和使用功能的重要部分工程、专业工程应进行功能性抽样检测。

⑧ 工程外观质量应由验收人员通过现场检查后共同确认。

(3) 工程项目施工质量检查评定验收的基本内容及方法如下。

① 分部分项工程内容的抽样检查。

② 施工质量保证资料的检查，包括施工全过程的质量管理资料和技术资料，其中又以原材料、施工检测、测量复核及功能性试验资料为重点检查内容。

③ 工程外观质量的检查。

(4) 工程质量不符合要求时，应按规定进行处理。

① 经返工的工程，应该重新检查验收。

② 经有资质的检测单位检测鉴定，能达到设计要求的工程，应该予以验收。

③ 经返修或加固处理的工程，虽局部尺寸等不符合设计要求，但仍然能满足使用要求，可按技术处理方案和协商文件进行验收。

④ 经返修和加固后仍不能满足使用要求的工程，严禁验收。

7. 纠正措施与预防措施的制定

纠正措施就是分析某不合格项产生的原因，找寻消除该原因的措施并实施该措施，以确保在后续工作中该不合格项不会再次发生。

预防措施就是分析那些潜在的不合格项(即有可能会发生的不合格项),以及那些潜在的不合格项产生的原因,寻找消除该原因的措施并实施该措施,以确保在工作中该不合格项不会再次发生。

在建筑工程项目的施工质量计划中,纠正措施是针对各分部分项工程施工中可能出现的质量问题来制定的,目的是使这类质量问题在后续施工中不再发生;预防措施是针对各分部分项工程施工中可能出现的质量问题来制定的,目的是在施工中预防这类质量问题的发生。通常纠正措施与预防措施在工程上以相应工程质量通病防治措施的形式出现。

8. 质量事故处理

质量计划必须对质量事故的性质和质量事故的程度,以及对质量事故产生的原因分析要求、对质量事故采取的处理措施和质量事故处理所遵循的程序等方面做出明确规定。

质量计划必须引用国家关于质量事故处理的规定。

关于"质量事故处理"的内容详见本书"3.5 建筑工程项目施工质量不合格的处理"。

3.3.3 建筑工程质量保证体系的运行

1. 项目部各岗位人员的就位和质量培训

建筑工程的施工项目部,必须严格按照质量计划中的规定建立并运行施工质量管理体系。

(1) 必须将满足岗位资格和能力要求的人员安排在体系的各岗位上,并进行质量意识的培训。

(2) 能力不足的人员必须经过相应的能力培训,经考核能胜任工作,方可安排在相应岗位上。

2. 质量保证方法和措施的实施

建筑工程的施工项目部,必须严格按照质量计划中关于质量保证方法和措施的规定开展各项质量管理活动、进行各分部分项工程的施工,使各项工作处于受控状态,确保工作质量和工程实体质量。

当施工过程中遇到在质量计划中未做出具体规定、但对工程质量产生影响的事件时,施工项目部各级人员须按照主动控制、动态控制原则,按照质量计划中规定的控制程序和岗位职责,及时分析该事件可能的发展趋势,明确针对该事件的质量控制方法,制定针对性的纠正和预防措施并实施,以确保因该事件导致的工作质量偏差和工程实体质量偏差均得到必要的纠正而处于受控状态。

上述情况下产生的质量控制方法和针对性的纠正和预防措施,经实施验证对质量控制有效,则将其补充到原质量计划中成为质量计划的一部分,以始终保持对施工过程的质量控制，使施工过程中的各项质量管理活动和各分部分项工程的施工工作随时处于受控状态。

【案例 3.5】

背景材料：

装饰公司承接某市郊宾馆建筑工程。该工程分若干相关的游乐、会议场所，施工面积较大，材料供应、施工人员居住存在一定困难，工期相对短，使其整体施工难度较大。公司领导除组建相当得力的项目部负责施工外，着重加强了该工程的施工工序控制。

问题：

(1) 如何确定该工程的质量控制点？

(2) 试述工序质量管理的步骤。

案例分析：

(1) 质量控制点的原则是根据工程的重要程度，设置质量管理要点时首先要对施工对象进行全面的分析、比较，以明确质量的控制点。然后分析所设置的质量管理要点在施工中可能出现的质量问题，针对可能出现的质量问题提出预防措施。

(2) 控制步骤：实测、分析、判断。

3. 质量技术交底制度的执行

为确保建筑工程的各分部分项工程的施工工作随时处于受控状态，必须严格按照质量计划中的质量技术交底制度，进行技术交底工作，并做好相关记录。

4. 质量检查制度的执行

施工人员、施工班组和质量检查人员在各分部分项工程施工过程中要严格按照质量验收标准和质量检查制度及时进行自检、互检和专职质检员检查，经三级检查合格后报监理工程师检查验收。

及时的三级检查，可以验证工程施工的实际质量情况与质量计划的差异程度，确认工程施工过程中的质量控制情况，并依据必要性适时采取相应措施，确保工程施工的顺利进行。

在执行质量检查制度时，除严格按照检查方法、检查步骤和程序外，还必须充分重视质量计划列出的各分部分项工程的检查内容和要求。

5. 按质量事故处理的规定执行

当发生质量事故时，项目部各级人员必须根据岗位的相应职责，严格按照质量保证计划的规定对该质量事故进行有效的控制，避免该事故进一步扩展；同时对该质量事故进行分类，分析事故原因，并及时处理。

在质量事故处理中科学地分析事故产生的原因，是及时有效地处理质量事故的前提。下面介绍一些常见的质量事故原因分析。

施工项目质量问题的形式多种多样，其主要原因如下。

1) 违背建设程序

常见的情况有：未经可行性论证，不做调查分析就拍板定案；未进行地质勘查就仓促开工；无证设计；随意修改设计；无图施工；不按图纸施工；不进行试车运转、不经竣工验收就交付使用等。这些做法导致一些工程项目留有严重隐患，房屋倒塌事故也常有发生。

2) 工程地质勘察工作失误

未认真进行地质勘察，提供的地质资料和数据有误；地质勘察报告不详细；地质勘察钻孔间距过大，勘察结果不能全面反映地基的实际情况；地质勘察钻孔深度不够，未能查清地下软土层、滑坡、墓穴、孔洞等地层构造等工作失误，均会导致采用错误的基础方案，造成地基不均匀沉降、失稳，极易使上部结构及墙体发生开裂、破坏和倒塌事故。

3) 未加固处理好地基

对软弱土、冲填土、杂填土、湿陷性黄土、膨胀土、岩层出露、溶岩和溶洞等各类不均匀地基未进行加固处理或处理不当，均是导致质量事故发生的直接原因。

4) 设计错误

结构构造不合理，计算过程及结果有误，变形缝设置不当，悬挑结构未进行抗倾覆验算等错误，都是诱发质量问题的隐患。

5) 建筑材料及制品不合格

钢筋物理力学性能不符合标准；混凝土配合比不合理，水泥受潮、过期、安定性不满足要求，砂石级配不合理、含泥量过高，外加剂性能、掺量不满足规范要求时，均会影响混凝土强度、和易性、密实性、抗渗性，导致混凝土结构出现强度不足、裂缝、渗漏、蜂窝、露筋等质量问题；预制构件断面尺寸过小，支承锚固长度不足，施加的预应力值达不到要求，钢筋漏放、错位、板面开裂等，极易发生预制构件断裂、垮塌的事故。

6) 施工管理不善、施工方法和施工技术错误

许多工程质量问题是由施工管理不善和施工技术错误所造成的。

(1) 不熟悉图纸，盲目施工；未经监理、设计部门同意擅自修改设计。

(2) 不按图施工。如：把铰接节点做成刚接节点，把简支梁做成连续梁；在抗裂结构中用光圆钢筋代替变形钢筋等，极易使结构产生裂缝而破坏；对挡土墙的施工不按图纸设滤水层、留排水孔，易使土压力增大，造成挡土墙倾覆。

(3) 不按有关施工验收规范施工，如对现浇混凝土结构不按规定的位置和方法，随意留设施工缝；现浇混凝土构件强度未达到规范规定的强度时就拆除模板；砌体不按组砌形式砌筑，如留直搓不加拉结条，在小于1m宽的窗间墙上留设脚手眼等错误的施工方法。

(4) 不按有关操作规程施工。如：用插入式振捣器捣实混凝土时，不按插点均布、快插慢拔、上下抽动、层层扣搭的操作法操作，致使混凝土振捣不实，整体性差。又如，砖砌体的包心砌筑、上下通缝、灰浆不均匀饱满、游丁走缝等现象，都是导致砖墙、砖柱破坏、倒塌的主要原因。

（5）缺乏基本结构知识，施工蛮干。如不了解结构使用受力和吊装受力的状态，将钢筋混凝土预制梁倒放安装；将悬臂梁的受拉钢筋放在受压面；结构构件吊点选择不合理；施工中在楼面超载堆放构件和材料等，均会给工程质量和施工安全带来重大隐患。

（6）施工管理混乱，施工方案考虑不周，施工顺序错误，技术措施不当，技术交底不清，违章作业，质量检查和验收工作敷衍了事等等，都是导致质量问题的祸根。

7）自然条件影响

施工项目周期长、露天作业多，受自然条件影响大，温度、湿度、雷电、大风、大雪、暴雨等都能造成重大的质量事故，在施工中应予以特别重视，并采取有效的预防措施。

8）建筑结构使用问题

建筑物使用不当，也易造成质量问题。如：不经校核、验算，就在原有建筑物上任意加层，使用荷载超过原设计的容许荷载；任意开槽、打洞、削弱承重结构的截面等。

6. 持续改进

施工过程中对质量管理活动和施工工作的主动控制和动态控制，对出现影响质量的问题及时采取纠正措施，对经分析、预计可能发生的问题及时、主动地采取预防措施，在使整个施工活动处于受控状态的同时，也使整个施工活动的质量得到改进。

纠正措施和预防措施的采取既针对质量管理活动，也针对施工工作，尤其是针对建筑工程项目的各分部分项工程施工中质量通病所采取的防治措施。

3.4 建筑工程项目质量控制的内容和方法

3.4.1 施工准备的质量控制

1. 施工技术准备工作的质量控制

施工技术准备工作内容繁多，主要在室内进行。它主要包括：熟悉施工图纸，组织设计图纸审查和设计图纸交底；对工程项目拟检查验收的各子项目进行划分和编号；审核相关质量文件，细化施工技术方案、施工人员及机具的配置方案，编制作业技术指导书，绘制各种施工详图(如测量放线图、大样图及配筋、配板、配线图表等)，进行技术交底和技术培训。

技术准备工作的质量控制，就是复核审查上述技术准备工作的成果是否符合设计图纸和施工技术标准的要求；依据质量计划审查、完善施工质量控制措施；针对质量控制点，明确质量控制的重点对象和控制方法；尽可能提高上述工作成果对施工质量的保证程度等。

2. 现场施工准备工作的质量控制

1) 计量控制

施工过程中的计量，包括施工的投料计量、施工测量、监测计量以及对各子项目或过程的测试、检验和分析计量等。开工前要建立和完善施工现场计量管理的规章制度；明确计量控制责任人，安排必要的计量人员；严格按规定维修和校验计量器具；统一计量单位，组织量值传递，保证量值统一，从而保证施工过程中计量的准确。

2) 测量控制

施工单位在开工前应编制并实施测量控制方案。施工单位应对建设单位提供的原始坐标点、基准线和水准点等测量控制点进行复核，将复测结果上报监理工程师，并经监理工程师审核、批准后建立施工测量控制网，进行工程定位和标高基准的控制。

3) 施工平面图控制

施工单位要绘制出合理的施工平面布置图，科学合理地使用施工场地。正确安设施工机械设备和其他临时设施，保持现场施工道路畅通无阻和通信设施完好，合理安排材料的进场与堆放，保持良好的防洪排水能力，保证充分的给水和供电。建设(监理)单位应会同施工单位制定严格的施工场地管理制度、施工纪律和奖惩措施，严禁乱占场地和擅自断水、断电、断路，及时制止和处理各种违纪行为，并做好施工现场的质量检查记录。

3. 工程质量检查验收的项目划分

为了便于控制、检查、监督和评定每个工序和工种的工作质量，要把整个项目逐级划分为若干个子项目，并分级进行编号，据此对工程施工进行质量控制和检查验收。子项目划分要合理、明细，以利于分清质量责任，便于施工人员进行质量自控和检查监督人员检查验收，也有利于质量记录等资料的填写、整理和归档。

《建筑工程施工质量验收统一标准》(GB 50300—2013)，对建筑工程质量验收逐级划分为单位(子单位)工程、分部(子分部)工程、分项工程和检验批做出如下规定。

(1) 单位工程的划分应按下列原则确定。

① 具备独立施工条件并能形成独立使用功能的建筑物及构筑物为一个单位工程。

② 建筑规模较大的单位工程，可将其能形成独立使用功能的部分划为一个子单位工程。

(2) 分部工程的划分应按下列原则确定。

① 分部工程的划分应按专业性质、建筑部位确定。例如，一般的建筑工程可划分为地基与基础、主体结构、建筑装饰装修、建筑屋面、建筑给水排水及采暖、建筑电气、智能建筑、通风与空调、电梯等分部工程。

② 当分部工程较大或较复杂时，可按材料种类、施工特点、施工程序、专业系统及类别等划分为若干子分部工程。

(3) 分项工程应按主要工种、材料、施工工艺、设备类别等进行划分。

(4) 分项工程可由一个或若干个检验批组成，检验批可根据施工及质量控制和专业验收需要按楼层、施工段、变形缝等进行划分。

(5) 室外工程可根据专业类别和工程规模划分单位(子单位)工程。一般室外单位工程可划分为室外建筑环境工程和室外安装工程。

3.4.2　施工过程的质量控制

建设工程项目施工是由一系列相互关联、相互制约的作业过程(工序)构成的，因此施工质量控制，必须对各道工序的作业质量持续进行控制。工序作业质量的控制，首先是作业者的自控，这是因为作业者的能力及其发挥的状况是决定作业质量的关键；其次，是通过外部(如班组、质检人员等)的各种质量检查、验收以及对质量行为的监督来进行控制。

1. 工序施工质量控制

工序的质量控制是施工阶段质量控制的重点。只有严格控制工序质量，才能确保工程的实体质量。工序施工质量控制包括工序施工条件控制和工序施工效果控制两方面。

1) 工序施工条件控制

工序施工条件控制就是控制工序活动中各种投入的生产要素质量和环境条件质量。控制的手段包括：检查、测试、试验、跟踪监督等。控制的依据包括：设计质量标准、材料质量标准、机械设备技术性能标准、施工工艺标准以及操作规程等。

2) 工序施工效果控制

工序施工效果通过工序产品的质量特征和特性指标来反映。对工序施工效果的控制就是通过控制工序产品的质量特征和特性指标，使之达到设计质量标准以及施工质量验收标准的要求。工序施工效果控制属于事后质量控制，其控制的途径是：实测获取数据、统计分析检测数据、判定质量等级，并采取措施纠正质量偏差。

《建筑地基基础工程施工质量验收规范》(GB 50202—2002)、《混凝土结构工程施工质量验收规范》(GB 50204—2002) 2011版、《钢结构工程施工质量验收规范》(GB 50205—2001)、《砌体工程施工质量验收规范》(GB 50203—2011)、《木结构工程施工质量验收规范》(GB 50206—2012)分别对不同工序的验收做出了相应规定。

如《建筑地基基础工程施工质量验收规范》GB50202—2002 规定，下列工序完成后必须进行现场质量检测，合格后才能进行下一道工序。

(1) 地基及复合地基承载力检测。

对灰土地基、砂和砂石地基、土工合成材料地基、粉煤灰地基、强夯地基、注浆地基、预压地基，其竣工后的结果(地基强度或承载力)必须达到设计要求的标准。检验数量，每单位工程不应少于3点、1000m² 以上工程，每100m² 至少应有1点，3000m² 以上工程，每300m² 至少应有1点。每一独立基础下至少应有1点，基槽每20延米应有1点。

对水泥土搅拌桩复合地基、高压喷射注浆桩复合地基、砂桩地基、振冲桩复合地基、土和灰土挤密桩复合地基、水泥粉煤灰碎石桩复合地基及夯实水泥土桩复合地基，其承载力检验，数量为总数的 0.5%～1%，但不应小于 3 处。有单桩强度检验要求时，数量为总数的 0.5%～1%，但不应少于 3 根。

(2) 工程桩的承载力检测。

对于地基基础设计等级为甲级或地质条件复杂，成桩质量可靠性低的灌注桩，应采用静载荷试验的方法进行检验，检验桩数不应少于总数的 1%，且不应少于 3 根，当总桩数少于 50 根时，不应少于 2 根。

设计等级为甲级、乙级的桩基或地质条件复杂，桩施工质量可靠性低，本地区采用的新桩型或新工艺的桩基应进行桩的承载力检测。检测数量在同一条件下不应少于 3 根，且不宜少于总桩数的 1%。

(3) 桩身质量检验。

对设计等级为甲级或地质条件复杂，成桩质量可靠性低的灌注桩，抽检数量不应少于总数的 30%，且不应少于 20 根；其他桩基工程的抽检数量不应少于总数的 20%，且不应少于 10 根；对混凝土预制桩及地下水位以上且终孔后经过核验的灌注桩，检验数量不应少于总桩数的 10%，且不得少于 10 根。每个柱子承台下不得少于 1 根。

2. 施工作业质量的自控

1) 施工作业质量自控的意义

施工方是施工阶段质量自控主体。我国《建筑法》和《建设工程质量管理条例》规定：建筑施工企业对工程的施工质量负责；建筑施工企业必须按照工程设计要求、施工技术标准和合同的约定，对建筑材料、建筑构配件和设备进行检验，不合格的不得使用。可见，施工方不能因为监控主体(如监理工程师)的存在和监控责任的实施而减轻或免除其质量责任。

施工方作为工程施工质量的自控主体，要根据它在所承建的工程项目质量控制系统中的地位和责任，通过具体项目质量计划的编制与实施，有效地实现施工质量的自控目标。

2) 施工作业质量自控的程序

施工作业质量自控的程序包括：施工作业技术交底、施工作业和作业质量的自检自查、互检互查以及专职质检人员的质量检查等。

(1) 施工作业技术交底。施工组织设计及分部分项工程的施工作业计划，在实施之前必须逐级进行交底。施工作业技术交底的内容包括作业范围、施工依据、质量目标、作业程序、技术标准和作业要领，以及其他与安全、进度、成本、环境等目标管理有关的要求和注意事项。

施工作业技术交底是施工组织设计和施工方案的具体化，施工作业技术交底的内容应既能保证作业质量，同时具有可操作性。

(2) 施工作业活动的实施。首先要对作业条件—作业准备状态是否落实到位进行确认，其中包括对施工程序和作业工艺顺序的检查确认，然后，严格按照技术交底的内容进行工序作业。

(3) 施工作业质量的检验。施工作业质量的检查，包括施工单位内部的工序作业质量自检、互检、专检和交接检查；以及现场监理机构的旁站检查、平行检验等。施工作业质量检查是施工质量验收的基础，已完检验批及分部分项工程的施工质量，施工单位必须在完成质量自检并确认合格之后，才能报请现场监理机构进行检查验收。

工序作业质量验收合格后，方可进行下一道工序的施工。未经验收合格的工序，不得进行下一道工序的施工。

3) 施工作业质量自控的要求

为达到对工序作业质量控制的效果，在加强工序管理和质量目标控制方面应坚持以下要求：

(1) 预防为主。严格按照施工质量计划进行各分部分项施工作业的部署。根据施工作业的内容、范围和特点，制订施工作业计划，明确作业质量目标和作业技术要领，认真进行作业技术交底，落实各项作业技术组织措施。

(2) 重点控制。在施工作业计划中，认真贯彻实施施工质量计划中的质量控制点的控制措施，同时，根据作业活动的实际需要，进一步建立工序作业控制点，强化工序作业的重点控制。

(3) 坚持标准。工序作业人员在工序作业过程中应严格进行质量自检，开展作业质量互检；对已完的工序作业产品，即检验批或分部分项工程，严格坚持质量标准；对质量不合格的工序作业产品，不得进行验收签证，必须按照规定的程序进行处理。

《建筑工程施工质量验收统一标准》(GB 50300—2013)及配套使用的专业质量验收规范，是施工作业质量自控的合格标准。施工企业或项目经理部可结合自己的条件编制高于国家标准的企业内控标准或工程项目内控标准，或采用施工承包合同明确规定的更高标准，列入质量计划中，努力提升工程质量水平。

(4) 记录完整。施工图纸、质量计划、作业指导书、材料质保书、检验试验及检测报告、质量验收记录等，既是具备可追溯性的质量保证依据，也是工程竣工验收所必需的质量控制资料。因此，对工序作业质量，应有计划、有步骤地按照施工管理规范的要求进行填写记载，做到及时、准确、完整、有效，并具有可追溯性。

3. 施工作业质量的监控

1) 现场质量检查

现场质量检查是施工作业质量的监控的主要手段。

(1) 现场质量检查的内容包括以下几个方面。

① 开工前的检查，主要检查是否具备开工条件，开工后是否能够保持连续正常施工，能否保证工程质量。

② 工序交接检查，对于重要的工序或对工程质量有重大影响的工序，应严格执行"三检"制度(即自检、互检、专检)，未经监理工程师(或建设单位技术负责人)检查认可，不得进行下一道工序的施工。

③ 隐蔽工程的检查，施工中凡是隐蔽工程必须检查认证后方可进行隐蔽掩盖。

④ 停工后复工的检查，因客观因素停工或处理质量事故等停工复工时，经检查认可后方能复工。

⑤ 分项、分部工程完工后的检查，应经检查认可，并签署验收记录后，才能进行下一工程项目的施工。

⑥ 成品保护的检查，检查成品有无保护措施以及保护措施是否有效可靠。

(2) 现场质量检查的方法有目测法、实测法、试验法等。

① 目测法。即凭借感官进行检查，也称观感质量检验，其手段可概括为"看、摸、敲、照"四个字。

看——肉眼进行外观检查，例如，清水墙面是否洁净，喷涂的密实度和颜色是否良好、均匀，工人的操作是否正常，内墙抹灰的大面及口角是否平直，混凝土外观是否符合要求等。

摸——通过触摸凭手感进行检查、鉴别，例如油漆的光滑度，浆活是否牢固、不掉粉等。

敲——用敲击工具进行音感检查，例如，对地面工程、装饰工程中的水磨石、面砖、石材饰面等，均应进行敲击检查。

照——通过人工光源或反射光照射，检查难以看到或光线较暗的部位，例如，管道井、电梯井等内部管线、设备安装质量，装饰吊顶内连接及设备安装质量等。

② 实测法。通过实测数据与施工规范、质量标准的要求及允许偏差值进行比照，判断质量是否符合要求，其手段可概括为"靠、量、吊、套"四个字。

靠——用靠尺、塞尺检查诸如墙面、地面、路面等的平整度。

量——用测量工具和计量仪表等检查断面尺寸、轴线、标高、湿度、温度等的偏差，例如，大理石板拼缝尺寸，摊铺沥青拌和料的温度，混凝土坍落度的检测等。

吊——利用托线板以及线坠吊线检查垂直度，例如，砌体、门窗等的垂直度检查。

套——以方尺套方，辅以塞尺检查，例如，对阴阳角的方正、踢脚线的垂直度、预制构件的方正、门窗口及构件的对角线检查等。

③ 试验法。是指通过必要的试验手段对质量进行判断的检查方法，包括理化试验和无损检测。

工程中常用的理化试验包括物理力学性能方面的检验和化学成分及化学性能的测定等两个方面。物理力学性能的检验，包括各种力学指标的测定，如抗拉强度、抗压强度、抗弯强度、抗折强度、冲击韧性、硬度、承载力等，以及各种物理性能方面的测定，如密度、含水量、凝结时间、安定性及抗渗、耐磨、耐热性能等。化学成分及化学性能的测定，如钢筋中的磷、硫含量，混凝土中粗骨料中的活性氧化硅成分，以及耐酸、耐碱、抗腐蚀性等。此外，有关施工质量验收规范规定，有的工序完成后必须进行现场试验，例如，对桩或地基的静载试验、下水管道的通水试验、压力管道的耐压试验、防水层的蓄水或淋水试验等。

利用专门的仪器仪表从表面探测结构物、材料、设备的内部组织结构或损伤情况。常用的无损检测方法有超声波探伤、X 射线探伤、γ 射线探伤等。

2) 技术核定与见证取样送检

(1) 技术核定。在建设工程项目施工过程中，因施工方对施工图纸的某些要求不甚清楚，或图纸内部存在某些矛盾，或工程材料调整与代用，改变建筑节点构造、管线位置或走向等，需要通过设计单位明确或确认的，施工方必须以技术核定单的方式向监理工程师提出，报送设计单位核准确认。

(2) 见证取样送检。为了保证建设工程质量，工程所使用的主要材料、半成品、构配件以及施工过程留置的试块、试件等应实行现场见证取样送检。见证人员由建设单位及工程监理机构中由有相关专业知识的人员担任；送检的实验室应具备经国家或地方工程检验检测主管部门核准的相关资质；见证取样送检必须严格按执行规定的程序进行，包括取样见证并记录、样本编号、填单、封箱、送实验室、核对、交接、试验检测、报告等。

检测机构应当建立档案管理制度。检测合同、委托单、原始记录、检测报告应当按年度统一编号，编号应当连续，不得随意抽撤、涂改。

4. 隐蔽工程验收与施工成品质量保护

1) 隐蔽工程验收

凡会被后续施工所覆盖的施工内容，如地基基础工程、钢筋工程、预埋管线等均属隐蔽工程。其施工质量控制的程序要求施工方首先应完成自检并合格，然后填写专用的《隐蔽工程验收单》。验收单所列的验收内容应与已完的隐蔽工程实物一致，并事先通知监理机构及有关方面，按约定的时间进行验收。验收合格的隐蔽工程由各方共同签署验收记录；验收不合格的隐蔽工程，应按验收整改意见进行整改后重新验收。严格隐蔽工程验收的程序和记录，对于预防工程质量隐患，提供可追溯的质量记录具有重要作用。

2) 施工成品质量保护

为了避免已完施工成品受到来自后续施工以及其他方面的污染或损坏，必须进行施工成品的保护。成品形成后可采取防护、覆盖、封闭、包裹等相应措施进行保护。

3.5 建筑工程项目施工质量不合格的处理

3.5.1 建筑工程工程质量问题和质量事故的分类

1. 工程质量不合格

1) 质量不合格和质量缺陷

《质量管理体系·基础和术语》(GB/T 19000—2008)规定，凡工程产品未满足某个规定的要求，称为质量不合格；而未满足某个与预期或规定用途有关的要求，称为质量缺陷。

2) 质量问题和质量事故

凡是工程质量不合格，影响使用功能或工程结构安全，造成永久质量缺陷或存在重大质量隐患，甚至直接导致工程倒塌或人身伤亡，必须进行返修、加固或报废处理，按照由此造成直接经济损失的大小分为质量问题和质量事故。

2. 工程质量事故

根据住房和城乡建设部《关于做好房屋建筑和市政基础设施工程质量事故报告和调查处理工作的通知》(建质〔2010〕111 号)，工程质量事故是指由于建设、勘察、设计、施工、监理等单位违反工程质量有关法律、法规和工程建设标准，使工程产生结构安全、重要使用功能等方面的质量缺陷，造成人身伤亡或者重大经济损失的事故。

工程质量事故具有成因复杂、后果严重、种类繁多、往往与安全事故共生的特点，建设工程质量事故的分类有多种方法，不同专业的工程类别对工程质量事故的等级划分也不尽相同。

1) 按事故造成损失的程度分级

根据工程质量事故造成的人员伤亡或者直接经济损失，住房和城乡建设部《关于做好房屋建筑和市政基础设施工程质量事故报告和调查处理工作的通知》(建质〔2010〕111 号)文中将工程质量事故分为四个等级。

(1) 特别重大事故，是指造成 30 人以上死亡，或者 100 人以上重伤，或者 1 亿元以上直接经济损失的事故。

(2) 重大事故，是指造成 10 人以上 30 人以下死亡，或者 50 人以上 100 人以下重伤，或者 5000 万元以上 1 亿元以下直接经济损失的事故。

(3) 较大事故，是指造成 3 人以上 10 人以下死亡，或者 10 人以上 50 人以下重伤，或者 1000 万元以上 5000 万元以下直接经济损失的事故。

(4) 一般事故，是指造成 3 人以下死亡，或者 10 人以下重伤，或者 100 万元以上 1000 万元以下直接经济损失的事故。

该等级划分所称的"以上"包括本数，所称的"以下"不包括本数。

2) 按事故责任分类

(1) 指导责任事故：即由于工程实施指导或领导失误导致的质量事故。例如，工程项目负责人片面追求施工进度，降低施工质量控制和检验标准等造成的质量事故。

(2) 操作责任事故：即在施工过程中，施工人员不按规程和标准实施操作造成的质量事故。例如，浇筑混凝土时随意加水，振捣疏漏等造成的混凝土质量事故。

(3) 自然灾害事故：即由于突发的严重自然灾害等不可抗力造成的质量事故。例如地震、台风、暴雨、雷电、洪水等对工程造成的破坏甚至倒塌。这类事故虽然不是人为责任直接造成的，但灾害事故造成的损失程度也与责任人是否事前采取了有效的预防措施有关，因此相关人员有可能负有责任。

3.5.2   建筑工程施工质量问题和质量事故的处理

1. 施工质量事故处理的依据

1)   质量事故的实况资料

质量事故的实况资料包括质量事故发生的时间、地点；质量事故状况的描述；质量事故发展变化的情况；有关质量事故的观测记录、事故现场状态的照片或录像；事故调查组调查研究所获得的第一手资料。

2)   合同及合同文件

合同及合同文件包括工程承包合同、设计委托合同、设备与器材购销合同、监理合同及工程分包合同等。

3)   技术文件和档案

技术文件和档案主要是设计文件(如施工图纸和技术说明)与施工技术文件、档案和资料(如施工方案、施工计划、施工记录、施工日志、建筑材料质量证明资料、现场制备材料的质量证明资料、质量事故发生后对事故状况的观测记录、试验记录或试验报告等)。

4)   建设法规

建设法规包括《建筑法》《建设工程质量管理条例》和《关于做好房屋建筑和市政基础设施工程质量事故报告和调查处理工作的通知》(建质〔2010〕111号)等与工程质量及质量事故处理有关的法规，以及勘察、设计、施工、监理等单位资质管理和从业者资格管理方面的法规，建筑市场管理方面的法规，以及相关技术标准、规范、规程和管理办法等。

2. 施工质量事故报告和调查处理程序

施工质量事故报告和调查处理的一般程序如图3.1所示。

1)   事故报告

工程质量事故发生后，事故现场有关人员应当立即向工程建设单位负责人报告；工程建设单位负责人接到报告后，应于1小时内向事故发生地县级以上人民政府住房和城乡建设主管部门及有关部门报告；同时应按照应急预案采取相应的措施。情况紧急时，事故现场有关人员可直接向事故发生地县级以上人民政府住房和城乡建设主管部门报告。

事故报告应包括下列内容。

(1)   事故发生的时间、地点、工程项目名称、工程各参建单位名称。

(2)   事故发生的简要经过、伤亡人数和初步估计的直接经济损失。

(3)   事故原因的初步判断。

(4)   事故发生后采取的措施及事故控制情况。

(5)   事故报告单位、联系人及联系方式。

(6)   其他应当报告的情况。

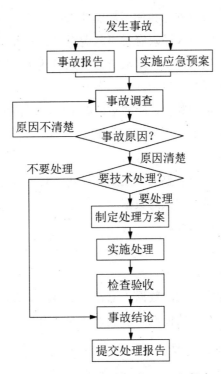

图 3.1　施工质量事故处理的一般程序

另外，事故报告后出现新情况，以及事故发生之日起 30 日内伤亡人数发生变化的，应当及时补报。

2)　事故调查

住房和城乡建设主管部门应当按照有关人民政府的授权或委托，组织或参与事故调查组对事故进行调查。调查结果要形成事故调查报告，其主要内容应包括以下几个方面。

(1)　事故项目及各参建单位概况。

(2)　事故发生经过和事故救援情况。

(3)　事故造成的人员伤亡和直接经济损失。

(4)　事故项目有关质量检测报告和技术分析报告。

(5)　事故发生的原因和事故性质。

(6)　事故责任的认定和事故责任者的处理建议。

(7)　事故防范和整改措施。

3)　事故的原因分析

依据国家有关法律、法规和工程建设标准分析事故的直接原因和间接原因，必要时组织对事故项目进行检测鉴定和专家技术论证，找出造成事故的真实原因。

4)　事故处理

(1)　事故的技术处理。广泛地听取专家及有关方面的意见，经科学论证，制定事故处理的技术方案并实施；其方案必须安全可靠、技术可行、不留隐患、经济合理、具有可操作性；处理后的工程应满足相应安全和使用功能要求。

(2) 事故的责任处罚。依据人民政府对事故调查报告的批复和有关法律、法规的规定，对事故相关责任者实施行政处罚，负有事故责任的人员涉嫌犯罪的，依法追究刑事责任。

5) 事故处理的鉴定验收

事故处理的质量检查鉴定和验收，应严格按施工验收规范和相关质量标准的规定进行，准确地对事故处理的结果做出鉴定，形成鉴定结论。

6) 提交事故处理报告

事故处理后，必须尽快提交完整的事故处理报告，其内容包括以下几个方面。

(1) 事故调查的原始资料、测试的数据。

(2) 事故原因分析和论证结果。

(3) 事故处理的依据。

(4) 事故处理的技术方案及措施。

(5) 实施技术处理过程中有关的数据、记录、资料，检查验收记录。

(6) 对事故相关责任者的处罚情况和事故处理的结论等。

3. 施工质量事故处理的基本要求

(1) 质量事故的处理应达到安全可靠、不留隐患、满足生产和使用要求、施工方便、经济合理的目的。

(2) 消除造成事故的原因，注意综合治理，防止事故再次发生。

(3) 正确确定技术处理的范围和正确选择处理的时间和方法。

(4) 切实做好事故处理的检查验收工作，认真落实防范措施。

(5) 确保事故处理期间的安全。

4. 施工质量缺陷处理的基本方法

1) 返修处理

当工程存在质量缺陷，但经过采取整修等措施后满足质量标准要求，又不影响使用功能或外观的要求时，可采取返修处理的方法。例如，某些混凝土结构表面出现蜂窝、麻面等问题。再如，因受撞击、冻害、火灾、酸类腐蚀、碱骨料反应等造成的结构表面或局部缺陷，在不影响其使用和外观的前提下，可进行返修处理。

2) 加固处理

加固处理用于针对危及结构承载力的质量缺陷的处理。通过加固处理，使建筑结构恢复或提高承载力，重新满足结构安全性与可靠性的要求。对混凝土结构常用的加固方法有：增大截面加固法、外包角钢加固法、粘钢加固法、增设支点加固法、增设剪力墙加固法、预应力加固法等。

3) 返工处理

当工程质量缺陷经过返修、加固处理后仍不能满足规定的质量标准要求，或不具备补救可能性时，则必须采取重新制作、重新施工的返工处理措施。例如，混凝土结构施工中误用了安定性不合格的水泥，无法采用其他补救办法，不得不拆除重新浇筑。

4) 限制使用

当工程质量缺陷按修补方法处理后无法保证达到规定的使用要求和安全要求，而又无法返工处理或者返工处理被判定为经济损失太大而不值得的情况下，也可做出"减少楼层"等结构卸荷、减荷以及限制使用的决定。

5) 不做处理

如果工程质量虽然达不到规定的要求或标准，但其缺陷对结构安全或使用功能影响很小，经过分析、论证、法定检测单位鉴定和设计单位等认可后可不做专门处理。一般可不做专门处理的情况有以下几种。

(1) 不影响结构安全和使用功能的。例如，有的工业建筑物出现放线定位的偏差，且严重超过规范标准规定，若要纠正会造成重大经济损失，但经过分析、论证其偏差不影响生产工艺和正常使用，在外观上也无明显影响，可不做处理。

(2) 后一道工序可以弥补的质量缺陷。例如，混凝土结构表面的轻微麻面，可通过后续的抹灰工序弥补，可不做处理。

(3) 法定检测单位鉴定合格的。例如，某检验批混凝土试块强度值不满足规范要求，但当法定检测单位对混凝土实体强度进行实际检测后的结果认定"其实际强度达到规范允许和设计要求值"时，可不做处理。对经检测虽未达到要求值，但相差不大，经分析论证，只要使用前经再次检测达到设计强度，也可不做处理，但应严格控制施工荷载。

(4) 出现的质量缺陷，经检测鉴定达不到设计要求，但经原设计单位核算，仍能满足结构安全和使用功能的。例如，某一结构构件截面尺寸或材料强度未达到设计要求，但按实际情况进行复核验算后仍能满足设计要求的承载力时，可不进行专门处理。这种做法实际上是挖掘设计潜力或降低设计的安全系数，应谨慎处理。

6) 报废处理

出现质量事故的工程，通过分析或实践，采取上述处理方法后仍不能满足规定的质量标准要求，则必须予以报废处理。

3.6　建筑工程项目质量的政府监督

我国《建筑法》和《建筑工程质量管理条例》明确规定，政府行政主管部门设立专门机构对建设工程质量行使监督职能，其目的是保证建设工程质量、保证建设工程的使用安全及环境质量。

政府对建设工程的监督内容包括政府监督管理体制和职能、工程质量管理制度。下面我们将分别予以介绍。

3.6.1 建筑工程质量政府监督管理体制和职能

1. 政府监督管理体制

国务院建设行政主管部门对全国的建设工程质量实施统一监督管理。县级以上地方人民政府建设行政主管部门对本行政区域内的建设工程质量实施监督管理。

县级以上政府建设行政主管部门和其他有关部门履行检查职责时，有权要求被检查的单位提供有关工程质量的文件和资料，有权进入被检查单位的施工现场进行检查，在检查中发现工程质量存在问题时，有权责令其改正。

政府的工程质量监督管理具有权威性、强制性和综合性的特点。

2. 政府监督管理职能

(1) 建立和完善工程质量管理法规：制定、修订行政性法律、法规和工程技术规范标准，如《建筑法》《招标投标法》《建筑工程质量管理条例》等行政性法律、法规，以及如《工程设计规范》《建筑工程施工质量验收统一标准》《工程施工质量验收规范》等工程技术规范标准。

(2) 建立和落实工程质量责任制：针对建设工程行政领导的工程质量责任、建设工程各主体的工程质量责任和工程质量终身负责制等，国家相关法律、法规(含建设部部门规章)做出相关规定。

(3) 建设活动主体资格的管理：国家对从事建设活动的主体实行严格的从业许可证制度，对从事建设活动的专业技术人员实行严格的执业资格制度。建设行政主管部门及有关专业部门按各自分工，负责各类资质标准的审查、从业单位的资质等级的认定、专业技术人员资格等级的核查和注册，并对资质等级和从业范围等实施动态管理。

(4) 工程承发包管理：国家相关法律、法规(含建设部部门规章)规定了建设工程招投标承发包的范围、类型、条件，行政主管部门对建设工程招投标承发包活动的依法监督，以及行政主管部门对建设工程合同的管理。

(5) 建设工程的建设控制程序：国家相关法律、法规(含建设部部门规章)规定了建设工程的建设程序，并针对建设工程的报建、施工图设计文件审查、工程施工许可、工程材料和设备使用、工程质量监督、施工验收备案等方面，分别规定了行政主管部门的监督管理职责，以及建设工程各主体的工作职责。

3.6.2 建筑工程质量政府管理制度

我国建设行政主管部门已颁发了多项建设工程质量管理制度，主要有施工图设计文件审查制度、工程质量监督制度、工程质量检测制度和工程质量保修制度。

1. 施工图设计文件审查制度

施工图设计文件审查，即施工图审查，是指国务院建设行政主管部门和省、自治区、直辖市人民政府建设行政主管部门委托依法认定的设计审查机构，根据国家法律、法规、技术标准与规范，对施工图进行结构安全和强制性标准、规范执行情况等进行的独立审查。

(1) 施工图审查的范围：建筑工程设计等级分级标准中的各类新建、改建、扩建的建筑工程项目均属审查范围。建设单位必须将施工图报送建设行政主管部门。建设行政主管部门委托有关审查机构，对施工图就其结构安全和强制性标准、规范执行情况等方面进行审查。

(2) 施工图审查的主要内容：审查建筑物的稳定性、安全性，审查施工图是否符合消防、节能、环保、抗震、卫生、人防等有关强制性标准、规范，审查施工图是否达到规定的要求，审查其是否损害公众利益。

(3) 有关各方针对施工图审查的职责：国务院建设行政主管部门负责全国施工图审查管理工作。省、自治区、直辖市人民政府建设行政主管部门负责组织本行政区域内的施工图审查工作的具体实施和监督管理工作。勘察、设计单位必须按照工程建设强制性标准进行勘察、设计，并对勘察、设计质量负责。接受建设行政主管部门委托的审查机构对施工图设计文件涉及安全和强制性标准执行情况进行技术审查；建设工程经施工图设计文件审查后因勘察设计原因发生工程质量问题，审查机构承担审查失职的责任。

(4) 施工图审查程序。

① 建设单位向建设行政主管部门报送施工图。

② 建设行政主管部门发出委托审查通知书，委托审查机构对施工图进行审查。

③ 审查机构完成施工图审查后，向建设行政主管部门提交技术性审查报告。

④ 建设行政主管部门向建设单位发出施工图审查批准书。

(5) 施工图审查管理。

① 审查机构应当在收到审查材料后 20 个工作日内完成审查工作。

② 特级和一级项目应当在 30 个工作日内完成审查工作，其中重大及技术复杂项目的审查时间可适当延长。

③ 审查合格的项目，审查机构向建设行政主管部门提交项目施工图审查报告，由建设行政主管部门向建设单位通报审查结果，并颁发施工图审查批准书。

④ 审查机构对审查不合格的项目提出书面意见后，将施工图退回建设单位，由原设计单位修改，重新送审。

施工图一经审查批准，不得擅自进行修改。若遇特殊情况需要进行涉及审查主要内容的修改时，建设单位必须重新报请原审批部门，由原审批部门委托审查机构审查。

建设单位或者设计单位如果对审查机构做出的审查报告有重大分歧时，可由建设单位或者设计单位向所在省、自治区、直辖市人民政府建设行政主管部门提出复查申请，由相应的建设行政主管部门组织专家论证并做出复查结果。

施工图审查的费用由施工图审查机构按有关收费标准向建设单位收取。

建筑工程竣工验收时,有关部门应按照审查批准的施工图进行验收。

建设单位要对报送的审查材料的真实性负责;勘察、设计单位对提交的勘察报告、设计文件的真实性负责,并应积极配合审查工作。

2. 工程质量监督制度

国家实行建设工程质量监督管理制度。工程质量监督管理的主体是各级政府建设行政主管部门和其他有关部门。工程质量监督管理由建设行政主管部门或其他有关部门委托的工程质量监督机构具体实施。

工程质量监督机构的主要任务如下。

受政府主管部门的委托,对建设工程项目进行质量监督;制定质量监督工作方案,并确定相应建设工程的质量监督工程师和助理质量监督师;检查建设工程各方主体的质量行为;检查建设工程实体质量;监督工程质量验收;向委托部门报送工程质量监督报告;对预制建筑构件和商品混凝土的质量进行监督;受委托部门委托按规定收取工程质量监督费;政府主管部门委托的工程质量监督管理的其他工作。

3. 工程质量检测制度

工程质量检测工作是对工程质量进行监督管理的重要手段之一。工程质量检测机构是对建设工程、建筑构件、制品及现场所用的有关建筑材料、设备质量进行检测的法定单位。在建设行政主管部门领导和标准化管理部门指导下开展检测工作,其出具的检测报告具有法定效力。法定的国家级检测机构出具的检测报告,在国内为最终裁定,在国外具有代表国家的性质。

4. 工程质量保修制度

建设工程质量保修制度是指建设工程在办理交工验收手续后,在规定的保修期限内,因勘察、设计、施工、材料等原因造成的质量问题,要由施工单位负责维修、更换,由责任单位负责赔偿损失。质量问题是指工程不符合国家工程建设强制性标准、设计文件以及合同中对质量的要求。

建设工程承包单位在向建设单位提交工程竣工验收报告时,应向建设单位出具工程质量保修书,质量保修书中应明确建设工程保修范围、保修期限和保修责任等。

思 考 题

1. 施工质量管理的重要性是什么?

2. 工程质量、工序质量、工作质量的含义分别是什么？

3. 影响施工项目质量的因素有哪几个方面？

4. 试述质量计划与质量保证体系的关系。

5. 施工阶段质量控制的要点有哪些？

6. 试述质量事故处理的原则和程序。

第 4 章　建筑工程项目成本管理

教学指引

◆　知识重点：建筑工程项目成本的组成；建筑工程项目施工图预算与成本结算；项目成本计划的编制；建筑工程项目成本控制的方法；项目成本核算与分析。

◆　知识难点：预付款的支付与抵扣；建筑工程项目成本计划的编制方法；挣得值法；成本分析的基本方法。

学习目标

◆　熟悉建筑工程项目成本、成本管理的概念。

◆　了解建筑工程项目成本的组成。

◆　掌握建筑工程项目成本的确定。

◆　熟悉建筑工程项目成本计划的编制。

◆　掌握建筑工程项目成本控制。

◆　了解建筑工程项目成本核算的方法。

◆　熟悉建筑工程项目成本分析的方法。

◆　了解建筑工程项目成本考核。

案例导入

某建筑公司经过投标, 获得了 20km 高速公路项目的施工任务, 其中包括大桥一座, 中标总金额为 36 160 万元。在签订了施工合同后, 公司有关部门开始施工前的准备工作, 包括项目管理班子的组建和成本计划的编制等。在编制成本计划时, 首先将施工成本按人工费、材料费、施工机具使用费、措施费和间接费等进行了分解, 并在施工进度计划横道图基础上, 根据每单位时间内完成的实物工程量或投入的人力、物力和财力, 计算单位时间的计划完成的各种成本, 分别绘制了多条 S 形曲线, 作为成本控制的基准。

在项目实施过程中, 该建筑公司依据成本计划、承包合同、进度报告等进行成本控制, 采取适当的成本措施, 如提高全体施工人员的成本控制意识, 并结合有力的奖惩机制, 对实施成本控制成效显著的部门、个人实行奖励, 对乱扔材料造成损失的要处罚, 激励全员对施工成本控制的积极性; 通过与主材料供应商达成长期合作的协议, 使材料费比目标成本降低了 90.4 万元。同时及时对施工过程中的各种费用和项目成本进行核算, 积极寻找降低项目成本的途径, 对项目所有施工人员进行业绩考核, 做到赏罚分明。

通过有效的成本管理, 该项目实际成本比目标成本降低了 653 万元, 获得了业内和外界的充分认可。

4.1 建筑工程项目成本管理的工作过程

成本管理 ➡️

```
1.  项目成本计划;
2.  项目成本控制;
3.  项目成本核算;
4.  项目成本分析;
5.  项目成本考核。
```

1. 项目成本计划 ➡️

- 项目经理部确定成本管理目标;
- 确定分部分项工程目标成本;
- 确定各承包队的成本承包责任;
- 确定降低成本措施及降低成本计划;
- 编制降低成本技术组织措施计划表等。

2. 项目成本控制 ➡️

- 将实际支出额与成本目标进行比较;
- 分析产生偏差的原因;
- 预测完成整个项目所需要的总成本;
- 采取适当的纠偏措施。

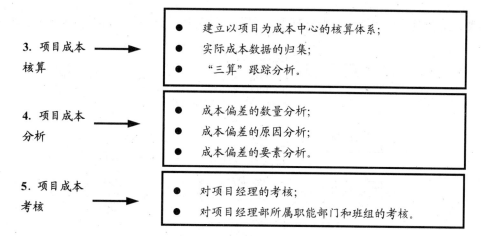

4.2 建筑工程项目成本管理概述

4.2.1 建筑工程项目成本管理的概念

成本是一种耗费，是耗费劳动的货币表现形式。建筑工程项目成本是施工项目在施工过程中所耗费的生产资料转移价值和劳动者必要劳动所创造的价值的货币形式。项目成本包括所耗费的主辅材料、构配件、周转材料的摊销费或租赁费、施工机械的台班费或租赁费、支付给生产工人的工资和奖金，以及在施工现场进行施工组织和管理所发生的全部费用支出。

建筑工程项目成本管理应从工程投标报价开始，直至项目竣工结算完成为止，贯穿于项目实施的全过程。成本作为项目管理的一个关键性目标，包括责任成本目标和计划成本目标，它们的性质和作用有所不同。前者反映组织对施工成本目标的要求，后者是前者的具体化，把施工成本在组织管理层和项目经理部的运行有机地连接起来。建筑工程项目成本管理就是在保证工期和满足质量要求的情况下，利用组织措施、经济措施、技术措施、合同措施把成本控制在计划范围内，并进一步寻求最大限度的成本节约。

4.2.2 建筑工程项目成本的组成

建筑安装工程费是指用于建筑工程和安装工程的费用。建筑工程包括一般土建工程、采暖通风工程、电气照明工程、给排水工程、工业管道工程、特殊构筑物工程。安装工程包括电气设备安装工程、化学工程设备安装工程、机械设备安装工程、热力设备安装工程等。

根据国家住房和城乡建设部、财政部《关于印发〈建筑安装工程费用项目组成〉的通知[建标〔2013〕44号]》的规定，我国现行建筑安装工程费用构成要素组成划分为人工费、材料费、施工机具使用费、企业管理费、利润、规费和税金，其组成结构如图4.1所示。

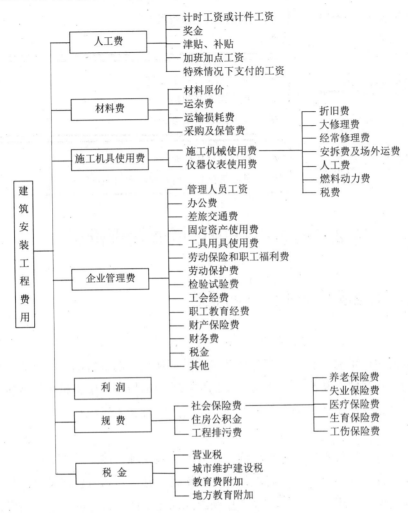

图4.1　建筑安装工程费用项目组成

1. 人工费

人工费是指按工资总额构成规定，支付给从事建筑安装工程施工的生产工人和附属生产单位工人的各项费用。内容包括以下几项。

(1) 计时工资或计件工资：是指按计时工资标准和工作时间或对已做工作按计件单价支付给个人的劳动报酬。

(2) 奖金：是指对超额劳动和增收节支支付给个人的劳动报酬。如节约奖、劳动竞赛奖等。

(3) 津贴、补贴：是指为了补偿职工特殊或额外的劳动消耗和因其他特殊原因支付给个人的津贴，以及为了保证职工工资水平不受物价影响支付给个人的物价补贴。如流动施工津贴、特殊地区施工津贴、高温(寒)作业临时津贴、高空津贴等。

(4) 加班加点工资：是指按规定支付的在法定节假日工作的加班工资和在法定日工作

时间外延时工作的加点工资。

(5) 特殊情况下支付的工资：是指根据国家法律、法规和政策规定，因病、工伤、产假、计划生育假、婚丧假、事假、探亲假、定期休假、停工学习、执行国家或社会义务等原因按计时工资标准或计时工资标准的一定比例支付的工资。

$$人工费=\sum(工日消耗量×日工资单价)$$

$$日工资单价=\frac{生产工人平均月工资(计时、计件)+平均月(奖金+津贴补贴+特殊情况下支付的工资)}{年平均每月法定工作日} \tag{4.1}$$

日工资单价是指施工企业平均技术熟练程度的生产工人在每工作日(国家法定工作时间内)按规定从事施工作业应得的日工资总额。

2. 材料费

材料费是指施工过程中耗费的原材料、辅助材料、构配件、零件、半成品或成品、工程设备的费用。主要包括以下几项。

(1) 材料原价：是指材料、工程设备的出厂价格或商家供应价格。

(2) 运杂费：是指材料、工程设备自来源地运至工地仓库或指定堆放地点所发生的全部费用。

(3) 运输损耗费：是指材料在运输装卸过程中不可避免的损耗。

(4) 采购及保管费：是指为组织采购、供应和保管材料、工程设备的过程中所需要的各项费用。包括采购费、仓储费、工地保管费、仓储损耗。

$$材料费=\sum(材料消耗量×材料单价)$$

$$材料单价=[(材料原价+运杂费)×(1+运输损耗率)]×[1+采购保管费率] \tag{4.2}$$

工程设备是指构成或计划构成永久工程一部分的机电设备、金属结构设备、仪器装置及其他类似的设备和装置。

$$工程设备费=\sum(工程设备量×工程设备单价)$$

$$工程设备单价=(设备原价+运杂费)×(1+采购保管费率) \tag{4.3}$$

3. 施工机具使用费

施工机具使用费是指施工作业所发生的施工机械、仪器仪表使用费或其租赁费。

(1) 施工机械使用费：以施工机械台班耗用量乘以施工机械台班单价表示，其计算公式为：

$$施工机械使用费=\sum(施工机械台班消耗量×施工机械台班单价)$$

$$\begin{aligned}机械台班单价=&台班折旧费+台班大修理费+台班经常修理费\\&+台班安拆费及场外运费+台班人工费+台班燃料动力费\\&+台班车船税费\end{aligned} \tag{4.4}$$

(2) 仪器仪表使用费：是指工程施工所需使用的仪器仪表的摊销及维修费用。

$$仪器仪表使用费=工程使用的仪器仪表摊销费+维修费 \qquad (4.5)$$

4. 企业管理费

企业管理费是指建筑安装企业组织施工生产和经营管理所需费用，包括管理人员工资、办公费、差旅交通费、固定资产使用费、工具用具使用费、劳动保险和职工福利费、劳动保护费、检验试验费、工会经费、职工教育经费、财产保险费、财务费、税金、其他(包括技术转让费、技术开发费、投标费、业务招待费、绿化费、广告费、公证费、法律顾问费、审计费、咨询费、保险费等)。

(1) 以分部分项工程费为计算基础

$$企业管理费费率 = \frac{生产工人年平均管理费}{年有效施工天数 \times 人工单价} \times 人工费占分部分项工程费比例 \qquad (4.6)$$

(2) 以人工费和机械费合计为计算基础

$$企业管理费费率 = \frac{生产工人年平均管理费}{年有效施工天数 \times (人工单价 + 每一工日机械使用费)} \times 100\% \qquad (4.7)$$

(3) 以人工费为计算基础

$$企业管理费费率 = \frac{生产工人年平均管理费}{年有效施工天数 \times 人工单价} \times 100\% \qquad (4.8)$$

5. 利润

利润是指施工企业完成所承包工程获得的盈利，其计算规则如下。

(1) 施工企业根据企业自身需求并结合建筑市场实际自主确定，列入报价中。

(2) 工程造价管理机构在确定计价定额中利润时，应以定额人工费或定额人工费与定额机械费之和作为计算基数，其费率根据历年工程造价积累的资料，并结合建筑市场实际确定，以单位(单项)工程测算，利润在税前建筑安装工程费的比重可按不低于 5%且不高于7%的费率计算，利润应列入分部分项工程和措施项目中。

6. 规费

规费是指按国家法律、法规规定，由省级政府和省级有关权力部门规定必须缴纳或计取的费用。包括以下几项。

(1) 社会保险费。社会保险费包括养老保险费、失业保险费、医疗保险费、生育保险费、工伤保险费。其中养老保险费是指企业按照规定标准为职工缴纳的基本养老保险费；失业保险费是指企业按照规定标准为职工缴纳的失业保险费；医疗保险费是指企业按照规定标准为职工缴纳的基本医疗保险费；生育保险费是指企业按照规定标准为职工缴纳的生育保险费；工伤保险费是指企业按照规定标准为职工缴纳的工伤保险费。

$$社会保险费 = \sum(工程定额人工费 \times 社会保险费率) \qquad (4.9)$$

(2) 住房公积金。住房公积金是指企业按规定标准为职工缴纳的住房公积金。

$$住房公积金 = \sum (工程定额人工费 \times 住房公积金费率) \tag{4.10}$$

(3) 工程排污费。工程排污费是指按规定缴纳的施工现场工程排污费。其他应列而未列入的规费，按实际发生计取。

7. 税金

税金是指国家税法规定的应计入建筑安装工程造价内的营业税、城市维护建设税、教育费附加以及地方教育附加。

$$税金 = 税前造价 \times 综合税率 \tag{4.11}$$

$$综合税率 = \left[\frac{1}{1 - a \times (1 + b + c_1 + c_2)} - 1\right] \times 100\% \tag{4.12}$$

式中，a——营业税税率；

b——城市维护建设税税率；

c_1——教育费附加费费率；

c_2——地方教育附加费费率。

1) 纳税地点在市区的企业

$$综合税率 = \left[\frac{1}{1 - 3\% - (3\% \times 7\%) - (3\% \times 3\%) - (3\% \times 2\%)} - 1\right] \times 100\% = 3.48\%$$

2) 纳税地点在县城、镇的企业

$$综合税率 = \left[\frac{1}{1 - 3\% - (3\% \times 5\%) - (3\% \times 3\%) - (3\% \times 2\%)} - 1\right] \times 100\% = 3.41\%$$

3) 纳税地点不在市区、县城、镇的企业

$$综合税率 = \left[\frac{1}{1 - 3\% - (3\% \times 1\%) - (3\% \times 3\%) - (3\% \times 2\%)} - 1\right] \times 100\% = 3.28\%$$

4) 实行营业税改增值税的，按纳税地点现行税率计算。

4.2.3 建筑工程项目成本的分类

建筑工程项目成本可以分为以下几类。

1. 按成本管理的阶段划分

(1) 预算成本。指按照建筑安装工程的实物量和国家或地区制定的预算定额单价及取费标准计算的社会平均成本。其编制依据为施工图纸，全国统一的工程量计算规则、建筑工程基础定额，各地区的市场劳务价格、材料价格信息、机械台班价格、价差系数、指导性费率。预算成本是确定工程成本的基础，也是编制计划成本、评价实际成本的依据。

(2) 计划成本。施工项目经理部根据计划期内工程具体条件和为实施项目的各项技术组织措施等有关资料，计划达到的成本水平。其编制依据为企业目标利润及成本降低率，项目的预算成本，施工项目管理规划，成本降低措施，同行业、同类型项目的成本水平，施工定额等。计划成本的作用是建立和健全施工项目成本管理责任制，控制生产费用，加强施工企业和项目经理部经济核算，降低施工项目成本。

(3) 实际成本。施工项目在施工阶段实际发生的各项生产费用的总和。可以用来考核施工技术水平、技术组织措施贯彻执行情况和企业经营效果，反映工程盈利情况。

2. 按生产费用与工程量关系划分

(1) 固定成本。在一定期间内和一定的工程量范围内，其发生的成本额不受工程量增减变动的影响而相对固定的成本。如折旧费、大修理费用、管理人员工资、办公费、照明费等。

(2) 变动成本。发生总额随着工程量的增减变动而成正比例变动的费用，如直接用于工程的材料费、实行计划工资制的人工费等。所谓变动，也是就其总体而言，对于单位分项工程上的变动费用往往是不变的。

3. 按生产费用计入成本的方法划分

(1) 直接成本。是指直接耗用的并能直接计入工程对象的费用。直接成本指施工过程中耗费的构成工程实体和有助于工程完成的各项费用支出，当直接费用发生时就能够确定其用于哪些工程时，可以直接计入该工程成本。

(2) 间接成本。是指非直接耗用的、无法直接计入工程对象的，但为进行工程施工所必须发生的费用，通常按照直接成本的比例进行计算。

4.2.4   建筑工程项目成本管理的内容

建筑工程项目成本管理的内容包括：成本计划、成本控制、成本核算、成本分析和成本考核等。项目经理部在项目施工过程中对所发生的各种成本信息，通过有组织、有系统地进行计划、控制、核算和分析等工作，使建筑工程项目系统各种要素按照一定的目标运行，从而将项目的实际成本控制在预定的计划成本范围内。

1. 成本计划

项目成本计划是建筑工程项目经理部对项目施工成本进行计划管理的工具。它是以货币形式编制工程项目的计划期内的生产费用、成本水平、成本降低率以及为降低成本所采取的主要措施和规划的书面方案，它是建立项目成本管理责任制、开展成本控制和核算的基础。一般来说，一个项目成本计划应包括从开工到竣工所必需的施工成本，它是降低项目成本的指导文件，是设立目标成本的依据。

2. 成本控制

项目成本控制是指在施工过程中，对影响项目成本的各种因素加强管理，并采取各种有效措施，将施工中实际发生的各种消耗和支出严格控制在成本计划范围内，随时揭示并及时反馈，严格审查各项费用是否符合标准、计算实际成本和计划成本之间的差异并进行分析，消除施工中的损失浪费现象，发现和总结先进经验。通过成本控制，使之最终实现甚至超过预期的成本节约目标。项目成本控制应贯穿在工程项目从招投标阶段开始直到项目竣工验收的全过程，它是企业全面成本管理的重要环节。

3．成本核算

项目成本核算是指建筑项目施工过程中所发生的各种费用和形成项目成本的核算。一是按照规定的成本开支范围对施工费用进行归集，计算出施工费用的实际发生额；二是根据成本核算对象，采用适当的方法，计算出该建筑工程项目的总成本和单位成本。项目成本核算所提供的各种成本信息，是成本计划、成本控制、成本分析和成本考核等各个环节的依据。因此，加强项目成本核算工作，对降低项目成本、提高企业的经济效益有积极的作用。

4．成本分析

项目成本分析是在成本形成过程中，对项目成本进行的对比评价和剖析总结工作，它贯穿于项目成本管理的全过程，也就是说项目成本分析主要利用工程项目的成本核算资料(成本信息)，与目标成本(计划成本)、预算成本以及类似的建筑工程项目的设计成本等进行比较，了解成本的变动情况，同时也要分析主要技术经济指标对成本的影响，系统地研究成本变动的因素，检查成本计划的合理性，并通过成本分析，深入揭示成本变动的规律，寻找降低项目成本的途径，以便有效地进行成本控制。

5．成本考核

成本考核是指在建筑工程项目完成后，对建筑项目成本形成中的各责任者，按建筑项目成本目标责任制的有关规定，将成本的实际指标与计划、定额、预算进行对比和考核，评定项目成本计划的完成情况和各责任者的业绩，并以此给予相应的奖励和处罚。通过成本考核，做到有奖有罚，赏罚分明，才能有效地调动企业的每一名职工在各自的施工岗位上努力完成目标成本的积极性，为降低项目成本和增加企业的积累做出自己的贡献。

建筑工程项目成本管理中的每一个环节都是相互联系和相互作用的。成本计划是成本决策所确定目标的具体化，成本控制则是成本计划的实施进行监督，保证决策的成本目标实现，而成本核算又是成本计划是否实现的最后检验，它所提供的成本信息又为下一个项目成本预测和决策提供基础资料。成本考核是实现成本目标责任制的本质和实现决策目标的重要手段。

4.3　建筑工程项目成本确定

建筑工程项目在其形成过程中经历项目建议书、可行性研究报告阶段、项目评估、方案设计阶段、施工招投标阶段、施工阶段、竣工验收阶段。针对建设程序的各个阶段，应采用科学的计算方法和切合实际的计价依据，合理确定投资估算、设计概算、施工图预算、承包合同价、结算价、竣工决算。

建设程序与相应各阶段概预算关系示意图，如图 4.2 所示，本文从承包商角度主要分析施工图预算和项目成本结算。

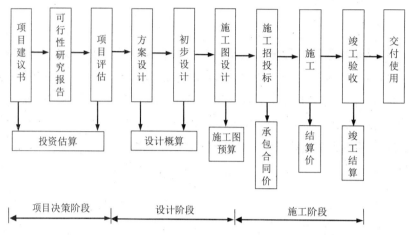

图 4.2　建筑工程项目建设程序及工程造价确定示意图

4.3.1　建筑工程项目施工图预算

建筑工程项目施工图预算是由设计单位在施工图设计完成后，根据施工图设计图纸、工程量清单、费用定额、预算定额或单位估价表、施工组织设计文件等有关资料进行计算和编制的单位工程预算造价的文件。建筑工程项目施工图预算由总预算、综合预算和单位工程预算组成。施工图预算的编制对象为单位工程，编制成果称单位工程施工图预算。将各单位工程施工图预算汇总，成为单项工程施工图预算，再汇总各所有的单项工程施工图预算，得到项目建设安装工程的总预算。

单位工程预算的编制方法有单价法和实物量法；其中单价法分为定额单价法和工程量清单单价法。

1. 定额单价法

定额单价法是用事先编制好的分项工程的单位估价表来编制施工图预算的方法。根据施工图设计文件和预算定额，按分部分项工程顺序先计算出分项工程量，然后乘以对应的定额单价，求出分项工程人、料、机费用；将分项工程人、料、机费用汇总为单位工程人、料、机费用；汇总后另加企业管理费、利润、规费和税金生成单位工程的施工图预算。

定额单价法的编制步骤如图 4.3 所示，其编制的基本步骤如下。

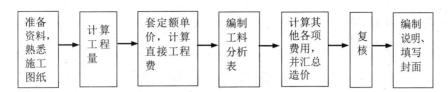

图 4.3　定额单价法的编制步骤

1)　准备资料，熟悉施工图纸

准备施工图纸、施工组织设计、施工方案、现行建筑安装定额、取费标准、统一工程量计算规则和地区材料预算价格等各种资料。在此基础上详细了解施工图纸，全面分析各分部分项工程，充分了解施工组织设计和施工方案，注意影响费用的关键因素。

2)　计算工程量

工程量计算一般按如下步骤进行。

(1)　根据工程内容和定额项目，列出需计算工程量的分部分项工程。

(2)　根据一定的计算顺序和计算规则，列出分部分项工程量的计算式。

(3)　根据施工图纸上的设计尺寸及有关数据，代入计算式进行数值计算。

(4)　对计算结果的计量单位进行调整，使之与定额中相应的分部分项工程的计量单位保持一致。

3)　套用定额单价，计算直接工程费

核对工程量计算结果后，利用地区统一单位估价表中的分项工程定额单价，计算出各分项工程合价，汇总求出单位工程直接工程费。

单位工程人、料、机费用计算公式如下：
$$单位工程人、料、机费用 = \sum(分项工程量 \times 定额单价) \tag{4.13}$$

4)　编制工料分析表

根据各分部分项工程项目实物工程量和预算定额项目中所列的用工及材料数量，计算各分部分项工程所需人工及材料数量，汇总后算出该单位工程所需各类人工、材料的数量。

5)　计算其他各项费用，并汇总造价

根据规定的税率、费率和相应的计取基础，分别计算企业管理费、利润、规费、税金。将上述费用累计后与人、料、机费用进行汇总，求出单位工程预算造价。

6)　复核

对项目填列、工程量计算公式、计算结果、套用的单价、采用的取费费率、数字计算、数据精确度等进行全面复核，以便及时发现差错，及时修改，提高预算的准确性。

7)　编制说明、填写封面

编制说明主要应写明预算所包括的工程内容范围、依据的图纸编号、承包方式、有关部门现行的调价文件号、套用单价需要补充说明的问题及其他需说明的问题等。封面应写明工程编号、工程名称、预算总造价和单方造价、编制单位名称、负责人和编制日期以及审核单位的名称、负责人和审核日期等。

2. 工程量清单单价法

工程量清单单价法是根据国家统一的工程量计算规则计算工程量，采用综合单价的形式计算工程造价的方法。综合单价是指分部分项工程单价综合了人、料、机费用及其以外的多项费用内容。按照单价综合内容的不同，综合单价可分为全费用综合单价和部分费用综合单价。

1) 全费用综合单价

全费用综合单价即单价中综合了人、料、机费用，企业管理费，规费，利润和税金等，以各分项工程量乘以综合单价的合价汇总后，就生成工程承发包价。

2) 部分费用综合单价

我国目前实行的工程量清单计价采用的综合单价是部分费用综合单价，分部分项工程单价中综合了直接工程费、管理费、利润，以及一定范围内的风险费用，单价中未包括措施费、其他项目费、规费和税金，是不完全费用综合单价。以各分项工程量乘以部分费用综合单价的合价汇总，再加上项目措施费、其他项目费、规费和税金后，生成工程承发包价。工程量清单编制程序如图 4.4 所示。

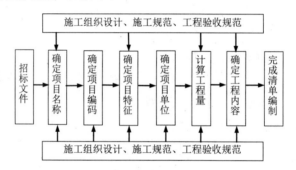

图 4.4　工程量清单编制程序

3. 实物量法

实物量法是依据施工图纸和预算定额的项目划分及工程量计算规则，先计算出分部分项工程量，然后套用预算定额(实物量定额)来编制施工图预算的方法。实物量法的编制步骤如图 4.5 所示。

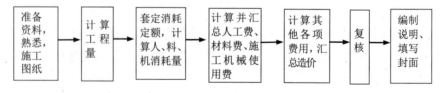

图 4.5　实物量法的编制步骤

1) 准备资料，熟悉施工图纸

全面收集各种人工、材料、机械的当时当地的实际价格，应包括不同品种、不同规格的材料预算价格；不同工种、不同等级的人工工资单价；不同种类、不同型号的机械台班单价等。要求获得的各种实际价格应全面、系统、真实、可靠。具体可参考定额单价法相应步骤的内容。

2)　计算工程量

本步骤的内容与定额单价法相同。

3)　套用消耗定额，计算人、料、机消耗量

定额消耗量中的"量"在相关规范和工艺水平等未有较大变化之前具有相对稳定性，据此确定符合国家技术规范和质量标准要求，并反映当时施工工艺水平的分项工程计价所需的人工、材料、施工机械的消耗量。

根据预算人工定额所列各类人工工日的数量，乘以各分项工程的工程量，计算出各分项工程所需各类人工工日的数量，统计汇总后确定单位工程所需的各类人工工日消耗量。同理，根据材料预算定额、机械预算台班定额分别确定出单位工程各类材料消耗数量和各类施工机械台班数量。

4)　计算并汇总人工费、材料费、施工机械使用费

根据当时当地工程造价管理部门定期发布的或企业根据市场价格确定的人工工资单价、材料预算价格、施工机械台班单价分别乘以人工、材料、机械消耗量，汇总即为单位工程人工费、材料费和施工机械使用费。计算公式为：

$$单位工程人、材、机费用=\sum(工程量×材料预算定额用量×当时当地材料预算价格)$$
$$+\sum(工程量×人工预算定额用量×当时当地人工工资单价) \quad (4.14)$$
$$+\sum(工程量×施工机械预算定额台班用量×当时当地机械台班单价)$$

5)　计算其他各项费用，汇总造价

采用与定额单价法相似的计算程序，计算企业管理费、利润、规费和税金等，有关的费率是根据当时当地建筑市场供求情况予以确定。将上述单位工程人工费、材料费、施工机械使用费与企业管理费、利润、规费、税金等汇总即为单位工程造价。

6)　复核

检查人工、材料、机械台班的消耗量计算是否准确，有无漏算、重算或多算；套取的定额是否正确；检查采用的实际价格是否合理。其他内容可参考定额单价法相应步骤进行复核。

7)　编制说明、填写封面

【案例 4.1】

背景材料：

某办公楼项目主体设计采用八层框架结构，基础形式为钢筋混凝土筏式基础，其基础部分工程量见表 4.1。

问题:

以定额单价法编制施工图预算书。

案例分析:

以定额单价法编制施工图预算套用的是2000年建筑工程单位估价表中有关分部分项工程的定额单价,纳税地点在市区,综合税率取3.48%,并考虑了部分材料价差。

采用定额单价法编制某办公楼基础工程预算书如表4.1所示。

表4.1 某办公楼基础工程预算书

工程定额编号	工程费用名称	计量单位	工程量	金额/元	
				单价	合价
1-48	平整场地	100m²	15.21	112.55	1711.89
1-149	机械挖土	1000m³	2.78	1848.42	5138.61
8-15	碎石掺土垫层	10m³	31.45	1004.47	31590.58
8-25	C10混凝土垫层	10m³	21.10	2286.4	48243.04
5-14	C20带形钢筋混凝土基础(筋模)	10m³	37.23	2698.22	100454.73
5-479	C20带形钢筋混凝土筋模	10m³	37.23	2379.69	88595.86
5-25	C20独立式混凝土筋模	10m³	4.33	2014.47	8722.66
5-481	独立式混凝土	10m³	4.33	2404.48	10411.40
5-110	矩形柱筋模(1.8m)	10m³	0.92	5377.06	4946.9
5-489	矩形柱混凝土	10m³	0.92	3029.82	2787.43
5-8	带形无筋混凝土基础模板(C10)	10m³	5.43	604.38	3281.78
5-479	带形无筋混凝土	10m³	5.43	2379.69	12921.72
4-1	砖基础M5砂浆	10m³	3.50	1306.9	4574.15
9-128	基础防潮层平面	100m²	0.32	925.08	296.03
3-23	满堂红脚手架	100m²	10.30	416.16	4286.45
1-51	回填土	100m³	12.61	720.45	9084.87
16-36	挖土机场外运输				0.00
16-38	推土机场外运输				0.00
	C10混凝土差价		265.3	84.9	22523.97
	C20混凝土差价		424.8	101.14	42964.27
	商品混凝土运费		690.1	50	34505.00
(一)	项目人、材、机费用小计	元			437041.33
(二)	工程定额人工费小计	元			109260.33
(三)	企业管理费[(一)×10%]	元			43704.13
(四)	利润[(一)+(三)]×5%	元			24037.27
(五)	规费[(二)×38%]	元			41518.93
(六)	税金[(一)+(三)+(四)+(五)]×3.48%	元			19011.30
(七)	造价总计[(一)+(三)+(四)+(五)+(六)]	元			565312.96

4.3.2　建筑工程项目结算

1. 合同价款的主要结算方式

工程结算是指承包商在工程实施过程中，依据承包合同中有关付款条款的规定和已经完成的工程量，按照规定的程序向建设单位收取工程价款的一项经济活动。

工程价款的主要结算方式有按月结算、分段结算、竣工后一次结算和结算双方约定的其他结算方式。

(1) 按月结算。这是我国现行工程项目价款结算中最常用的一种方式。实行旬末或月中预支，将已完分部分项工程视为阶段成果，月终按实际完成的工程量结算。

(2) 分段结算。当年开工、当年不能竣工的单项工程或单位工程按照工程形象进度，划分不同阶段进行结算。分段结算通常按月进度结算工程款。

(3) 竣工后一次结算。建设项目或单项工程全部建筑安装工程建设期在一年内，或者工程承包合同价值在 100 万元以下的，可实行工程价款每月月中预支、竣工后一次结算的方式。

(4) 双方约定的其他结算方式。项目承发包双方的材料往来，可按双方约定的方式结算。由承包单位自行采购材料的，业主可以在双方签订工程承包合同后，按年度工作量的一定比例向承包商单位预付备料款；由承包单位包工包料的，业主将主管部分分配的材料指标交承包单位，由承包单位购货付款，并收取备料款；由业主供应材料的，其材料可按材料预算价格转给承包单位。材料价款在结算工程款时陆续抵扣。这部分材料，承包商不应收取备料款。

施工期间的结算款，一般不应超过承包工程价值的 95%，其余尾款待工程竣工验收后清算。

2. 预付款的支付与抵扣

1) 工程预付款

工程预付款是发包人为帮助承包人解决施工准备阶段的资金周转问题而提前支付的一笔款项，用于承包人为合同工程施工购置材料、机械设备、修建临时设施以及施工队伍进场等。工程是否实行预付款，取决于工程性质、承包工程量的大小及发包人在招标文件中的规定。工程实行预付款的，发包人应按合同约定的时间和比例(或金额)向承包人支付工程预付款。

工程预付款的额度：包工包料的工程原则上预付比例不低于合同金额(扣除暂列金额)的 10%，不高于合同金额(扣除暂列金额)的 30%；对重大工程项目，按年度工程计划逐年预付。实行工程量清单计价的工程，实体性消耗和非实体性消耗部分应在合同中分别约定预付款比例(或金额)。

工程预付款的支付时间：在具备施工条件的前提下，发包人应在双方签订合同后的一个月内或约定的开工日期前的 7 天内预付工程款。若发包人未按合同约定预付工程款，承包人应在预付时间到期后 10 天内向发包人发出要求预付的通知，发包人收到通知后仍不按要求预付，承包人可在发出通知 14 天后停止施工，发包人应从约定应付之日起按同期银行贷款利率计算向承包人支付应付预付款的利息，并承担违约责任。

2) 工程预付款的抵扣

发包人拨付给承包人的工程预付款属于预支的性质。随着工程进度的推进，拨付的工程进度款数额不断增加，工程所需主要材料、构件的储备逐步减少，原已支付的预付款应以抵扣的方式从工程进度款中予以陆续扣回。预付的工程款必须在合同中约定扣回方式，常用的扣回方式有以下几种。

(1) 在承包人完成金额累计达到合同总价一定比例(双方合同约定)后，采用等比率或等额扣款的方式分期抵扣。也可针对工程实际情况具体处理，如有些工程工期较短、造价较低，就无须分期扣还；有些工期较长，如跨年度工程，其预付款的占用时间很长，根据需要可以少扣或不扣。

(2) 从未完施工工程尚需的主要材料及构件的价值相当于工程预付款数额时起扣，从每次中间结算工程价款中，按材料及构件比重抵扣工程预付款，至竣工之前全部扣清。其基本计算公式如下：

① 起扣点的计算公式：

$$T = P - \frac{M}{N} \tag{4.15}$$

式中：T——起扣点，即工程预付款开始扣回的累计已完成工程价值；

P——承包工程合同总额；

M——工程预付款数额；

N——主要材料及构件所占比重。

② 第一次扣还工程预付款数额的计算公式：

$$a_1 = \left(\sum_{i=1}^{n} T_i - T\right) \times N \tag{4.16}$$

式中：a_1——第一次扣还工程预付款数额；

$\sum_{i=1}^{n} T_i$——累计已完工程价值。

③ 第二次及以后各次扣还工程预付款数额的计算公式：

$$a_i = T_i \times N \tag{4.17}$$

式中：a_i——第 i 次扣还工程预付款数额($i>1$)；

T_i——第 i 次扣还工程预付款时，当期结算的已完工程价值。

3. 进度款的支付

《建设工程工程量清单计价规范》(GB50500-2013)规定：已标价工程量清单中的单价项目，承包人应按工程计量确认的工程量与综合单价计算；如综合单价发生调整的，以发承包双方确认调整的综合单价计算进度款。已标价工程量清单中的总价项目，承包人应按合同中约定的进度款支付分解，分别列入进度款支付申请中的安全文明施工费和本周期应支付的总价项目的金额中。发包人提供的甲供材料金额，应按照发包人签约提供的单价和数量从进度款支付中扣出，列入本周期应扣减的金额中。进度款的支付比例按照合同约定，按期中结算价款总额计，不低于 60%，不高于 90%。

4. 竣工结算支付

1)　承包人提交竣工结算款支付申请

承包人应根据办理的竣工结算文件向发包人提交竣工结算款支付申请。申请应包括下列内容。

①　竣工结算合同价款总额；

②　累计已实际支付的合同价款；

③　应预留的质量保证金；

④　实际应支付的竣工结算款金额。

2)　发包人签发竣工结算支付证书与支付结算款

发包人应在收到承包人提交竣工结算款支付申请后 7 天内予以核实，向承包人签发竣工结算支付证书，并在签发竣工结算支付证书后的 14 天内，按照竣工结算支付证书列明的金额向承包人支付结算款。

发包人在收到承包人提交的竣工结算款支付申请后 7 天内不予核实，不向承包人签发竣工结算支付证书的，视为承包人的竣工结算款支付申请已被发包人认可；发包人应在收到承包人提交的竣工结算款支付申请 7 天后的 14 天内，按照承包人提交的竣工结算款支付申请列明的金额向承包人支付结算款。

发包人未按照上述规定支付竣工结算款的，承包人可催告发包人支付，并有权获得延迟支付的利息。发包人在竣工结算支付证书签发后或者在收到承包人提交的竣工结算款支付申请 7 天后的 56 天内仍未支付的，除法律另有规定外，承包人可与发包人协商将该工程折价，也可直接向人民法院申请将该工程依法拍卖。承包人应就该工程折价或拍卖的价款优先受偿。

【案例 4.2】

背景材料：

某施工单位承包了某置业公司经济技术开发区的商业项目，工期为 5 个月，甲乙双方签订的关于工程价款的合同内容如下。

(1) 建筑安装工程造价 6600 万元,建筑材料及设备费占施工产值的 60%;

(2) 工程预付款为建筑安装工程造价的 20%。工程实施后,工程预付款从未施工工程尚需的主要材料及设备费相当于工程预付款数额时起扣,从每次结算工程价款中按材料和设备占施工产值的比重扣抵工程预付款,竣工前全部扣清;

(3) 工程进度款逐月计算。

工程各月实际完成产值(不包括调价部分),见表 4.2。

表 4.2　各月实际完成产值

(单位:万元)

月份	5	6	7	8	9	合计
完成产值	550	1100	1650	2200	1100	6600

问题:

(1) 该工程的工程预付款、起扣点为多少?

(2) 该工程 5~8 月每月拨付工程款为多少? 累计工程款为多少?

案例分析:

(1) 工程预付款: 6600×20%=1320(万元)

起扣点: 6600-1320/60%=4400(万元)

(2) 各月拨付工程款为:

5 月: 工程款 550 万元,累计工程款 550 万元。

6 月: 工程款 1100 万元,累计工程款=550+1100=1650(万元)。

7 月: 工程款 1650 万元,累计工程款=1650+1650=3300(万元)。

8 月: 工程款 2200-(2200+3300-4400)× 60%=1540(万元)。

累计工程款=3300+1540=4840(万元)。

4.4　建筑工程项目成本计划

施工成本计划是以货币形式编制施工项目在计划期内的生产费用、成本水平、成本降低率以及为降低成本所采取的主要措施和规划的书面方案。它是建立施工项目成本管理责任制、开展成本控制和核算的基础。此外,它还是项目降低成本的指导文件,是设立目标成本的依据,即成本计划是目标成本的一种形式。施工成本计划应满足如下要求。

(1) 合同规定的项目质量和工期要求。

(2) 组织对项目成本管理目标的要求。

(3) 以经济合理的项目实施方案为基础的要求。

(4) 有关定额及市场价格的要求。

(5) 类似项目提供的启示。

4.4.1　建筑工程项目成本计划的类型

1. 竞争性成本计划

竞争性成本计划是施工项目投标及签订合同阶段的估算成本计划。这类成本计划以招标文件中的合同条件、投标者须知、技术规范、设计图纸和工程量清单为依据，以有关价格条件说明为基础，结合调研、现场踏勘、答疑等情况，根据施工企业自身的工料消耗标准、水平、价格资料和费用指标等，对本企业完成投标工作所需要支出的全部费用进行估算。

2. 指导性成本计划

指导性成本计划是选派项目经理阶段的预算成本计划，是项目经理的责任成本目标。这是组织在总结项目投标过程、部署项目实施时，以合同价为依据，按照企业的预算定额标准制订的设计预算成本计划，且一般情况下确定责任总成本目标。

3. 实施性成本计划

实施性成本计划是项目施工准备阶段的施工预算成本计划，它是以项目实施方案为依据，以落实项目经理责任目标为出发点，采用企业的施工定额通过施工预算的编制而形成的实施性施工成本计划。

4.4.2　建筑工程项目成本计划的内容

施工项目成本计划应在开工前编制完成，以便将计划成本目标分解落实，为各项成本的执行提高明确的目标、控制手段和管理措施。

1. 编制说明

编制说明是对工程的范围，投标竞争过程及合同条件，承包人对项目经理提出的责任成本目标，施工成本计划编制的指导思想和依据等的具体说明。

2. 施工成本计划的指标

施工成本计划的指标应经过科学的分析预测确定，可以采用对比法、因素分析法等方法。施工成本计划一般情况下包括三类指标：成本计划的数量指标、成本计划的质量指标、成本计划的效益指标。

3. 按工程量清单列出的单位工程计划成本汇总表

按工程量清单列出的单位工程计划成本汇总表，如表 4.3 所示。

表 4.3　单位工程计划成本汇总表

序　号	清单项目编码	清单项目名称	合同价格	计划成本
1				
2				
...				

4. 按成本性质划分的单位工程成本汇总表

根据清单项目的造价分析，分别对人工费、材料费、机具费和企业管理费进行汇总，形成单位工程成本计划表。

4.4.3　建筑工程项目成本计划的编制依据

编制施工成本计划，需要广泛收集相关资料并进行整理，以作为施工成本计划编制的依据。施工成本计划的编制依据包括以下内容。

(1) 投标报价文件。

(2) 企业定额、施工预算。

(3) 项目实施规划或施工组织设计、施工方案。

(4) 市场价格信息，如：人工、材料、机械台班的市场价；企业颁布的材料指导价、企业内部机械台班价格、劳动力内部挂牌价格。

(5) 周转设备内部租赁价格、摊销损耗标准。

(6) 合同文件，包括已签订的工程合同、分包合同、结构件外加工合同，合同报价书等。

(7) 类似项目的成本资料，如以往同类项目成本计划的实际执行情况及有关技术经济指标完成情况的分析资料。

(8) 施工成本预测、决策的资料。

(9) 项目经理部与企业签订的承包合同及企业下达的成本降低额、降低率和其他有关技术经济指标。

(10) 拟采取的降低施工成本的措施。

4.4.4　建筑工程项目成本计划的编制步骤

(1) 项目经理部按项目经理的成本承包目标确定建筑工程施工项目的成本管理目标和降低成本管理目标，后两者之和应低于前者。

(2) 按分部分项工程对施工项目的成本管理目标和降低成本目标进行分解，确定各分部分项工程的目标成本。

（3）按分部分项工程的目标成本实行建筑工程施工项目内部成本承包，确定各承包队的成本承包责任。

（4）由项目经理部组织各承包班组确定降低成本技术组织措施，并计算其降低成本效果，编制降低成本计划，与项目经理降低成本目标进行对比，经过反复对降低成本措施进行修改而最终确定降低成本计划。

（5）编制降低成本技术组织措施计划表，以及降低成本计划表和施工项目成本计划表。

4.4.5　建筑工程项目成本计划的编制方法

施工成本计划的编制以成本预测为基础，关键是确定目标成本。计划的制订，需结合施工组织设计的编制过程，通过不断地优化施工技术方案和合理配置生产要素，进行工、料、机消耗的分析，制定一系列节约成本的措施，确定施工成本计划。一般情况下，施工成本计划总额应控制在目标成本的范围内，并建立在切实可行的基础上。

施工总成本目标确定之后，还需通过编制详细的实施性施工成本计划把目标成本层层分解，落实到施工过程的每个环节，有效地进行成本控制。施工成本计划的编制方式有以下几种。

1. 按项目成本组成编制项目成本计划

施工成本可以按成本构成分解为人工费、材料费、施工机具使用费、企业管理费和利润等，如图 4.6 所示。

图 4.6　按施工项目成本组成分解的施工成本计划

2. 按施工项目组成编制施工成本计划

大中型工程项目通常是由若干单项工程构成的，而每个单项工程包括了多个单位工程，每个单位工程又是由若干个分部分项工程所构成。因此，首先要把项目总施工成本分解到单项工程和单位工程中，再进一步分解到分部工程和分项工程中，如图 4.7 所示。

在完成施工项目成本目标分解之后，接下来就要具体地分配成本，编制分项工程的成本支出计划，从而得到详细的分项工程成本计划表，见表 4.4。

在编制成本计划时，要在项目方面考虑总的预备费，也要在主要的分项工程中安排适当的不可预见费，避免在具体编制成本计划时，可能发现个别单位工程或工程量表中某项内容的工程量计算有较大出入，使原来的成本预算失实，并在项目实施过程中对其尽可能地采取一些措施。

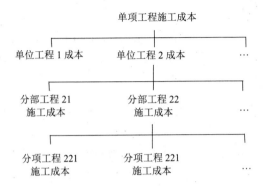

图 4.7　按项目组成分解的施工成本计划

表 4.4　分项工程成本计划表

分项工程编码	工程内容	计量单位	工程数量	计划成本	本分项总计

3. 按工程进度编制施工成本计划

编制按时间进度的费用计划，通常可利用控制项目进度的网络图进一步扩充而得。利用网络图控制投资，即要求在拟订工程项目的执行计划时，一方面确定完成各项工作所需花费的时间；另一方面同时确定完成这一工作的合适的成本支出计划。在实践中，将工程项目分解为既能方便地表示时间，又能方便地表示施工成本支出计划的工作是不容易的，通常如果项目分解程度对时间控制合适的话，则对施工成本支出计划可能分解过细，以至于不可能对每项工作确定其施工成本支出计划；反之亦然。

通过对项目成本目标按时间进行分解，在网络计划基础上，可获得项目进度计划的横道图，并在此基础上编制费用计划。其表示方式有两种：一种是在总体控制时标网络图上表示；另一种是利用时间—成本累计曲线(S 形曲线)表示。下面主要介绍时间—成本累计曲线。

(1) 时间—成本累计曲线(S 形曲线)。从整个工程项目进展全过程的特征看，一般在开始和结尾时，单位时间投入的资源、成本较少，中间阶段单位时间投入的资源量较多，与其相关单位时间投入的成本或完成任务量也呈同样变化，因而随时间进展的累计成本呈 S 形曲线。一般来说，它是按工程任务的最早开始时间绘制，称 ES 曲线；也可以按各项工作的最迟开始时间安排进度，而绘制的 S 形曲线，称为 LS 曲线。两条曲线都是从计划开始时刻开始，完成时刻结束，因此两条曲线是闭合的，形成一个形如"香蕉"的曲线，故将此称为"香蕉"曲线，如图 4.8 所示。在项目实施中任一时刻按进度—累计成本描述出的点所连成的曲线，称为实际成本进度曲线，其理想状况是落在"香蕉"形曲线的区域内。项目经理可根据编制的成本支出计划来合理安排资金，同时项目经理也可以根据筹措的资金来调整 S 形曲线，即通过调整非关键路线上的工序项目的最早或最迟开工时间，力争将实际的成本支出控制在计划的范围内。

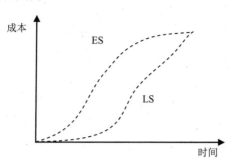

图 4.8 成本计划值的"香蕉"图

(2) 时间—成本累计曲线的绘制。时间—成本累计曲线的绘制步骤如下。

① 确定施工项目进度计划，编制项目进度计划横道图。

② 根据每单位时间内完成的实物工程量或投入的人力、物力和财力，计算单位时间的成本，如表 4.5 所示，在时标网络图上按时间编制成本支出计划，如图 4.9 所示。

表 4.5 某项目按月编制的资金使用计划表

时间/月	1	2	3	4	5	6	7	8	9	10	11	12
成本/万元	100	150	320	500	600	800	850	700	630	450	300	100

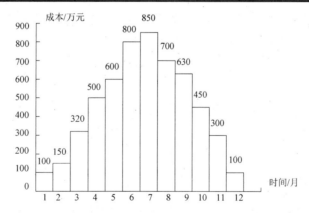

图 4.9 时标网络图上按月编制的成本计划

③ 计算规定时间 t 计算累计支出的成本额。其计算方法为：将各单位时间计划完成的成本额累加求和，按下式计算：

$$Q_t = \sum_{n=1}^{t} q_n \tag{4.18}$$

式中：Q_t——某时间 t 内计划累计支出成本额；

　　　q_n——单位时间 n 的计划支出成本额；

　　　t——某规定计划时刻。

④ 按各规定时间 Q_t 值，绘制 S 形曲线，如图 4.10 所示。

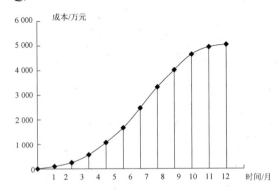

图 4.10 时间—成本累积曲线(S 形曲线)

一般而言，所有工作都按最迟开始时间开始，对节约资金贷款利息是有利的。但同时也降低了项目按期竣工的保证率，因此项目经理必须合理地确定成本支出计划，达到既节约成本支出，又能控制项目工期的目的。以上三种编制施工成本计划的方式并不是相互独立的。在实践中，往往是将这几种方式结合起来使用，从而可以取得扬长避短的效果。

4.5 建筑工程项目成本控制

建筑工程项目成本控制是在项目成本的形成过程中，对生产经营所消耗的人力资源、物资资源和费用开支进行指导、监督、检查和调整，及时纠正将要发生和已经发生的偏差，把各项生产费用控制在计划成本的范围之内，以保证成本目标的实现。

4.5.1 建筑工程项目成本控制的依据

建筑工程项目成本控制的依据包括以下内容。

1. 工程承包合同

施工成本控制要以工程承包合同为依据，围绕降低工程成本这个目标，从预算收入和实际成本两方面，研究节约成本、增加收益的有效途径，以求获得最大的经济效益。

2. 施工成本计划

施工成本计划是根据施工项目的具体情况制定的施工成本控制方案，既包括预定的具体成本控制目标，又包括实现控制目标的措施和规划，是施工成本控制的指导文件。

3. 进度报告

进度报告提供了对应时间节点的工程实际完成量，工程施工成本实际支付情况等重要信息。施工成本控制工作正是通过实际情况与施工成本计划相比较，找出二者之间的差别，分析偏差产生的原因，从而采取措施改进以后的工作。此外，进度报告还有助于管理者及时发现工程实施中存在的隐患，并在可能造成重大损失之前采取有效措施，尽量避免损失。

4. 工程变更

在项目的实施过程中，由于各方面的原因，工程变更是很难避免的。工程变更一般包括设计变更、进度计划变更、施工条件变更、技术规范与标准变更、施工次序变更、工程量变更等。一旦出现变更，工程量、工期、成本都有可能发生变化，从而使施工成本控制工作变得更加复杂和困难。因此，施工成本管理人员应当通过对变更要求中各类数据的计算、分析，及时掌握变更情况，包括已发生工程量、将要发生工程量、工期是否拖延、支付情况等重要信息，判断变更以及变更可能带来的索赔额度等。

除了上述几种施工成本控制工作的主要依据以外，施工组织设计、分包合同等有关文件资料也都是施工成本控制的依据。

4.5.2　建筑工程项目成本控制的步骤

成本控制的步骤就是把计划成本作为项目成本控制目标值，定期将工程项目实施过程中的实际支出额与过程项目成本控制目标进行比较，通过比较发现并找出偏差值，分析产生偏差的原因，在此基础上对将来的成本进行预测，并采取适当的纠偏措施，以确保施工成本控制目标的实现，如图 4.11 所示。

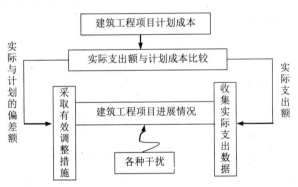

图 4.11　成本控制动态循环图

建筑工程项目成本控制步骤如下。

1. 比较

按照某种确定的方式将施工成本计划值与实际值逐项进行比较，以确定实际成本是否超过计划成本。

2. 分析

在比较的基础上，对比较的结果进行分析，以确定偏差的严重性及偏差产生的原因。这一步是施工成本控制工作的核心，其主要目的在于找出产生偏差的原因，从而采取有针对性的措施。减少或避免相同原因的再次发生或减少由此造成的损失。

3. 预测

按照项目实施情况估算完成整个项目所需要的总成本，为资金准备和投资者决策提供理论基础。

4. 纠偏

当工程项目的实际施工成本出现了偏差，应当根据工程的具体情况、偏差分析和预测的结果，采取适当的措施，以期达到使施工成本偏差尽可能小的目的。纠偏是施工成本控制中最具实质性的一步。

纠偏首先要确定纠偏的主要对象，偏差原因有些是无法避免和控制的，如客观原因，充其量只能对其中少数原因做到防患于未然，力求减少该原因所产生的经济损失。在确定了纠偏的主要对象之后，就需要采取有针对性的纠偏措施。纠偏可采用组织措施、经济措施、技术措施和合同措施等。

5. 检查

它是指对工程的进展进行跟踪和检查，及时了解工程进展状况以及纠偏措施的执行情况和效果，为今后的工作积累经验。

4.5.3　建筑工程项目成本控制的方法

1. 施工成本的过程控制方法

施工阶段是成本发生的主要阶段，该阶段的成本控制主要是通过确定成本目标并按计划成本组织施工，合理配置资源，对施工现场发生的各项成本费用进行有效的控制，其具体的控制方法如下。

1) 人工费的控制

人工费的控制实行"量价分离"的方法，将作业用工及零星用工按定额劳动量(工日)的一定比例综合确定用工数量与单价，通过劳务合同管理进行控制。

2) 材料费的控制

材料费的控制同样按照"量价分离"原则，控制材料价格和材料用量。

(1) 材料价格的控制。施工项目的材料物资，包括构成工程实体的主要材料和结构件，以及有助于工程实体形成的周转使用材料和低值易耗品。从价值角度看，材料物资的价值约占建筑安装工程造价的 60%甚至 70%以上。因此，对材料价格的控制非常重要。

材料价格主要由材料采购部门控制。由于材料价格是由买价、运杂费、运输中的合理损耗等所组成，因此控制材料价格，主要是通过掌握市场信息，应用招标和询价等方式控制材料、设备的采购价格。

对于买价的控制，应事先对供应商进行考察，建立合格供应商名册。采购材料时，在合格供应商名册中选定供应商，在保证质量的前提下，争取最低价；对运费的控制，应就近购买材料、选用最经济的运输方式，要求供应商在指定的地点按规定的包装条件交货；对于损耗的控制，为防止将损耗或短缺计入项目成本，要求项目现场材料验收人员及时要个办理验收手续，准确计量材料数量。

(2) 材料用量的控制。在保证符合设计要求和质量标准的前提下，合理使用材料，通过定额控制、指标控制、计量控制、包干控制等手段有效控制物资材料的消耗，具体方法如下。

① 定额控制。对于有消耗定额的材料，以消耗定额为依据，实行限额领料制度。在规定限额内分期分批领用，超过限额领用的材料，应先查明原因，经过一定审批手续方可领料。

② 指标控制。对于没有消耗定额的材料，则实行计划管理和指标控制的方法。根据以往项目的实际耗用情况，结合具体施工项目的内容和要求，确定领用材料指标，以控制发料。超过指标的材料，必须经过一定的审批手续方可领用。

③ 计量控制。为准确核算项目实际材料成本，保证材料消耗准确，在发料过程中，要严格计量，并建立材料账，做好材料收发和投料的计量检查。

④ 包干控制。在材料使用过程中，对部分小型及零星材料(如钢钉、钢丝等)根据工程量计算出所需材料量，将其折算成费用，由作业者包干使用。

3) 施工机械使用费的控制

合理选择和使用施工机械设备对成本控制具有十分重要的意义，尤其是高层建筑施工。据某些工程实例统计，高层建筑地面以上部分的总费用中，垂直运输机械费用占 6%～10%。由于不同的起重运输机械各有不同的特点，因此在选择起重运输机械时，首先应根据工程特点和施工条件确定采取的起重运输机械的组合方式。

施工机械使用费主要由台班数量和台班单价两方面决定，因此为有效控制施工机械使用费支出，应主要从以下几个方面进行控制。

(1) 合理安排施工生产，加强设备租赁计划管理，减少因安排不当引起的设备闲置。

(2) 加强机械设备的调度工作，尽量避免窝工，提高现场设备利用率。

(3) 加强现场设备的维修保养，避免因不正当使用造成机械设备的停置。

(4) 做好机上人员与辅助生产人员的协调与配合，提高施工机械台班产量。

4) 施工分包费用的控制

分包工程价格的高低，必然对项目经理部的施工项目成本产生一定的影响。因此，施工项目成本控制的重要工作之一是对分包价格的控制。决定分包范围的因素主要是施工项目的专业性和项目规模。对分包费用的控制，主要是要做好分包工程的询价、订立互利平等的分包合同、建立稳定的分包关系网络、加强施工验收和分包结算等工作。

2. 挣得值法

挣得值法 EVM(Earned Value Management)，作为一项先进的项目管理技术，是 20 世纪 70 年代美国开发研究的，首先在国防工业中应用并获得成功。截至目前，国际上先进的工程公司已普遍采用挣得值法进行工程项目的费用、进度综合分析控制。用挣得值法进行费用、进度综合分析控制，基本参数有三项，即已完工作预算费用、计划工作预算费用和已完工作实际费用。

1) 挣得值法的三个基本参数

(1) 已完工作预算费用 BCWP(Budgeted Cost for Work Performed)，是指在某一时间已经完成的工作(或部分工作)，以批准认可的预算为标准所需要的资金总额，由于发包人正是根据这个值为承包人完成的工作量支付相应的费用，也就是承包人获得(挣得)的金额，故称为挣得值或赢得值。

$$已完工作预算费用(BCWP)=已完成工作量×预算单价$$

(2) 计划工作预算费用 BCWS(Budgeted Cost for Work Scheduled)，即根据进度计划，在某一时刻应当完成的工作(或部分工作)，以预算为标准所需要的资金总额。一般来说，除非合同有变更，BCWS 在工程实施过程中应保持不变。

$$计划工作预算费用(BCWS)=计划工作量×预算单价$$

(3) 已完工作实际费用 ACWP(Actual Cost for Work Performed)，即到某一时刻为止，已完成的工作(或部分工作)所实际花费的总金额。

$$已完工作实际费用(ACWP)=已完成工作量×实际单价$$

2) 挣得值法的四个评价指标

在这三个基本参数的基础上，可以确定挣得值法的四个评价指标，它们都是时间的函数。

(1) 费用偏差 CV(Cost Variance)，是指检查期间已完工作预算费用与已完工作实际费用之间的差异，计算公式为：

$$费用偏差(CV)=已完工作预算费用(BCWP)-已完工作实际费用(ACWP)$$

当费用偏差(CV)<0 时，表示项目运行超出预算费用，执行效果不佳；当费用偏差(CV)>0 时，表示实际消耗费用低于预算费用，项目运行有结余或效率高。

(2) 进度偏差 SV(Schedule Variance)，是指检查期间已完工作预算费用与计划工作预算费用的差异，计算公式为：

$$进度偏差(SV)=已完工作预算费用(BCWP)-计划工作预算费用(BCWS)$$

当进度偏差(SV)<0 时，表示进度延误，即实际进度落后于计划进度；当进度偏差(SV)>0 时，表示进度提前，即实际进度快于计划进度。

(3) 费用绩效指数 CPI(Cost Performed Index)，是指已完工作费用实际值对预算值的偏离程度，是挣得值与实际费用值之比，计算公式为

　　　　费用绩效指数(CPI)=已完工作预算费用(BCWP)/已完工作实际费用(ACWP)

当费用绩效指数(CPI)<1 时，表示超支，即实际费用高于预算费用；当费用绩效指数(CPI)>1 时，表示节支，即实际费用低于预算费用。

(4) 进度绩效指数 SPI(Schedule Performed Index)，将偏差程度与进度结合起来，SPI是指项目挣得值与计划值之比，计算公式为：

　　　　进度绩效指数(SPI)=已完工作预算费用(BCWP)/计划工作预算费用(BCWS)

当进度绩效指数(SPI)<1 时，表示进度延误，即实际进度比计划进度慢；当进度绩效指数(SPI)>1 时，表示进度提前，即实际进度比计划进度快。

费用偏差和进度偏差反映的是绝对偏差，结果很直观，有助于成本管理人员了解项目费用出现偏差的绝对数额，并依此采取一定措施，制订或调整费用支出计划和资金筹措计划。但是，绝对偏差有其不容忽视的局限性。如同样是 10 万元的费用偏差，对于总费用 1000万元的项目和总费用 1 亿元的项目而言，其严重性显然是不同的。因此，费用(进度)偏差仅适合于对同一项目作偏差分析。

费用绩效指数和进度绩效指数反映的是相对偏差，它不受项目层次的限制，也不受项目实施时间的限制，因而在同一项目和不同项目比较中均可采用。在项目的费用、进度综合控制中引入挣得值法，可以克服过去进度、费用分开控制的缺点，即当发现费用超支时，很难立即知道是由于费用超出预算，还是由于进度提前。相反，当发现费用低于预算时，也很难立即知道是由于费用节省，还是由于进度拖延。而引入挣得值法即可定量地判断进度、费用的执行效果。

利用挣得值法进行分析，当费用发生偏差时，可以采用相应对策，进行费用控制，如表 4.6 所示。

表 4.6　挣得值法参数分析与对应措施表

序　号	图　形	参数间关系	分　析	措　施
1	ACWP BCWS BCWP	ACWP>BCWS>BCWP SV<0；CV<0	进度较慢 投入延后 效率较低	用工作效率高的人员更换效率低的人员
2	BCWP BCWS ACWP	BCWP>BCWS>ACWP SV>0；CV>0	进度较快 投入超前 效率高	若偏离不大，维持现状

续表

序 号	图 形	参数间关系	分 析	措 施
3		BCWP>ACWP>BCWS SV>0；CV>0	进度快 投入超前 效率较高	抽出部分人员和资金，放慢进度
4		ACWP>BCWP>BCWS SV>0；CV<0	进度较快 投入超前 效率较低	抽出部分人员，增加少量骨干人员
5		BCWS>ACWP>BCWP SV<0；CV<0	进度慢 投入延后 效率较低	增加高效人员和资金的投入
6		BCWS>BCWP>ACWP SV<0；CV>0	进度较慢 投入延后 效率较高	迅速增加人员和投入

【案例4.3】

背景材料：

某施工单位承接了一项住宅建造工程，合同总价1500万元，总工期6个月。前5个月各月完成费用情况如表4.7所示。

表4.7　检查记录表

月 份	计划完成工作预算费用 BCWS/万元	已经完成工作量/%	实际发生费用 ACWP/万元	已完工作预算费用 BCWP/万元
1	180	95	185	
2	220	100	205	
3	240	110	250	
4	300	105	310	
5	280	100	275	

问题:

(1) 计算各月的已完工作预算费用 BCWP 及 5 个月的 BCWP。

(2) 计算各个月累计的计划完成预算费用 BCWS、实际完成预算费用 ACWP。

(3) 计算 5 个月的费用偏差 CV,进度偏差 SV,并分析成本和进度状况。

(4) 计算 5 个月的费用绩效指数 CPI,进度绩效指数 SPI,并分析成本和进度状况。

案例分析:

(1) 各月的 BCWP 计算结果见表 4.8,5 个月的已完工作预算费用 BCWP 合计为 1250 万元。

表 4.8　计算结果

月　份	计划完成工作预算费用 BCWS/万元	已经完成工作量/%	实际发生费用 ACWP/万元	已完工作预算费用 BCWP/万元
1	180	95	185	171
2	220	100	205	220
3	240	110	250	264
4	300	105	310	315
5	280	100	275	280
合计	1220		1225	1250

(2) 从表 4.8 中可见,5 个月的累计的计划完成预算费用 BCWS 为 1220 万元,实际完成预算费用 ACWP 为 1225 万元。

(3) 5 个月的费用偏差 CV:

CV=BCWP−ACWP=1250−1225=25(万元),由于 CV 为正,说明费用节约。

5 个月的进度偏差 SV:

SV=BCWP−BCWS=1250−1220=30(万元),由于 SV 为正,说明进度提前。

(4) 费用绩效指数 CPI=BCWP/ACWP=1250/1225=1.0204,由于 CPI>1,说明费用节约。

进度绩效指数 SPI=BCWP/BCWS=1250/1220=1.0246,由于 SPI>1,说明进度提前。

3. 偏差分析的表达方法

对于工程项目费用偏差分析可以采用不同的表达方法,常用的有横道图法、表格法和曲线法。

1) 横道图法

用横道图法进行费用偏差分析,是用不同的横道标识已完工作预算费用(BCWP)、计划工作预算费用(BCWS)和已完工作实际费用(ACWP),横道的长度与其金额成正比例。如表 4.9 所示。

表 4.9　费用偏差横道图分析表

项目编码	项目名称	费用参数数额 /万元	费用偏差 CV /万元	进度偏差 SV /万元	偏差原因
031	模板工程	500 / 350 / 540	−40	150	
032	混凝土工程	1200 / 1100 / 1000	200	100	
033	砌筑工程	900 / 700 / 600	300	200	
	合计	2600 / 2150 / 2140	460	450	

图例:

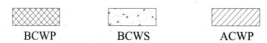

　　BCWP　　　　　BCWS　　　　　ACWP

　　横道图法具有形象、直观、一目了然等优点,它能够准确地表达出费用的绝对偏差,而且使管理者能直观地感受到偏差的严重性,便于了解项目投资的概貌。但这种方法反映的信息量少,主要反映累计偏差和局部偏差,应用有一定局限性。一般在项目的较高管理层应用。

　　2)　表格法

　　表格法是进行偏差分析最常用的一种方法。它将项目编号、名称、各费用参数以及费用偏差数综合归纳入一张表格中,并且直接在表格中进行比较。由于各偏差参数都在表中列出,使得费用管理者能够综合地了解并处理这些数据。用表格法进行偏差分析具有如下优点。

　　用表格法进行成本分析,具有灵活、适用性强的特点。可根据实际需要设计表格,进行增减项。信息量大。可以反映偏差分析所需的资料,从而有利于成本控制人员及时采取针对性措施,加强控制。表格处理可借助于计算机,从而节约大量数据处理所需的人力,并大大提高速度。

　　【案例 4.4】

　　背景材料:

　　某工程项目有 2000m^2 缸砖面层地面施工任务,交由某分包商承包,计划于 6 个月内完工，计划的工作项目单价和计划完成的工作量如表 4.10 所示，该工程进行了 3 个月后，发现工作项目实际已完成的工作量及实际单价与原计划有偏差。

表 4.10　工作量表

工作项目名称	平整场地	室内夯填土	垫 层	缸砖面砂浆结合	踢 脚
单 位	$100m^2$	$100\ m^2$	$10\ m^2$	$100\ m^2$	$100\ m^2$
计划工作量(3 个月)	150	20	60	100	13.55
计划单价(元/单位)	16	46	450	1520	1620
已完成工作量(3 个月)	150	18	48	70	9.5
实际单价(元/单位)	16	46	450	1800	1650

问题：

试用表格法计算并列出至第 3 个月末时各工作的计划工作预算费用(BCWS)、已完工作预算费用(BCWP)、已完工作实际费用(ACWP)，并分析费用局部偏差值、费用绩效指数 CPI、进度局部偏差值、进度绩效指数 SPI。

案例分析：

表格法分析费用偏差，见表 4.11。

表 4.11　费用偏差分析表

(1)项目编码		1	2	3	4	5
(2)工作项目名称	计算方法	平整场地	室内夯填土	垫层	缸砖面砂浆结合	踢脚
(3)单位		$100m^2$	$100m^2$	$10m^2$	$100m^2$	$100m^2$
(4)计划工作量(3 个月)	(4)	150	20	60	100	13.55
(5)计划单价(元/单位)	(5)	16	46	450	1520	1620
(6)计划工作预算费用(BCWS)	(6)=(4)×(5)	2400	920	27000	152 000	21 951
(7)已完成工作量(3 个月)	(7)	150	18	48	70	9.5
(8)已完工作预算费用(BCWP)	(8)=(7)×(5)	2400	828	21 600	106 400	15 390
(9)实际单价(元/单位)	(9)	16	46	450	1800	1650
(10)已完工作实际费用(ACWP)	(10)=(7)×(9)	2400	828	21 600	126 000	15675
(11)费用局部偏差	(11)=(8)-(10)	0	0	0	-19 600	-285
(12)费用绩效指数(CPI)	(12)=(8)/(10)	1	1	1	0.844 444	0.981 818
(13)进度局部偏差	(13)=(8)-(6)	0	-92	-5400	-456 00	-6561
(14)进度绩效指数(SPI)	(14)=(8)/(6)	1	0.9	0.8	0.7	0.701 107

3) 曲线法

曲线法横坐标是项目实施的日历时间，纵坐标是项目实施过程中消耗的资源。通常三个参数可以形成三条曲线，即计划工作预算费用(BCWS)、已完工作预算费用(BCWP)、已完工作实际费用(ACWP)曲线，如图4.12所示。

已完工作预算费用与已完工作实际费用两项参数之差(CV = BCWP-ACWP)，反映项目进展的费用偏差。

已完工作预算费用与计划工作预算费用两项参数之差(SV = BCWP-BCWS)，反映项目进展的进度偏差。

采用挣得值法进行费用、进度综合控制，还可以根据当前的进度、费用偏差情况，通过原因分析，对趋势进行预测，预测项目结束时的进度、费用情况。

项目完工预算 BAC(Budget At Completion)，是指编制计划时预计的项目完工费用。

预测的项目完工估算 EAC(Estimate At Completion)，指计划执行过程中根据当前的进度、费用偏差情况预测的项目完工总费用。

预计费用偏差 ACV(At Completion Variance)，ACV=BAC-EAC，是指根据当前进度和费用偏差情况预测项目完工时的费用偏差。

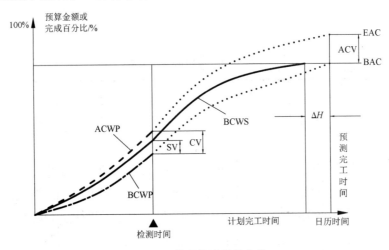

图4.12　挣得值法评价曲线

4.6　建筑工程项目成本核算、分析与考核

4.6.1　建筑工程项目成本核算

成本核算是对工程项目施工过程中所直接发生的各种费用进行的项目施工成本核算。通过核算确定成本盈亏情况，为及时改善成本管理提供基础依据。

1. 建筑工程项目成本核算的对象

建筑工程项目成本核算对象，是指在计算工程成本中，确定归集和分配生产费用的具体对象，即生产费用承担的客体。具体的成本核算对象主要应根据企业生产的特点加以确定，同时还应考虑成本管理上的要求。

施工项目不等于成本核算对象。一个施工项目可以包括几个单位工程，需要分别核算。单位工程是编制工程预算、制订施工项目工程成本计划和与建设单位结算工程价款的计算单位。一般有以下几种划分方法。

(1) 一个单位工程由几个施工单位共同施工时，各施工单位都应以同一单位工程为成本核算对象，各自核算自行完成的部分。

(2) 规模大、工期长的单位工程，可以将工程划分为若干部位，以分部位的工程作为成本核算对象。

(3) 同一建设项目、由同一施工单位施工，并在同一施工地点、属同一结构类型、开竣工时间相近的若干单位工程，可以合并作为一个成本核算对象。

(4) 改建、扩建的零星工程，可以将开竣工时间相接近、属于同一建设项目的各个单位工程合并作为一个成本核算对象。

(5) 土石方工程、打桩工程，可以根据实际情况和管理需要，以一个单项工程为成本核算对象，或将同一施工地点的若干个工程量较少的单项工程合并作为一个成本核算对象。

2. 施工项目成本核算的基本要求

1) 划清成本、费用支出和非成本支出、费用支出界限

划清不同性质的支出是正确计算施工项目成本的前提条件。即需划清资本性支出和收益性支出与其他支出，营业支出与营业外支出的界限。

2) 正确划分各种成本、费用的界限

(1) 划清施工项目工程成本和期间费用的界限。

(2) 划清本期工程成本与下期工程成本的界限。

(3) 划清不同成本核算对象之间的成本界限。

(4) 划清未完工程成本与已完工程成本的界限。

3) 加强成本核算的基础工作

(1) 建立各种财产物资的收发、领退、转移、报废、清查、盘点、索赔制度。

(2) 建立、健全与成本核算有关的各项原始记录和工程量统计制度。

(3) 制订或修订工时、材料、费用等各项内部消耗定额以及材料、结构件、作业、劳务的内部结算指导价。

(4) 完善各种计量检测设施，严格计量检验制度，使项目成本核算具有可靠的基础。

(5) 项目成本计量检测必须有账有据。成本核算中的数据必须真实可靠，一定要审核无误。并设置必要的生产费用账册，增设成本辅助台账。

3. 施工项目成本核算的原则

(1) 确认原则。即对各项经济业务中发生的成本，都必须按一定的标准和范围加以认定和记录。在成本核算中，常常要进行再确认，甚至是多次确认。

(2) 分期核算原则。企业为了取得一定时期的施工项目成本，须将施工生产活动划分为若干时期，并分期计算各项项目成本。成本核算的分期应与会计核算的分期相一致。

(3) 相关性原则。在具体成本核算方法、程序和标准的选择上，在成本核算对象和范围的确定上，成本核算应与施工生产经营特点和成本管理要求特性相结合，并与企业一定时期的成本管理水平相适应。

(4) 一贯性原则。企业成本核算所采用的方法应前后一致。只有这样，才能使企业各项成本核算资料口径统一，前后连贯，相互可比。

(5) 实际成本核算原则。企业核算要采用实际成本计价。即必须根据计算期内实际产量以及实际消耗和实际价格计算实际成本。

(6) 及时性原则。企业成本的核算、结转和成本信息的提供应当在要求时期内完成。

(7) 配比原则。营业收入与其相对应的成本、费用应当相互配合。

(8) 权责发生制原则。凡是当期已经实现的收入和已经发生或应当负担的费用，不论款项是否收付，都应作为当期的收入或费用处理；凡是不属于当期的收入和费用，即使款项已经在当期收付，都不应作为当期的收入和费用。

(9) 谨慎原则。在市场经济条件下，在成本、会计核算中应当对企业可能发生的损失和费用，做出合理预计，以增强抵御风险的能力。

(10) 区分收益性支出与资本性支出原则。成本、会计核算应当严格区分收益性支出与资本性支出界限，以正确地计算当期损益。收益性支出是指该项支出的发生是为了取得本期收益，即仅仅与本期收益的取得有关。资本性支出是指不仅为取得本期收益而发生的支出，同时该项支出的发生有助于以后会计期间的支出。

(11) 重要性原则。对于成本有重大影响的业务内容，应作为核算的重点，力求精确，而对于那些不太重要的琐碎的经济业务内容，可以相对从简处理，不要事无巨细，均作详细核算。

(12) 清晰性原则。项目成本记录必须直观、清晰、简明、可控、便于理解和利用。

4. 施工项目成本核算的方法

1) 建立以项目为成本中心的核算体系

企业内部通过机制转换，形成和建立了内部劳务(含服务)市场、机械设备租赁市场、材料市场、技术市场和资金市场。项目经理部与这些内部市场主体发生的是租赁买卖关系，一切都以经济合同结算关系为基础。它们以外部市场通行的市场规则和企业内部相应的调控手段相结合的原则运行。

2)　实际成本数据的归集

项目经理部必须建立完整的成本核算财务体系，应用会计核算的方法，在配套的专业核算辅助下，对项目成本费用的收、支、结、转进行登记、计算和反映，归集实际成本数据。项目成本核算的财务体系，主要包括会计科目、会计报表和必要的核算台账。

(1)　会计科目主要过程施工、材料采购、主要材料、结构构件、材料成本差异、预提费用、待摊费用、专项工程支出、应付购货款、管理费、内部往来、其他往来、发包单位工程款往来等。

(2)　会计报表主要包括工程成本表、竣工工程成本表等。

(3)　项目成本核算台账见表 4.12。

表 4.12　项目经理部成本核算台账

序号	台账名称	责任人	原始资料来源	设置要求
1	人工费台账	预算员	劳务合同结算单	分部分项工程的工日数，实物量金额
2	机械使用费台账	核算员	机械租赁结算单	各机械使用台班金额
3	主要材料收发存台账	材料员	入库单、限额领料单	反映月度分部分项收、发、存数量金额
4	周转材料使用台账	材料员	周转材料租赁结算单	反映月度租用数量、动态
5	设备料台账	材料员	设备租赁结算单	反映月度租用数量、动态
6	钢筋、钢结构构件门窗、预埋件台账	翻样技术员	入库单进场数领用单	反映进场、耗用、余料、数量和金额动态
7	商品混凝土专用台账	材料员	商品混凝土结算单	反映月度收发存的数量和金额
8	其他直接台账	核算员	与各子目相应的单据	反映月度耗费的金额
9	施工管理费台账	核算员	与各子目相应的单据	反映月度耗费的金额
10	预算增减费台账	预算员	技术核定单、返工记录、施工图预算定额、实际损耗资料、调整账单、签证单	施工图预算增减账内容、金额、预算增减账与技术核定单内容一致，同步进行
11	索赔记录台账	成本员	向有关单位收取的索赔单据	反映及时、便于收取
12	资金台账	成本员预算员	工作量、预算增减单、工程款账单、收款凭证、支付凭证	反映工程价款收支余及拖欠款情况
13	资料文件收发台账	资料员	工程合同，与各部门来往的各类文件、纪要、信函、图纸、通知等资料	内容、日期、处理人意见，收发人签字等，反映全面
14	形象进度台账	统计员	工程实际进展情况	按各分部分项工程据说记录
15	产值结构台账	统计员	施工预算、工程形象进度	按三同步要求，正确反映每月的施工值

续表

序号	台账名称	责任人	原始资料来源	设置要求
16	预算成本构成台账	预算员	施工预算、施工图预算	按分部分项单列各项成本种类，金额占总成本的比重
17	质量成本科目台账	技术员	用于项目的损耗实物量费用原始单据	便于结算费用
18	成本台账	成本员	汇集计量有关成本费用资料	反映三同步
19	甲方供料台账	核算员 材料员	建设单位(总承包单位)提供的各种材料构件验收、领用单据(包括三料交料情况)	反映供料实际数量、规格、损坏情况

3) "三算"跟踪分析

"三算"跟踪分析是对分部分项工程的实际成本与预算成本即合同预算(或施工图预算)成本进行逐项分别比较，反映成本目标的执行结果，即事后实际成本与事前计划成本的差异。

为了及时、准确、有效地进行"三算"跟踪分析，应按分部分项内容和成本要素划分"三算"跟踪分析，应按分部分项内容和成本要素划分"三算"跟踪分析项目，具体操作可先按成本要素分别编制，然后再汇总分部分项综合成本。

项目成本偏差有实际偏差、计划偏差和目标偏差，分别按下式计算：

实际偏差=实际成本-合同预算成本

计划偏差=合同预算成本-施工预算成本

目标偏差=实际成本-施工预算成本

一般来说，项目的实际成本总是以施工预算成本为均值轴线上下波动。通常，实际成本总是低于合同预算成本，偶尔也可能高于合同预算成本。

在进行合同预算成本、施工预算成本、实际成本三者比较时，合同预算成本和施工预算成本是静态的计划成本；实际成本则是来源于后期的施工过程，它的信息载体是各种日报、材料消耗台账等。通过这些报表，就能够收集到实际工、料等的准确数据，然后将这些数据与施工预算成本、合同预算成本逐项地进行比较。一般每月度比较一次，并严格遵循"三同步"原则。

4.6.2 建筑工程项目成本分析

成本分析的主要目的是利用施工项目的成本核算资料，全面检查与考核成本变动的情况，将目标成本与施工项目的实际成本进行比较，系统研究成本升降的各种因素及其产生的原因，总结经验教训，寻找降低项目施工成本的途径，以进一步改进成本管理工作。

1. 施工企业成本分析的内容

影响施工项目成本变动的因素有两个方面，一是外部的属于市场经济的因素；二是内部的属于企业经营管理的因素。施工项目成本分析的重点是内部因素，包括以下几方面内容。

(1) 材料、能源利用的效果。在其他条件不变的情况下，材料、能源消耗定额的高低，直接影响材料、燃料成本的升降，其价格变动直接影响产品成本升降。

(2) 机械设备的利用效果。施工企业的机械设备有自有和租用两种。租用又存在两种情况：一是按产量进行承包，并按完成产量计算费用；二是按使用时间计算机械费用。自有机械则要提高机械完好率和利用率，因为自有机械停用，仍要负担固定费用。

(3) 施工质量水平的高低。施工质量水平的高低是影响施工项目成本的主要因素之一，提高施工项目质量水平可降低施工中的故障成本，减少未达到质量标准而发生的一切损失费用。但为保证和提高项目质量而支出的费用也会相应增加。

(4) 人工费用水平的合理性。人工费用合理性是指人工费既不过高，也不过低。人工费过高会增加施工项目的成本；反之，工人的积极性就不高，施工项目的质量就可能得不到保证。

(5) 其他影响施工项目成本变动的因素。指除上述四项以外的其他直接费用以及为施工准备、组织施工和管理所需要的费用。

2. 施工项目成本分析的原则

(1) 实事求是。成本分析一定要有充分的事实依据，对事物进行实事求是的评价。

(2) 用数据说话。成本分析要充分利用统计核算、业务核算、会计核算和有关辅助记录的数据进行定量分析，尽量避免抽象的定性分析。

(3) 注重时效。即成本分析要及时，发现问题要及时，解决问题要及时。

(4) 为生产经营服务。成本分析要分析矛盾产生的原因，并提出积极有效的解决矛盾的合理化建议。

3. 项目成本分析的内容

项目成本分析的内容包括成本偏差的数量分析、成本偏差的原因分析以及成本偏差的要素分析等。

1) 成本偏差的数量分析

成本偏差的数量分析就是通过有关技术经济指标的对比，检查计划的完成情况。对比的内容包括，工程项目分项成本和各个成本项目要素进行实际成本、计划成本、预算成本的相互对比，比较的结果即工程成本偏差数量。通过相互对比找差距、找原因，有效地进行成本分析，以提高成本管理水平，降低工程成本。成本间互相对比的结果，分别为计划偏差和实际偏差。

(1) 计划偏差。计划偏差即计划成本与预算成本相比较的差额，它反映了成本事前预控制所达到的目标，即

$$计划偏差=预算成本-计划成本$$

这里的计划成本是指现场目标成本即施工预算成本，而预算成本可分别指施工图预算成本、投标书合同预算成本或项目管理责任目标成本三个层次的预算成本。对应的计划偏差分别反映项目计划成本与社会平均成本、竞争性标价成本、企业预期目标成本的差异。正值的计划偏差，反映成本预控的计划效益，是管理者在计划过程中智慧和经验投入的结果。

分析计划偏差的目的，在于检验和提高工程成本计划的正确性和可行性，充分发挥工程成本计划指导实际施工的作用。在一般情况下，计划成本应该等于以最经济合理的施工方案和企业内部施工定额所确定的施工预算成本。

(2) 实际偏差。实际偏差即实际成本与计划成本相比较的差额，反映施工项目成本控制的实绩，也是反映和考核项目成本控制水平的依据。

$$实际偏差=计划成本-实际成本$$

分析实际偏差的目的，在于检查计划成本的执行情况。实际偏差为负值的时候，反映成本控制中存在缺点和问题，应挖掘成本控制的潜力，缩小和纠正与目标的偏差，保证计划成本的实现。

2) 成本偏差的原因分析

成本偏差的数量分析，只是从总体上认识核算对象(成本要素、工程分项等)成本的运行情况、超支或节约的数量大小。在此基础上，还必须进一步了解造成成本偏差的原因及其影响情况。影响成本偏差的因素有很多，既有客观的因素，也有主观的因素。可以说在项目的计划、实施中，以及在技术、组织、管理、合同等任何一方面出现问题时都会反映在成本上，造成成本偏差。

成本偏差的原因分析的常用方法有因果分析图法、因素替换法、差额计算法、ABC分类法、相关分析法、层次分析法等。

项目施工过程的成本分析目的在于知道后续施工的成本管理和控制，项目经理应及时组织项目管理人员研究成本分析文件资料，沟通成本信息，增强成本意识，并群策群力寻求改善成本的对策和途径。针对分析得出的偏差发生原因采取纠偏措施，对偏差加以纠正，这才是成本偏差控制的核心。

3) 成本偏差的要素分析

在明确偏差原因及其影响的情况下，经常需要再从生产要素的角度，分别分析其成本偏差的情况，以便进一步改善生产要素的采购、配置、组织和使用管理，控制过程成本。

(1) 人工费偏差分析。在工程项目进行人工费分析时，应着重分析执行预算定额是否认真，结合人工费的增减，分析估点工数量控制情况和工资单价有无太高。

(2) 材料费偏差分析。材料费包括主要材料、构配件和周转材料费。由于主要材料是采购来的，周转材料是租来的，构配件是委托加工的，情况各不相同，应分别进行分析。

4. 成本分析的基本方法

1) 比较法

比较法又称"指标对比分析法"，是指对比技术经济指标，检查目标的完成情况，分析产生差异的原因，进而挖掘降低成本的方法。这种方法通俗易懂、简单易行、便于掌握，因而得到了广泛的应用，但在应用时必须注意各技术经济指标的可比性。比较法的应用通常有以下几种形式。

(1) 将本期实际指标与目标指标对比。

以此检查目标完成情况，分析影响目标完成的积极因素和消极因素，以便及时采取措施，保证成本目标的实现。在进行实际指标与目标指标对比时，还应注意目标本身有无问题，如果目标本身出现问题，则应调整目标，重新评价实际工作。

(2) 将本期实际指标与上期实际指标对比。

通过本期实际指标与上期实际指标对比，可以看出各项技术经济指标的变动情况，反映施工管理水平的提高程度。

(3) 将本期实际指标与本行业平均水平、先进水平对比。

通过这种对比，可以反映本项目的技术和经济管理水平与行业的平均及先进水平的差距，进而采取措施提高本项目管理水平。

2) 因素分析法

因素分析法又称连环置换法，可用来分析各种因素对成本的影响程度。在进行分析时，假定众多因素中的一个因素发生了变化，而其他因素则不变，然后逐个替换，分别比较其计算结果，以确定各个因素的变化对成本的影响程度。因素分析法的计算步骤如下。

(1) 确定分析对象，计算实际与目标数的差异。

(2) 确定该指标是由哪几个因素组成的，并按其相互关系进行排序(排序规则是：先实物量，后价值量；先绝对值，后相对值)。

(3) 以目标数为基础，将各因素的目标数相乘，作为分析替代的基数。

(4) 将各个因素的实际数按照已确定的排列顺序进行替换计算，并将替换后的实际数保留下来。

(5) 将每次替换计算所得的结果，与前一次的计算结果相比较，两者的差异即为该因素对成本的影响程度。

(6) 各个因素的影响程度之和，应与分析对象的总差异相等。

【案例 4.5】

背景材料：

某建筑装饰工程进行地面铺贴花岗岩，计划铺贴面积为 13 000m^2，使用水泥砂浆。每 100m^2 铺设需用 2.02 m^3 水泥砂浆，计划用水泥砂浆 262.6m^3，实际用工程量为 290m^3，计划价格为 162 元/m^3，实际价格为 158 元/m^3；计划损耗量 2%，实际供应水泥砂浆量 301m^3，实际成本为 47 558 元。

问题:

试分析该过程的成本偏离原因。

案例分析:

(1) 确定成本影响因素。

$$现场水泥砂浆总成本\ C = 工程量(X_1) \times 每立方米工程水泥砂浆用量(X_2)$$
$$\times 水泥砂浆单价(X_3)$$

从上式可以看出,影响现场水泥砂浆总成本的因素有 3 个,即

X_1——工程量变更;

X_2——每立方米工程水泥砂浆消耗量变化;

X_3——水泥砂浆价格波动。

(2) 确定原预算用现场水泥砂浆材料费用。

$$预算成本\ C_p = 262.6 \times 1.02 \times 162 = 43\ 392(元)$$

(3) 确定三个因素对成本的影响程度。

① 用实际工程量替换计划工程量,这时 $X_1 = 290\text{m}^3$, X_2 和 X_3 不变,则有

$$C_1 = 290 \times 1.02 \times 162 = 47\ 920(元)$$

由 C_1 减 C_p 得 4528 元,即由于工程量变更使成本支出增加 4528 元。

② 用实际每立方米工程水泥砂浆消耗量替换计划每立方米工程水泥砂浆用量,这时 $X_2 = 301/290 = 1.038$, X_1 和 X_3 不变,则有

$$C_2 = 290 \times 1.038 \times 162\ = 48\ 765(元)$$

用 C_2 减 C_1 得 845 元,即由于现场损耗加大而使每立方米工程现场水泥砂浆消耗增大,造成成本支出增加了 845 元。

③ 用混凝土实际单价替换预算价格,这时 $X_3 = 158$ 元$/\text{m}^3$, X_1 和 X_2 不变,则有

$$C_3 = 290 \times 1.038 \times 158 = 47\ 561(元)$$

用 C_3 减 C_2 得-1 204 元,即由于混凝土价格降低使成本支出减少 1 204 元。

从以上三步替换分析可以看出,各因素对成本的影响方向及影响程度,所有因素的影响额相加就是该成本的总偏差(实际成本与计划成本之差),可由下式确定:

$$C_a - C_p = \sum C_i$$

式中: C_a——实际成本;

C_p——预算成本;

C_i——某一影响因素的影响额, $i = 1,\ 2,\ 3\ldots$

对于本例则有

$$47\ 561 - 43\ 392 = 4528 + 845 - 1\ 204 = 4\ 169(元)$$

上式分析结果表明:该项费用的工程量计算有误差,水泥砂浆的充分利用存在问题,

而在选择水泥砂浆供应单位和比质比价上做得较好。项目施工管理人员可参照以上分析的结果，采取相应对策来降低成本；如属于工程量变更引起的超支可向业主索赔，如因管理混乱引起的材料浪费现象应加以纠正。

3) 差额计算法

差额计算法是因素分析法的一种简化形式，它利用指数的各个因素的实际数与计划数的差额，按照一定的顺序，直接计算出各个因素变动时对计划指标完成的影响程度。

4) 比率法

用两个以上的指标的比例进行分析。其基本特点是：先把分析的数值变成相对数，再观察其相互之间的关系。常用方法见表 4.13。

表 4.13 项目成本分析常用的比率法

常用方法	主要内容
相关比率法	由于项目经济活动的各个方面是相互联系，相互依存，相互影响的，因而可以两个性质不同且相关的指标加以对比，求出比率，并以此来考察经营成果的好坏
构成比率法	构成比率法又称为比重分析法或结构对比分析法。通过构成比率，可以考察成本总量的构成情况及各成本项目占总成本总量的比重，同时也可看出量、本、利的比例关系(预算成本、实际成本和降低成本的比例关系)，从而寻求降低成本的途径
动态比率法	动态比率法是将同类指标不同时期的数值进行对比，求出比率，以分析该项指标的发展方向和发展速度。动态比率的计算，通常采用基期指数和环比指数两种方法

4.6.3 建筑工程项目成本考核

1. 施工项目成本考核的概念

施工项目成本考核是项目施工成本控制的一个重要部分，是项目落实成本控制目标的关键。是将项目施工成本总计划支出，在结合项目施工方案、施工手段和施工工艺、讲究技术进步和成本控制的基础上提出的，针对项目不同的管理岗位人员，而做出的成本耗费目标要求。搞好成本考核有利于贯彻落实责权利相结合的原则，促进成本管理工作水平的提高，更好地完成成本目标。

施工项目的成本考核分两个层次：一是对项目经理的考核；二是对项目经理部所属职能部门和班组的考核。

2. 施工项目成本考核的内容

建立从企业、项目经理到班组的成本考核体系，促进成本责任制的落实。项目成本考核体系的具体内容如表 4.14 所示。

表4.14　施工项目成本考核的内容

考核对象	考核内容
公司对施工项目经理的考核	1. 项目成本目标和阶段成本目标的完成情况。 2. 建立以项目经理为核心的成本管理责任制的落实情况。 3. 成本计划的编制和落实情况。 4. 对各部门、各施工队和班组责任成本的检查和考核情况。 5. 在成本管理中贯彻责权利相结合原则的执行情况
项目经理对各职能部门的考核	1. 本部门、本岗位责任成本的完成情况。 2. 本部门、本岗位成本管理责任的执行情况
项目经理对施工队(或分包)的考核	1. 对劳务合同规定的承包范围和承包内容的执行情况。 2. 劳务合同以外的补充收费情况。 3. 对班组施工任务单的管理情况。 4. 对班组完成施工任务后的成本考核情况
对生产班组的考核	1. 平时由施工队(或分包)对生产班组进行考核。 2. 考核班组责任成本(以分部、分项工程为责任成本)的完成情况

3. 施工项目成本考核的实施

1) 施工项目的成本考核采取评分制

先按考核内容评分，然后按一定的比例加权平均。

2) 施工项目的成本考核要与相关指标的完成情况相结合

在根据评分计奖的同时，还要参考相关指标的完成情况加奖或扣罚。与成本考核相结合的相关指标，一般有进度、质量、安全和现场管理。

3) 强调项目成本的中间考核

可从两方面考虑：月度成本考核；阶段成本考核。

4) 正确考核施工项目的竣工成本

施工项目的竣工成本是项目经济效益的最终反映，是在工程竣工和工程款结算的基础上编制的。

5) 施工项目成本的奖罚

施工项目成本奖罚的标准，应通过经济合同的形式明确规定。在确定时，必须从本项目的客观情况出发，既要考虑职工的利益，又要考虑项目成本的承受能力。

思　考　题

1. 什么是建筑工程项目成本管理？

2. 建筑安装工程费用包括哪些内容？如何计算？

3. 建筑工程项目施工图预算的编制方法有哪些？

4. 建筑工程价款的主要结算方式有哪些？

5. 建筑工程项目成本计划的类型及特点是什么？

6. 什么是建筑工程项目成本控制？

7. 建筑工程项目成本控制的方法有哪些？

8. 简述建筑工程项目成本核算的方法。

9. 建筑工程项目成本分析的方法有哪些？

10. 建筑工程项目成本考核的内容有哪些？

第5章 建筑工程项目的安全管理、现场管理与环境管理

教学指引

◆ 知识重点：施工项目安全管理基础；项目安全管理保证计划的编制；针对安全隐患的有效预防和处理措施；项目安全管理保证计划的实施、检查及其整改；项目现场管理的内容；项目现场管理的要求；项目现场管理的措施；项目环境保护的措施。

◆ 知识难点：建筑工程项目安全管理保证计划的编制；针对安全隐患的有效预防和处理措施；建筑工程项目安全管理保证计划的实施、检查及其整改；项目现场管理的内容；项目现场管理的要求；项目现场管理的措施；项目环境保护的措施。

学习目标

◆ 熟悉建筑工程项目安全管理的概念。

◆ 了解建筑工程安全管理保证计划。

◆ 熟悉建筑工程项目安全管理保证计划的编制。

◆ 熟悉建筑工程项目质量计划的实施。

◆ 掌握针对安全隐患的有效预防和处理措施。

案例导入

某公司在某大厦工地施工，杂工王某发现潜水泵开动后漏电开关动作，便要求电工把潜水泵电源线不经漏电开关接上电源，起初电工不肯，但在王某的多次要求下照办。潜水泵再次启动后，王某拿一条钢筋欲挑起潜水泵检查是否沉入泥里，当王某挑起潜水泵时，即触电倒地，经抢救无效死亡。

工程施工过程中发生人员死亡事故，对亡者家人来说是巨大的灾难；对承建商来说，也是一个惨痛的教训。对事故原因进行分析就可以知道：该事故本来是可以轻而易举避免的。

1) 事故原因分析

(1) 直接原因：操作工王某由于不懂电气安全知识，在电工劝阻的情况下仍要求将潜水泵电源线直接接到电源，同时，在明知漏电的情况下用钢筋挑动潜水泵，违章作业，是造成事故的直接原因。

(2) 重要原因：电工在王某的多次要求下违章接线，明知故犯，留下严重的事故隐患，是事故发生的重要原因。

2) 事故主要教训

(1) 在员工上岗前，承建商必须对其进行安全教育培训，让职工知道自己的工作过程以及工作的范围内有哪些危险、有害因素，危险程度以及安全防护措施。王某知道漏电开关动作了，影响他的工作，但显然不知道漏电会危及他的人身安全，不知道在漏电的情况下用钢筋挑动潜水泵会导致其丧命。

(2) 必须明确规定并落实特种作业人员的安全生产责任制。特种作业危险因素多、危险程度大，不仅危及操作者本人的生命安全，本案电工有一定的安全知识，开始时不肯违章接线，但经不起同事的多次要求，明知故犯，违章作业，留下严重的事故隐患，没有负起应有的安全责任。

(3) 应该建立事故隐患的报告和处理制度。漏电开关动作，表明事故隐患存在，操作工报告电工处理是应该的，但他不应该只是要求电工将电源线不经漏电开关接到电源上。电工知道漏电，应该检查原因，消除隐患，绝不能贪图方便。

通过上述案例我们可以看到，安全管理的重要性。掌握安全生产的技术，是建筑工程项目管理的重要技能之一。

5.1　建筑工程项目安全管理

5.1.1　建筑工程项目安全管理的工作过程

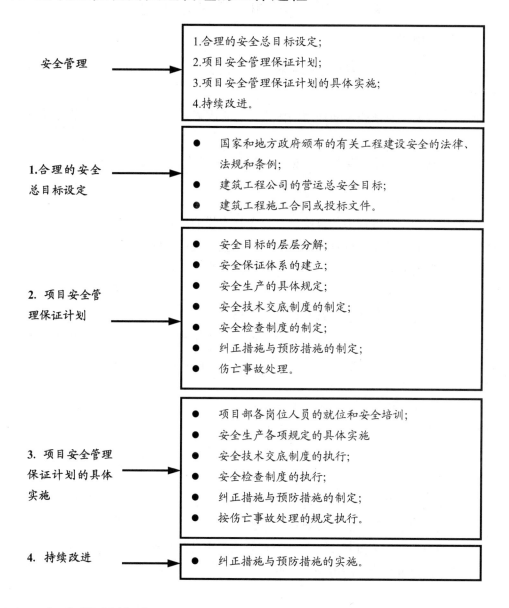

安全管理	1.合理的安全总目标设定； 2.项目安全管理保证计划； 3.项目安全管理保证计划的具体实施； 4.持续改进。
1.合理的安全总目标设定	● 国家和地方政府颁布的有关工程建设安全的法律、法规和条例； ● 建筑工程公司的营运总安全目标； ● 建筑工程施工合同或投标文件。
2. 项目安全管理保证计划	● 安全目标的层层分解； ● 安全保证体系的建立； ● 安全生产的具体规定； ● 安全技术交底制度的制定； ● 安全检查制度的制定； ● 纠正措施与预防措施的制定； ● 伤亡事故处理。
3. 项目安全管理保证计划的具体实施	● 项目部各岗位人员的就位和安全培训； ● 安全生产各项规定的具体实施 ● 安全技术交底制度的执行； ● 安全检查制度的执行； ● 纠正措施与预防措施的制定； ● 按伤亡事故处理的规定执行。
4. 持续改进	● 纠正措施与预防措施的实施。

5.1.2　安全管理基础

1. 安全生产的概念

安全生产是指处于避免人身伤害、设备损坏及其他不可接受的损害风险(危险) 状态下进行的生产活动。

2. 安全管理的概念

安全管理是指为确保安全生产，对生产过程中涉及安全方面的事宜，通过致力于满足生产安全所进行的计划、组织、指挥、协调、监控和改进等一系列的管理活动，从而保证施工中的人身安全、设备安全、结构安全、财产安全和适宜的施工环境。

3. 危险源的概念

危险源是指可能导致人身伤害或疾病、财产损失、工作环境破坏或这些情况组合的危险因素和有害因素。

危险因素强调突发性和瞬间作用的因素，有害因素强调在一定时期内的慢性损害和累积作用。

危险源是安全管理的主要对象。安全管理也可称为危险管理或安全风险管理。

4. 危险源的分类

在实际生活和生产过程中的危险源是以多种多样的形式存在的，危险源导致事故的原因可归结为危险源的能量意外释放或有害物质泄漏。根据危险源在事故发生、发展中的作用，把危险源分为两大类，即第一类危险源和第二类危险源。

1) 第一类危险源

可能发生意外释放的能量的载体或危险物质称作第一类危险源。能量或危险物质的意外释放是事故发生的物理本质。通常将产生能量的能量源或拥有能量的能量载体作为第一类危险源来对待处理。如易燃易爆物品，有毒、有害物品等。

2) 第二类危险源

可能造成约束、限制能量措施失效或破坏的各种不安全因素称作第二类危险源。如易燃易爆物品的容器，有毒、有害物品的容器，机械制动装置等。

第二类危险源包括人的不安全行为、物的不安全状态和不良环境条件三个方面。

3) 危险源与事故

事故的发生是两类危险源共同作用的结果：第一类危险源失控是事故发生的前提；第二类危险源失控则是第一类危险源导致事故的必要条件。

在事故的发生和发展过程中，第一类危险源是事故的主体，决定事故的严重程度，第二类危险源则决定事故发生的可能性大小。

5.1.3 建筑工程项目合理的安全管理总目标设定

1. 建筑工程项目安全管理总目标设定的依据

(1) 我国的安全生产法、安全生产条例及建筑法等法律、法规对安全生产(施工) 制定了强制性规定，要求施工企业在建筑工程施工项目的施工过程中必须进行有效的安全管理并组织好现场管理以保证安全文明施工。

(2) 施工安全管理的方针为："安全第一，预防为主。"

"安全第一"是把人身的安全放在首位，"以人为本"。

"预防为主"要求安全管理必须具备预见性，尽可能减少、甚至消除事故隐患，把事故消灭在萌芽状态中。这是安全管理中最重要的思想。

(3) 安全管理的目标：为确保安全生产(施工) 而制定的必须达到、并且可以达到的安全量化指标。

具体可包括如下三个方面：

① 减少或消除人的不安全行为的目标；

② 减少或消除设备、材料的不安全状态的目标；

③ 改善生产环境和保护自然环境的目标。

2. 建筑工程项目安全管理总目标的设定

(1) 建筑工程公司根据国家和地方的安全生产法律、法规规定，结合本公司的经营方针，对公司的营运及公司开展的所有建筑工程施工项目均设定了相应总安全目标。

(2) 每一个建筑工程施工项目，在承包方和发包方签署的《建筑装饰施工项目合同》和承包方的有效投标文件中，必有承包方承诺的施工项目安全目标。

(3) 建筑工程施工项目的规划大纲和实施规划均确立了相应项目的总安全目标。具体如下。

① 在××工程施工中，我们将对施工现场实行全新的科学化管理。施工现场的安全、保卫、消防、卫生、环保等各项管理目标，均按照××市文明安全工地的要求组织落实，确保达到××市文明安全工地标准，杜绝一切质量、安全事故。确保××工程的消防安全和施工进度，做好施工现场的清洁卫生和环境保护工作，保证不影响周边单位和居民的正常工作秩序。

② 确保无重大工伤事故，无消防事故，杜绝死亡事故，轻伤率控制在 5‰以内。

5.1.4　工程项目安全管理保证计划

1. 建筑工程项目安全管理目标的层层分解

为确保工程安全施工总目标的实现，施工项目部必须依据国家有关安全生产的法律、法规、企业要求和建设单位要求，根据本项目特点对具体资源安排和施工作业活动合理地进行策划，并形成一个与项目规划大纲和项目实施规划共同构成统一计划体系的、具体的建筑工程项目施工安全管理保证计划，该计划一般包含在施工方案中或包含在施工组织设计中。

在项目规划大纲和项目实施规划的框架下进行的具体的、作业层次的安全策划时，首先必须将项目的安全施工总目标层层分解到项目各班组乃至各员工的不同层次分目标(如：在建筑工程项目安全施工目标下制定项目部各班组的次级安全施工分目标和各员工的再次级安全施工分目标)，同时按时段对各不同施工阶段制定相应安全施工分目标。总目标和各级的分目标一起，共同形成本项目的一套完整的安全管理目标体系。

(1) 针对各班组的安全分目标必须明确、通过努力可达到，如：

① 脚手架、安全网搭设班组：确保拟使用的脚手架、安全网牢固，安全可靠。

② 电工班组：确保电线、电缆及电箱的安设符合国家和地方的相关安全敷设规定。

③ 钢筋班组：不得发生人员坠落事故和高空落物伤人事故。

……

(2) 针对不同季节和不同施工阶段引起的施工安全隐患不同，在设定了各班组的安全生产前提下，还需重点分析各季节及对应施工阶段所面临的不同程度的安全风险，针对性地制定相应安全生产分目标。

2. 安全管理保证计划的编制要求

为确保安全施工事故保证计划合理、可行，安全施工保证计划制订前必须针对安全生产目标体系仔细分析研究涉及本项目的不安全因素，使其计划能够做到：确定安全的标准；不安全因素的识别；不安全的程度；确定安全指标和目标；确定确保安全的原则、措施、程序、手段和方法；确定确保安全的人力、物力和财力的需求。

其中，项目中的不安全因素就是可能导致安全事故的危险源。

3. 建立安全管理保证体系

设立项目安全施工管理组织机构，并确定各岗位的岗位职责。

一般的做法是建立施工项目部的施工组织机构，在该机构中包含了完备的安全施工管理组织子机构。

【案例 5.1】

背景材料：

某承建商承接了一高层商住楼的施工任务。

问题：

为了实现安全总目标，承建商如何建立安全保证组织机构？

案例分析：

承建商建立的安全施工保证组织体系为：

1) 安全文明施工组织保证机构

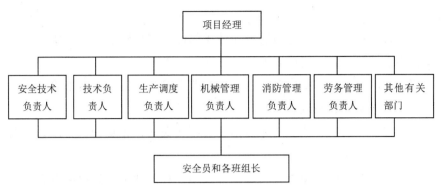

2)　各岗位的安全职责

(1)　项目经理：项目施工现场全面管理工作的领导者和组织者，项目质量、安全生产的第一责任人，统筹管理整个项目的实施。

(2)　安全技术负责人：监督施工过程的安全生产纠正违章；配合有关部门施工安全因素；项目全员安全活动和安全教育；监督劳保质量的安全和使用。

(3)　技术负责人：制定项目安全技术措施和分项安全方案；监督安全措施落实；解决施工过程中的不安全技术问题。

(4)　生产调度负责人：在安全前提下，合理安排生产计划；组织施工安全技术措施的实施。

(5)　机械管理负责人：保证项目的各类机械安全运行；监督机械操作人员持证上岗，规范作业。

(6)　消防管理负责人：保证防火设备设施齐全有效；监督机械隐患；组织现场消防队和日常消防工作。

(7)　劳务管理负责人：保证进场施工人员安全技术素质；控制加班加点保证劳逸结合；提供必需劳保用具保证质量。

(8)　其他有关部门：财务部门保证安全措施项目的费用；后勤行政部门保证工人生活条件，确保工人健康。

4.　安全管理保证计划必须包含或引用我国相关法律、法规

1)　安全管理保证计划必须包含或引用我国相关法律、法规针对工程项目施工的通用性规定

我国相关法律、法规规定，建筑工程项目的施工必须满足如下一些基本要求。

(1)　必须取得安全行政主管部门颁发的《安全施工许可证》后才可开工。

(2)　施工单位必须持有《施工企业安全资格审查认可证》。

(3)　各类管理人员和技术人员必须具备相应的执业资格才能上岗。如建造师(项目经理)、造价工程师等。

(4)　所有新员工必须经过三级安全教育，即进企业、进工程项目施工现场和进班组的

安全教育。

(5) 特殊工种作业人员必须持有特种作业操作证,并严格按规定定期进行复查。如电工、焊工、机操工、架子工、起重工等。

(6) 对检查出的安全隐患要做到"五定",即定整改责任人、定整改措施、定整改完成时间、定整改完成人、定整改验收人。

(7) 必须把好安全生产"六关",即措施关、交底关、教育关、防护关、检查关、改进关。

(8) 施工现场安全设施齐全,并符合国家及地方有关规定。如消防设施、医疗急救设施等。

(9) 施工机械(特别是现场安设的起重设备等)必须经安全检查合格后方可使用。

2) 安全管理保证计划必须包含或应用我国关于建设工程项目施工现场消防管理强制性标准

(1) 施工现场必须有明显的防火宣传标志。每月对职工进行至少一次治安、防火教育,培训义务消防队。建立保卫、防火工作档案,并定期组织保卫、防火工作检查。

(2) 施工现场必须设置消防车道,其宽度不得小于 3.5m。消防车道不能是环行的,应在适当地点修建车辆回转场地。

(3) 施工现场要配备足够的消防器材,并做到布局合理;消防器材须经常维护、保养,冬季采取防冻保温措施,以保证消防器材灵敏有效。

(4) 施工现场进水干管直径不小于 100mm,消火栓处要设有昼夜明显标志,相应设施配备齐全。消火栓处周围 3m 内,不准存放任何物品。

(5) 高度超过 24m 的在施工程,应设置消防竖管,管径不得小于 65mm,并随楼层的升高每隔一层设一处消防栓口,同时配备水龙带。消防供水应保证水枪的水量充实,能射达最高、最远点。消防泵房应采用不燃材料建造,设在安全位置。消防泵的专用配电线路,必须引自施工现场总配电箱(柜)的上端,并设专人值班,以保证连续不间断地供电。

(6) 电工、焊工从事电气设备安装和电、气焊接或切割作业,要有操作证和用火证。动火前,要消除附近易燃物,并配备灭火人员和灭火用具。用火证当日有效。动火地点变换,要重新办理用火证手续。

(7) 施工现场使用电气设备和易燃、易爆物品,必须采取严格的防火措施,指定防火负责人,配备灭火器材,确保施工安全。

(8) 因施工需要搭设临时建筑,应符合防盗、防火要求,不得使用易燃材料。城区内的施工现场一般不准支搭临时用木板房。必须支搭时,需经消防监督机关批准。幢与幢之间的距离,在城区不少于 5m,在郊区不少于 7m。

(9) 施工材料的存放、保管应符合防火安全要求,库房需用不燃材料支搭。易燃、易爆物品应专库储存,分类单独存放,保持通风,用电符合防火规定。禁止在建筑物及库房内调配油漆、稀料。

(10) 禁止在建筑物内设仓库，禁止存放易燃、可燃材料。因施工需要进入建筑物内的可燃材料，要根据工程计划，限量进入并应采取可靠的防火措施。建筑物内禁止住人。

(11) 施工现场严禁吸烟。必要时，应专门安排设有防火设施的吸烟室。

(12) 施工现场和生活区内，未经保卫部门批准不得使用电热器具。

(13) 氧气瓶、乙炔瓶(罐)工作间距不应少于 5m，两瓶同时明火作业距离不小于 10m。禁止在建筑物内使用液化石油气"钢瓶"和乙炔发生器作业。

(14) 在施工程要坚持防火安全交底制度。特别是在进行电气焊、油漆粉刷等危险作业时，必须有具体防火要求。

(15) 冬季施工保温材料的存放与使用，必须采取防火措施。凡有关部门确定的重点工程和高层建筑，不得采用可燃保温材料。

3)　安全管理保证计划必须包含或引用我国关于建设工程项目施工现场电气设备使用管理强制性标准

(1)　各类电气设备、线路禁止超负荷使用，接头须接实、接牢，以免线路过热或打火短路。发现问题应立即修理。

(2)　存放易燃液体、可燃气瓶和电石的库房，照明线路穿管保护，采用防爆灯具，开关设在库外。

(3)　穿墙电线和靠近易燃物的电线穿管保护，灯具与易燃物一般应保持 30cm 的间距，对大功率灯泡要加大间距。工棚内不准使用碘钨灯。

(4)　高压线下不准搭设临时建筑，不准堆放可燃材料。

4)　安全管理保证计划必须包含或引用我国关于工程项目施工现场明火使用管理强制性标准

(1)　现场生产、生活用火均应经主管消防的领导批准，使用明火要远离易燃物品，并备有消防器材。使用无齿锯，须开具用火许可证。

(2)　冬期建筑工程施工采用明火或电热法的，均须制定专门防火措施，设专人看管，做到人走火灭。

(3)　冬期炉火取暖要专人管理，注意燃料存放、渣土清理及空气流通，防止煤气中毒。

(4)　工地设吸烟室，施工现场严禁吸烟。

(5)　电、气焊工作人员均应受专门培训，持证上岗。作业前办理用火手续，并配备看火人员及灭火器具。吊顶内安装管道，应在吊顶易燃材料装上以前完成焊接作业，若因工程特殊需要，必须在顶棚内进行电、气焊作业，应先与消防部门商定，妥善防火措施后方可施工。

(6)　及时清理施工现场，做到工完场清。

(7)　油漆施工要注意通风，严禁烟火，防止静电起火和工具碰撞打火。

【案例 5.2】

背景材料:

某市烟草公司旧围墙 14.2m×3m(长×高),由某建安公司承担铲除旧粉刷层并重新粉刷的任务。开工当日下午,施工单位 4 名工人在该市烟草公司西侧围墙铲除旧粉刷层时,墙体突然倒塌,致使 2 名操作工被墙体猛力扑倒,造成一人死亡、一人重伤(重伤者经抢救无效于第 8 天死亡)的重大伤亡事故。

问题:

(1) 为什么会发生围墙倒塌的事故?

(2) 从这个事件中应吸取何教训?

案例分析:

(1) 该墙建筑时间较长,现状明显不符合砌体结构设计规范的要求。在高 3m、长 14.2m 范围内,没有设壁柱,墙的两端也无壁柱,墙体稳定性差;该墙是用泥灰做黏结材料砌筑的,使用年限已久(1974 年砌筑),又曾被加高和做房屋山墙使用,稳固性差;该墙北端东侧 1.45m 处自来水龙头无下水管道排水,在长期用水过程中,大量的下水流向墙基处,在水的浸润作用下,墙基砖体与泥灰逐步失去黏结力;该墙被铲除水泥砂浆粉刷层时,受到了振动影响,铲除下部原有水泥砂浆粉刷层后,使墙体的稳定性和牢固性变得更差。在上述诸因素的共同作用下,导致墙体倒塌。

(2) 这次事故是建筑施工单位不按建筑管理规定,盲目施工,建设单位在对该墙内在质量不明、其危险性不了解的情况下,盲目提出要将此墙由建筑施工单位重新粉刷的要求而造成的责任事故。

这起事故反映了建筑施工及建设单位有关人员缺少安全意识,安全管理薄弱,给国家和职工生命造成了严重损失,应该从中吸取深刻教训,有关单位应严格按照基建的基本程序进行工程项目的新建、改建和扩建工作,特别要注意改建和扩建工程中的复杂情况,不可盲目从事,应由设计单位全面了解原有设计和施工条件的情况下出具正式的设计图纸或通知后方可进行施工。

5. 安全技术交底制度的制定

为确保施工各阶段的各施工人员明确知道目前工作的安全施工技术,使安全施工保证措施能够得到有效的执行,必须建立安全技术交底制度。

安全技术交底制度大致包括如下内容。

(1) 必须严格遵循××标准要求,对每道工序施工均须进行安全技术交底;

(2) 必须在各工序开始前××时间进行安全技术交底;

(3) 安全技术交底的组织者、交底人和交底对象;

(4) 交底应口头和书面同时进行;

(5) 交底内容包括：安全、文明施工的要求；

(6) 必须保证安全技术交底后的施工人员明确理解安全技术交底的内容；

(7) 交底内容必须记录并保留。

6. 安全检查制度的制定

为验证施工各阶段的安全施工保证措施能够得到有效的执行，必须建立安全检查制度。安全检查制度必须包括如下内容。

1) 安全检查的方式

(1) 定期检查；

(2) 日常巡回检查、季节性和节假日安全检查；

(3) 个人自检、班组互检和专职安全质检员检查。

2) 安全检查的主要内容

(1) 机械设备；

(2) 安全设施；

(3) 安全教育培训；

(4) 操作行为；

(5) 劳保用品使用；

(6) 事故的处理。

3) 安全检查的方法

(1) 采取随机抽样；

(2) 现场观察；

(3) 实地检测。

4) 安全检查的管理

对检查结果进行分析，找出安全隐患，确定危险程度，编写安全检查报告并上报。

7. 针对安全隐患的有效预防和处理措施

施工过程中会存在众多安全隐患。编制项目施工安全管理保证计划时必须对此有充分预计，清晰判别各安全隐患及其性质、可能后果和产生后果的可能性，在安全技术措施中明确规定有效的预防和处理措施、方法和手段。

1) 高空坠落和物体打击的防范方法及措施

(1) 高空坠落和物体打击的防范方法如下。

严格使用安全"三宝"，加强"四口"、"五临边"有效防护。"三宝"是指安全帽、安全带、安全网；"四口"是指楼梯口、电梯井口、预留洞口、通道口；"五临边"是指施工中未安装栏杆的阳台(走台)周边，无外架防护的屋面(或平台)周边，框架工程楼层周边，跑道(斜道)两侧边，卸料平台外侧边等均属于临边危险地域。

(2) 高空坠落和物体打击的防范措施如下。

加强从事高处作业的身体检查和高处作业安全教育，不断提高自我保护意识。科学合理地安排施工作业，尽量减少高处作业并为高处作业创造良好的作业条件。加强临边防护措施的落实和检查工作，使其处于良好的防护状态。充分利用安全网、安全带的防护设施，保证工人在有保障的情况下进行操作。加强临边防护，预防坠落伤人的措施。

① 编制施工组织设计时将一类临边列入安全技术措施和重点跟踪检查部位。一类临边主要来自于施工过程中，如施工层架子临边及施工结构与架子临边、施工层梁、柱、板、口临边。

② 对木工进行安全技术交底，要求梁底横杆伸出两边各50cm，以供铺脚手板及栏杆使用；要求梁边脚手板不少于两块，人不准在梁上行走，柱架四周必须有一块脚手板和两根栏杆；架子工人必须系安全带作业。

③ 施工层架子外侧采用大孔安全网防止材料坠落，用密目安全网防止砂、石、垃圾坠落；施工层架子脚手板满铺，每四步架子有一道双层安全网，施工层内侧与结构大于30cm边用安全网封严。

④ 坡屋面采用檐口挑架，用密目安全网兜严。

⑤ 1.5m以内孔洞在施工中预埋钢筋网片，1.5m以上孔洞四周边设两道1.2m栏杆，洞口用安全网封严。

⑥ 第二类临边主要是机械垂直运输及水平运输，如外用电梯、井字架、材料周转平台、运输小车道等。第二类临边的井字架采用了单独分项的安全技术措施；卸料平台有灵活的半自动门，平台边用密目安全网封底。

⑦ 外用电梯门及卸料平台有自动安全门及卸料平台栏杆，并用密目安全网封底。

⑧ 材料运输道、临街通道均要求有单独分项安全技术措施及搭设图。

⑨ 第三类临边，对电梯井采用了半自动安全门；没有外架的框架结构周边或非人行通道等"五临边"，均采用红、白相间栏杆两道。

2) 触电伤害的防范方法及措施

(1) 触电伤害的防范方法：在电能使用中，处理好其传输、管理、使用等过程。

(2) 触电伤害的防范措施如下。

① 强化电气安全管理。制订安全计划；贯彻电气标准和法规；制定本企业电器规章制度和安全操作规程；建立和监督执行电气岗位责任制；新开工工程项目的安全审查；对新投入和大修后的电气设施验收；安全用电宣传，安全用电教育，安全用电技术改造等。

② 努力提高职工素质，提高职工素质是预防触电伤害的根本措施之一，除专业电工外，在电气设备上操作的其他人员也应提高技术素质。

3) 机械伤害的防范方法及措施

(1) 机具伤害的防范方法如下。

健全机具的安全管理体制，对施工机具进行全过程管理，严格抓好"管、用、养、修"

四个环节。

(2)　机具伤害的防范措施包括以下几个方面。

①　机具的管理与平时的监督结合起来，严格遵守各级验收制度，认真按标准做好机具使用前的验收、持牌工作。对机操人员努力做好培训、教育工作，严把机操人员持证上岗关。

②　工作前必须检查机具，确认完好后方准使用。使用时必须严格执行安全技术操作规程，做到定机定人，严禁无证上岗、违章操作。

③　施工计划中必须保证有必要的机具维修保养时间，要有专人负责管理，定期检查，例行保养，并做好记录。

④　各种施工机具发现已经损坏的必须立即修复。工具的绝缘、电缆的护套、插头插座等如有开裂要立即修理。严禁在作业中对机具进行维修、保养和调整，确保机具的正常、安全使用。

可见，项目施工安全管理保证计划是落实"预防为主"方针的具体体现，是进行工程项目安全管理的指导性文件。

8. 安全事故处理的相关规定

针对可能发生的安全事故，编制安全保证计划时要严格依据下述原则、程序和法律、法规相关规定，专门编制生产安全事故应急救援预案。

1)　安全事故处理必须坚持的原则

安全事故处理必须坚持"事故原因不清楚不放过，事故责任者和员工没有受以教育不放过，事故责任者没有处理不放过，没有制定防范措施不放过"的原则。

2)　安全事故的处理程序

(1)　报告安全事故；

(2)　事故处理；

(3)　事故调查；

(4)　调查报告。

3)　安全事故处理的主要法律、法规

(1)　《生产安全事故报告和调查处理条例》(中华人民共和国国务院令　第 493 号 2007 年 4 月 9 日)。

(2)　《关于做好房屋建筑和市政基础设施工程质量事故报告和调查处理工作的通知》(建质〔2010〕111 号)(中华人民共和国住房和城乡建设部 2010 年 7 月 20 日)。

(3)　其他有关建设的法律、法规。

5.1.5 建筑工程项目安全管理保证计划的具体实施

1. 建筑工程项目安全管理工作的组织准备

(1) 按安全生产保证计划建立、完善以项目经理为首的安全生产领导组织。有组织、有领导地开展安全管理活动，承担组织、领导安全生产的责任。

(2) 按安全生产保证计划建立建筑工程项目的安全工作小组。

(3) 确保安全工作小组各岗位的人员已经落实。

(4) 特殊作业人员，按规定参加安全操作考核，取得安全部门核发《安全操作合格证》，坚持"持证上岗"。施工现场出现特种作业无证操作现象时，施工项目经理必须承担管理责任。

(5) 全体管理、操作人员均需与施工项目经理签订安全协议，向施工项目做出安全保证。

2. 安全生产各项规定的具体实施

在施工过程中，必须将项目施工安全管理保证计划，在安全生产培训和安全技术交底工作中要将上述的安全技术措施反复交代下去，并严格执行项目施工安全管理保证计划。

3. 安全检查制度的执行

为了验证施工中安全管理保证计划的执行情况，必须在建筑工程项目施工过程中对各施工活动及其效果，以及现场状态进行检查。

1) 安全检查的内容

安全检查的内容主要针对以下两方面进行。

(1) 各级管理人员对安全施工规章制度(如：安全施工责任制、岗位责任制、安全教育制度、安全检查制度等)的建立与落实；

(2) 施工现场安全措施(如：安全技术措施、施工现场安全组织、安全技术交底、安全设防情况等)的落实和有关安全规定的执行情况。

2) 安全检查的形式

主要有上级检查、定期检查、专业性检查、经常性检查、季节性检查以及自行检查等。

3) 安全检查工作的措施

(1) 项目经理组织项目部定期或不定期对安全管理计划的执行情况进行检查考核和评价。项目部对施工中存在的不安全行为和隐患进行原因分析并制定相应整改防范措施。

(2) 项目部根据施工过程的特点和安全目标的要求，确定安全检查内容。

(3) 安全检查应配备必要的设备或器具，确定检查负责人和检查人员，并明确检查内容及要求。

(4) 安全检查的方法有：采取随机抽样、现场观察、实地检测相结合；检测结果应予以记录。对现场管理人员的违章指挥和操作人员的违章作业行为应进行纠正。

(5) 安全检查人员应对检查结果进行分析，找出安全隐患部位，确定危险程度。

(6) 项目部应编写安全检查报告。

【案例 5.3】

背景材料：

某单位礼堂是 20 世纪 50 年代的老建筑，其隔音、照明、暖气等均需改造和修理。该礼堂舞台是木地板，并由木构件支撑搭设。焊接作业人员下班后，晚间舞台发生火灾，致使礼堂烧毁，但无人员伤亡。

问题：

(1) 火灾是如何发生的？

(2) 在焊接作业区域应如何做好防火工作？

案例分析：

(1) 由于该礼堂舞台是木地板，并由木构件支撑搭设，木地板在焊渣的持续高温下被引燃，进而引发火灾。

(2) 在焊接作业区域存在这种可燃地板不可转移时，为保证无火灾隐患，应做好如下工作。

① 明确焊接操作人员、监督人员及管理人员的防火职责；

② 建立切实可行的安全防火管理制度；

③ 设置火灾警戒人员，焊接作业后应有人值班观察；

④ 易燃地板要清扫干净，并以洒水、铺盖湿沙、盖薄金属板等加以保护；

⑤ 地板上所有开口或裂缝均应盖好；

⑥ 配备好消防器材。

【案例 5.4】

背景材料：

某工人在进行建筑物的外墙面的擦洗作业时，在 9 层消防楼梯平台擦洗距楼面 2.5m 的墙面时，由于高度不够便一脚踏在护栏，一脚踏在马凳上，在向外探身时，由于没有系安全带，身体失稳从高空坠落，送医院后抢救无效而死亡。

问题：

为什么会出现高空坠落事故？

案例分析：

(1) 该工人没有系安全带，违反高空安全操作规程；

(2) 该工人所受安全教育、培训不够；

(3) 安全检查不到位;

(4) 项目部、班组进行的安全交底及安全措施不到位;

(5) 项目经理没有认真执行该项作业的施工方案,也没有采取必要的安全措施。

【案例 5.5】

背景材料:

某项目在施工过程中,某工人在行走时不小心踏上了通风口盖板,结果 1mm 厚铁皮盖板变形塌落,工人也随盖板坠落,落差达 10m,经抢救无效于当日死亡。

问题:

如何避免这类坠落事故?

案例分析:

这是一起由于"四口"防护不到位引起的伤亡事故。

这是一起"高空坠落"引起的伤亡事故。由此可见,严格使用安全"三宝"、做好"四口"和"五临边"的防护是非常重要的。

【案例 5.6】

背景材料:

某项目民工甲与两名电焊工在进行钢筋焊接,作业时没有按要求穿绝缘鞋和戴手套,甲不慎触及焊钳的裸露部分致使触电倒地。焊工乙立即拉开民工手中的焊钳,使甲脱离带电体,但由于甲中午喝过酒,加剧了心脏承受力,送医院后经抢救无效死亡。

问题:

为什么会发生触电死亡事故?

案例分析:

(1) 民工甲自我防护意识差,工作时没有按要求穿绝缘鞋和戴手套,违反了操作规程,且上班前喝酒,直接造成了该事故的发生。

(2) 电焊班长对工具安全检查不认真,致使安全隐患未能及时消除。

(3) 项目部负责安全的主管存在安全检查不及时,整改不彻底,制度落实不力。

由上述案例可以看出:强化电气安全管理、预防触电伤害措施的严格执行在项目的施工过程中非常重要,为此,在项目的施工过程中必须抓好以下四项工作。

(1) 抓教育。安全意识的高和低是一个大前提,什么是遵章守纪,怎样是违章违纪,怎样是正确操作,怎样是错误操作,都要通过教育来增强安全意识,学会安全知识;新工人入场三级教育、事故典型教育、特殊工程教育、季节性的教育等应抓紧抓好、抓措施。一个新开工程,必须根据规范要求,事先做好临时用电的施工设计,经主管安全人员审验后,按照要求的内容、步骤、敷设线路,设置配电箱,杜绝或减少线路架设的随意性;采用三级配电二级保护措施,采用漏电保护开关,设置分段保护,移动电箱电缆采用五芯线,并严格按照 TN-S 系统的要求进行保护接零。

(2) 抓验收交底。当一个施工现场临时用电实施布置完毕后，在使用前应进行验收，以保证临时用电设施的质量安全、可靠、正确、有效。验收后必须对操作者进行安全交底，使操作者明白各部位的用途以及使用中的注意事项，并要有书面的文字交底。

(3) 抓防护。在设施方面，采用国家电工委员会认可生产的漏电保护装置，设置三级配电二级保护，它能有效地保护人的生命，减少触电伤害。在个人防护方面，必须强调劳动保护用品的作用，应按规定穿戴绝缘手套、绝缘鞋，带电作业应有人监护。

(4) 抓检查。电器设施在使用过程中，要经常进行检查，发现有事故隐患要及时纠正，避免发生事故。

4. 持续改进

在工程项目施工中，各类不安全因素随时存在、不断产生，通过安全检查可以发现施工现场的不安全因素所处的状态，及时发现安全事故并控制事态的发展；对潜在的安全事故进行动态预测、预报，分析、找寻有效的预防措施并予以实施；以期杜绝伤亡事故或将事故后果严重程度、伤亡事故频率和经济损失降到社会容许的范围内，同时改善施工条件和作业环境，达到安全状态。

纠正措施与预防措施，工程上常以安全事故处理、安全隐患处理措施的形式出现。项目部进行安全事故处理的要求前文已有详细介绍，此处不再赘述。下面主要介绍安全隐患的处理要求。

(1) 项目部应区别"通病"、"顽症"、首次出现、不可抗力等类型，修订和完善安全整改措施。

(2) 项目部应对检查出的隐患立即发出安全隐患整改通知单。受检单位应对安全隐患原因进行分析，制定纠正和预防措施。纠正和预防措施应经检查单位负责人批准后实施。

(3) 安全检查人员对检查出的违章指挥和违章作业行为向责任人当场指出，限期纠正。

(4) 安全员对纠正和预防措施的实施过程和实施效果应进行跟踪检查，保存验证记录。

【案例 5.7】

背景材料：

某大型住宅楼工程项目在土方施工时，某挖土机在向基础边推土过程中，将一名正在检查质量的质检员撞倒，送到附近医院抢救无效死亡。经调查，挖土机司机未经培训、无操作证并且当时现场没有指挥人员。

问题：

(1) 请简要分析这起事故发生的原因。

(2) 重大事故书面报告应包括哪些内容？

(3) 施工安全管理责任制中对项目经理的责任是如何规定的？

案例分析:

(1) 这起事故发生的原因如下。

① 挖土机将正在检查质量的质检员撞倒是这起事故发生的直接原因。

② 挖土机司机未经培训、无操作证、缺乏安全意识和安全常识,是这起事故发生的间接原因。

③ 机械作业现场没有指挥人员是这起事故发生的主要原因。

(2) 重大事故书面报告应包括以下内容。

① 事故发生的时间、地点、工程项目、企业名称。

② 事故发生的简要经过、伤亡人数和直接经济损失的初步估计。

③ 事故发生原因的初步判断。

④ 事故发生后采取的措施及事故控制情况。

⑤ 事故报告单位。

(3) 项目经理对合同工程项目的安全生产负全面领导责任。

① 在项目施工生产过程中,认真贯彻落实我国有关安全生产法律、法规、公司建立的各项规章制度,结合项目特点,提出有针对性的安全管理要求,组织编制并严格实施工程项目安全管理保证计划,严格履行安全考核指标和安全生产奖惩办法。

② 认真落实安全管理保证计划中安全技术管理的各项措施,严格执行安全技术措施审批制度,施工项目安全交底制度和设备、设施交接验收使用制度。

③ 领导组织安全生产检查,定期研究分析合同项目施工中存在的安全隐患,并及时落实解决。

④ 发生事故,及时上报,保护好现场,做好抢救工作,积极配合调查,认真落实纠正和预防措施,并认真吸取教训。

5.2　建筑工程项目现场管理与环境管理

5.2.1　建筑工程项目现场管理

1. 施工项目现场管理的目的

建筑工程项目现场管理是对施工现场整个施工活动和过程进行综合性的管理。

"文明施工、安全有序、整洁卫生、不扰民、不损害公众利益"是进行施工项目现场管理的目的。

施工项目的现场管理是项目管理的一个重要部分。良好的现场管理使场容美观整洁、道路畅通,材料放置有序,施工有条不紊,安全、卫生、环境、消防、保安均能得到有效的保障，并且使得与项目有关的相关方都能满意。

施工结束，及时组织清场，将临时设施拆除，剩余物资退场，向新工程转移。

2. 建筑工程项目现场管理应遵守的基本规定

(1) 项目经理部应在施工前了解经过施工现场的地下管线，标出位置，加以保护。施工时发现文物、古迹、爆炸物、电缆等，应当停止施工，保护现场，及时向有关部门报告，并按照规定处理。

(2) 施工中需要停水、停电、封路而影响环境时，应经有关部门批准，事先告示。在行人、车辆通过的地方施工，应当设置沟、井、坎、洞覆盖物和标志。

(3) 项目经理部应对施工现场的环境因素进行分析，对于可能产生的污水、废气、噪声、固体废弃物等污染源采取措施，进行控制。

(4) 建筑垃圾和渣土应堆放在指定地点，定期进行清理。装载建筑材料、垃圾或渣土的运输机械，应采取防止尘土飞扬、洒落或流溢的有效措施。施工现场应根据需要设置机动车辆冲洗设施，冲洗污水应进行处理。

(5) 除有符合规定的装置外，不得在施工现场熔化沥青和焚烧油毡、油漆，也不得焚烧其他可产生有毒有害烟尘和恶臭气味的废弃物。项目经理部应按规定有效地处理有毒有害物质。禁止将有毒有害废弃物现场回填。

(6) 施工现场的场容管理应符合施工平面图设计的合理安排和物料器具定位管理标准化的要求。

(7) 项目经理部应依据施工条件，按照施工总平面图、施工方案和施工进度计划的要求，认真进行所负责区域的施工平面图的规划、设计、布置、使用和管理。

(8) 现场的主要机械设备、脚手架、密封式安全网与围挡、模具、施工临时道路、各种管线、施工材料制品堆场及仓库、土方及建筑垃圾堆放区、变配电间、消火栓、警卫室、现场的办公、生产和生活临时设施等的布置，均应符合施工平面图的要求。

(9) 现场入口处的醒目位置，应公示的内容包括：工程概况、安全纪律、防火须知、安全生产与文明施工、施工平面图、项目经理部组织机构及主要管理人员名单图。

(10) 施工现场周边应按当地有关要求设置围挡和相关的安全预防设施。危险品仓库附近应有明显标志及围挡设施。

(11) 施工现场应设置畅通的排水沟渠系统，保持场地道路的干燥坚实。施工现场的泥浆和污水未经处理不得直接排放。地面宜做硬化处理。有条件时，可对施工现场进行绿化布置。

3. 文明施工的概念

文明施工是指保持施工现场良好的作业环境、卫生环境和工作秩序。因此，文明施工也是保护环境的一项重要措施。文明施工主要包括：规范施工现场的场容，保持作业环境的整洁卫生；科学组织施工，使生产有序进行；减少施工对周围居民和环境的影响；遵守施工现场文明施工的规定和要求，保证职工的安全和身体健康。

文明施工可以适应现代化施工的客观要求，有利于员工的身心健康，有利于培养和提高施工队伍的整体素质，促进企业综合管理水平的提高，提高企业的知名度和市场竞争力。

现场文明施工的主要内容如下。

(1) 规范场容、场貌，保持作业环境整洁卫生。

(2) 创造文明有序安全生产的条件和氛围。

(3) 减少施工对居民和环境的不利影响。

(4) 落实项目文化建设。

4. 建筑工程施工现场文明施工的要求

依据我国相关标准，文明施工的要求主要包括现场围挡、封闭管理、施工场地、材料堆放、现场住宿、现场防火、治安综合治理、施工现场标牌、生活设施、保健急救、社区服务11项内容。

现场文明施工的基本要求如下。

(1) 施工现场必须设置明显的标牌，标明工程项目名称、建设单位、设计单位、施工单位、项目经理和施工现场负责人的姓名、开工和竣工日期、施工许可证批准文号等。施工单位负责施工现场标牌的保护工作。

(2) 施工现场的管理人员在施工现场应佩戴证明其身份的证卡。

(3) 应当按照施工总平面布置图设置各项临时设施。现场堆放的大宗材料、成品、半成品和机具设备不得侵占场内道路及安全防护等设施。

(4) 施工现场的用电线路、用电设施的安装和使用必须符合安装规范和安全操作规程，并按照施工组织设计进行架设，严禁任意拉线接电。施工现场必须设有保证施工安全要求的夜间照明；危险潮湿场所的照明以及手持照明灯具，必须采用符合安全要求的电压。

(5) 施工机械应当按照施工总平面图规定的位置和线路设置，不得任意侵占场内道路。施工机械进场须经过安全检查，经检查合格的方能使用。施工机械操作人员必须建立机组责任制，并依照有关规定持证上岗，禁止无证人员操作。

(6) 应保证施工现场道路畅通，排水系统处于良好的使用状态；保持场容场貌的整洁，随时清理建筑垃圾。在车辆、行人通行的地方施工，应当设置施工标志，并对沟井坎穴进行覆盖。

(7) 施工现场的各种安全设施和劳动保护器具必须定期进行检查和维护，及时消除隐患，保证其安全有效。

(8) 施工现场应当设置各类必要的职工生活设施，并符合卫生、通风、照明等要求。职工的膳食、饮水供应等应当符合卫生要求。

(9) 应当做好施工现场安全保卫工作，采取必要的防盗措施，在现场周边设立围护设施。

(10) 应当严格依照《中华人民共和国消防条例》的规定，在施工现场建立和执行火管理制度，设置符合消防要求的消防设施，并保持完好状态。在容易发生火灾的地区施工，或者储存、使用易燃易爆器材时，应当采取特殊的消防安全措施。

(11) 施工现场发生工程建设重大安全事故或质量事故的处理，分别依照《生产安全事故报告和调查处理条例》(中华人民共和国国务院令　第 493 号　2007 年 6 月 1 日)和《关于做好房屋建筑和市政基础设施工程质量事故报告和调查处理工作的通知》(建质〔2010〕111号)执行。

实现文明施工，不仅要抓好现场的场容管理，而且还要做好现场材料、机械、安全、技术、保卫、消防和生活卫生等方面的工作。因此，要有整套的施工组织设计或施工方案，施工总平面布置紧凑，施工场地规划合理，符合环保、市容、卫生的要求；有健全的施工组织管理机构和指挥系统，岗位分工明确；工序交叉合理，交接责任明确；有严格的成品保护措施和制度，大小临时设施和各种材料构件、半成品按平面布置堆放整齐；施工场地平整，道路畅通，排水设施得当，水电线路整齐，机具设备状况良好，使用合理。施工作业符合消防和安全要求；搞好环境卫生管理，包括施工区、生活区环境卫生和食堂卫生管理；文明施工应贯穿施工结束后的清场。

5. 建筑工程施工现场文明施工管理的内容

现场文明施工管理的内容主要为：场容管理、料具管理、环境保护管理、环卫卫生管理四个方面。

1) 场容管理

(1) 现场门口"二图五牌"齐全。即总平面示意图、项目经理部组织架构及主要管理人员名单图；工程概况牌，安全纪律牌，防火须知牌，安全无重大事故计时牌，安全生产，文明施工牌。各种标牌(包括其他标语牌)均应悬挂在明显位置。

(2) 现场临设工程按平面图建造，井然有序，库房、机棚、工棚、宿舍、办公室、浴室等室内外整洁卫生，有一个良好的生产、工作、生活环境。

(3) 现场道路畅通无阻，供排水系统畅通无积水，施工场地平整干净。

(4) 现场临时水电应设专人管理。

(5) 料具和构配件码放整齐，符合要求。

(6) 不得在楼梯、休息板、阳台上堆放材料和杂物。

(7) 建筑物内外零散碎料和垃圾渣土可以适当设置临时堆放点，但须及时、定期外运。

(8) 施工现场划区管理，责任区分片包干，个人岗位责任制健全。

(9) 施工材料和工具及时回收、维护保养、利用、归库，做到工完、料净、场清。

(10) 成品保护措施健全、有效。

(11) 流水段划分、施工流程、设备配置等均符合施工组织设计。

(12) 季节性施工方案和措施齐全，针对性强，并切实可行。

(13) 施工现场管理人员和工人应戴分色和有区别的安全帽,危险施工区域应派人佩章值班,并悬挂警示牌和警示灯。

(14) 施工现场严格使用安全"三宝","四口"、"五临边"应有防护措施,建筑临街面施工有安全网,人行通道有安全棚;脚手架、门架、井架、吊篮应有验收合格挂牌。

(15) 现场的施工设备整洁,电气开关柜(箱)按规定制作安装,完整带锁,安全保护装置齐全可靠,并按规定设置;操作人员持证上岗,有岗位职责标牌和安全操作规程标牌;垂直运输机械有验收合格挂牌。

(16) 施工现场设有明显的防火标志,配备有足够的消防器材,防火疏散道路畅通,现场施工动用明火有审批手续。

(17) 松散材料、垃圾运输应有覆盖和防护措施,不得将垃圾洒漏在道路上;严格遵守社会公德、职业道德、职业纪律,妥善处理施工现场周围的公共关系,争取有关单位和群众的谅解与支持,控制施工噪声,尽量做到施工不扰民。

(18) 设置黑板报,根据工程进展情况,奖优罚劣。

(19) 对职工进行应知考核。

2) 料具管理

(1) 堆料须有批准手续,并码放整齐,不妨碍交通和影响市容。

(2) 建筑物内外存放的各种料具要分规格码放整齐,符合要求。

(3) 材料保管要有防雨、防潮、防损坏措施。

(4) 贵重物品应及时入库。

(5) 水泥库内外散落灰必须及时清运。

(6) 工人操作能做到活完、料净、脚下清。

(7) 施工垃圾集中存放,及时分拣、包收、清运。

(8) 现场余料、包装容器回收及时,堆放整齐。

(9) 现场无长流水,无长明灯。

(10) 施工组织设计有技术节约措施,并能实施。

(11) 材料管理严格,进出场手续齐全。

(12) 实行限额领料,领、退料手续齐全。

3) 环境保护管理

(1) 施工垃圾处理措施。

(2) 油料库应有防渗漏措施。

(3) 噪声控制措施。

(4) 粉尘污染控制措施。

(5) 污水排放控制措施。

(6) 易燃、易爆物品的保管。

(7) 施工组织设计中要有针对性的环保措施。

(8) 环保工作自我保障体系有检查记录。

4) 环卫卫生管理

(1) 施工现场整齐清洁，无积水。

(2) 办公室内清洁整齐，窗明地净。

(3) 生活区周围不随意泼水、倒污物。

(4) 生活垃圾按指定地点集中，及时清理。

(5) 冬季取暖炉设施齐全，有验收合格证。

(6) 职工饮食要卫生。

6. 建筑工程施工现场文明施工的措施

加强现场文明施工的组织措施包括建立文明施工的管理组织和健全文明施工的管理制度。

(1) 建立文明施工的管理组织。

应确立项目经理为现场文明施工的第一责任人，以各专业工程师、施工质量、安全、材料、保卫、后勤等现场项目经理部人员为成员的施工现场文明管理组织，共同负责本工程现场文明施工工作。

(2) 健全文明施工的管理制度。

包括建立各级文明施工岗位责任制、将文明施工工作考核列入经济责任制，建立定期的检查制度，实行自检、互检、交接检制度，建立奖惩制度，开展文明施工立功竞赛，加强文明施工教育培训等。

7. 现场文明施工各项管理措施的实施

(1) 实行领导责任制。施工单位进入施工现场便要确定一位主要领导来负责文明施工的管理工作，并建立责任制，抓紧落实工作。

(2) 共同管理。现场文明施工管理涉及生产、技术、材料、机械、安全、消防、行政、卫生等各个部门，可由生产部门牵头，进行各项组织工作，各业务部门在本系统的要求上注重文明施工，加强管理。

(3) 日常管理。现场文明施工管理工作贯穿于施工的整个过程，加强日常的管理工作就必须从每一个部门、每一个班组、每一个人做起，抓好每一道工序、每一个环节。因此，必须建立、健全合理的规章制度，对各项工作提出明确的标准和要求，并贯彻到施工过程中去，从而实现经常化。项目负责人应经常督促，随时检查。

(4) 认真落实奖罚责任制。落实奖罚责任制要严格按制度办理。

【案例 5.8】

背景材料：

某项目经理部在承包的房屋建筑工程编制施工项目管理实施规划中，绘制了安全标志布置平面图。在报项目负责人审批时，项目负责人为了考核编制者和实施安全标志设置，向编制人提出了下列问题：①安全警示牌由什么构成？②安全色有哪几种，分别代表什么意思？③安全警示标志是怎样构成的？④设置安全警示标志的"口"有哪几个？

同时指出了该图存在的两个重要问题：第一，编制人员只编制了一次性的图；第二，该图与施工平面图有矛盾。

问题：

(1) 请回答项目负责人提出的各项问题。

(2) 为什么只编制一次性的安全标志布置平面图存在问题？

(3) 项目负责人提出的该安全标志布置平面图与施工平面图有矛盾，说明编制人员忽略了一个什么环节？

案例分析：

(1) 安全警示牌由各种标牌、文字、符号以及灯光等构成。一般来说，安全警示牌包括安全色和安全标志。安全色有红、黄、蓝、绿四种颜色，分别表示禁止、警告、指令和提示；

安全标志由图形符号、安全色、几何图形(边框)或文字组成。分禁止标志、警告标志和提示标志；设置安全警示标志的"口"有六个：出入通道口、楼梯口、电梯井口、孔洞口、桥梁口、隧道口；

(2) 按建设部规定，绘制施工现场安全标志平面图，应根据不同阶段的施工特点，组织人员进行有针对性的设置、悬挂或增减。因此，施工现场安全标志平面图应按阶段设置多个，一个一次性的安全标志布置平面图是不能够满足安全警示的动态要求的。

(3) 编制人员忽略了依据施工平面图布置安全标志布置平面图的重要环节。

5.2.2 建筑工程项目环境管理概述

1. 环境的概念

环境是指组织运行活动场所内部和外部环境的总和。活动场所不仅包括组织内部的工作场所，也包括与组织活动有关的临时、流动场所。影响环境的主要因素有：市场竞争日益加剧；生产事故与劳动疾病增加；生活质量的不断提高。

2. 环境管理的概念

环境管理是指按照法律、法规、各级主管部门和企业环境方针的要求，制定程序、资源、过程和方法，管理环境因素的过程，包括控制现场的各种粉尘、废水、废气、固体废弃物、噪声、振动等对环境的污染和危害，节约建设资源。

建筑工程项目的环境管理主要体现在设计方案和施工环境的控制上。项目设计方案在施工工艺的选择方面对环境的间接影响明显，施工过程则是直接影响工程建设项目环境的主要因素。保护和改善项目建设环境是保证人们身体健康、提升社会文明水平、改善施工现场环境和保证施工顺利进行的需要。文明施工是环境管理的一部分。

3. 环境管理的目的及任务

工程项目环境管理的目的是使社会经济发展与人类的生存环境相协调，控制作业现场的各种环境因素对环境的污染和危害，承担节能减排的社会责任。

环境管理的任务一般包括以下内容。

(1) 建筑工程项目决策阶段：办理各种有关安全与环境保护方面的审批手续。

(2) 工程设计阶段：进行环境保护设施和安全设施的设计，防止因设计考虑不周而导致生产安全事故的发生或对环境造成不良影响。

(3) 工程阶段：建设单位应自开工报告批准之日起 15 日内，将保证安全施工的措施报送建设工程所在地的县级以上人民政府建设行政主管部门或其他有关部门备案。分包单位应接受总包单位的安全生产管理，若分包单位不服从管理而导致安全生产事故，分包单位承担主要责任。施工单位应依法建立生产责任制度，采取安全生产保障措施和实施安全教育培训制度。

(4) 项目验收试运行阶段：项目竣工后，建设单位应向审批建设工程环境影响报告书、环境影响报告或者环境影响登记表的环境保护行政主管部门申请，对环保设施进行竣工验收。

4. 环境管理的工作内容

项目经理部负责环境管理工作的总体策划和部署，建立项目环境管理组织机构，制定相应制度和措施，组织培训，使各级人员明确环境保护的意义和责任。项目经理部的工作应包括以下几个方面。

(1) 项目经理部应按照分区划块原则，搞好现场的环境管理，进行定期检查，加强协调，及时解决发现的问题，实施纠正和预防措施，保持现场良好的作业环境、卫生条件和工作秩序，做到污染预防。

(2) 项目经理部应对环境因素进行控制，制定应急准备和响应措施，并保证信息通畅，预防可能出现非预期的损害。在出现环境事故时，应消除污染，并应制定相应措施，防止环境二次污染。

(3) 项目经理部应保存有关环境管理的工作记录。

(4) 项目经理部应进行现场节能管理，有条件时应规定能源使用指标。

5. 项目的环境管理应遵循的程序

项目的环境管理应遵循一般的程序：确定环境管理目标；进行项目环境管理策划；实施项目环境管理策划；验证并持续改进。

其工作流程如图 5.1 所示。

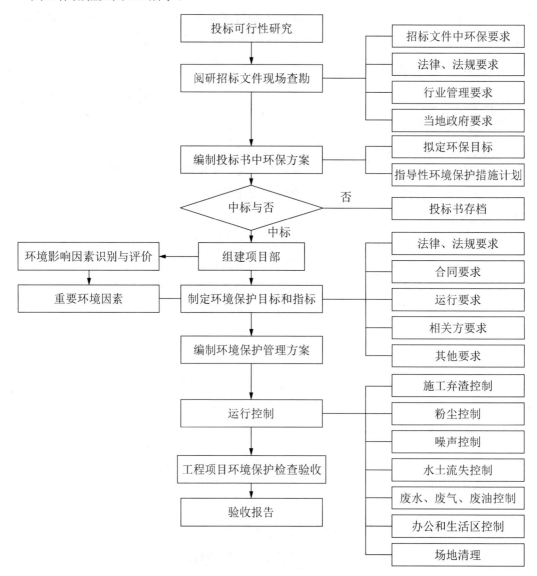

图 5.1　项目的环境管理工作流程图

5.2.3　建筑工程项目环境管理

1. 建筑工程项目的施工现场环境保护

建筑工程项目必须满足有关环境保护法律、法规的要求，在施工过程中注意环境保护对企业发展、员工健康和社会文明有重要意义。

环境保护是按照法律、法规、各级主管部门和企业的要求，保护和改善作业现场的环境，控制现场的各种粉尘、废水、废气、固体废弃物、噪声、振动等对环境的污染和危害。

环境保护也是文明施工的重要内容之一。

根据《中华人民共和国环境保护法》和《中华人民共和国环境影响评价法》的有关规定，建设工程项目对建设工程施工现场环境保护的基本要求包括如下内容。

(1) 涉及依法划定的自然保护区、风景名胜区、生活饮用水水源保护区及其他需要特别保护的区域时，应当符合国家有关法律、法规及该区域内建设工程项目环境管理的规定，不得建设污染环境的工业生产设施；建设的工程项目设施的污染物排放不得超过规定的排放标准。

(2) 开发利用自然资源的项目，必须采取措施保护生态环境。

(3) 建设工程项目选址、选线、布局应当符合区域、流域规划和城市总体规划。

(4) 应满足项目所在区域环境质量、相应环境功能区划和生态功能区划标准或要求。

(5) 拟采取的污染防治措施应确保污染物排放达到国家和地方规定的排放标准，满足污染物总量控制要求；涉及可能产生放射性污染的，应采取有效预防和控制放射性污染措施。

(6) 建设工程应当采用节能、节水等有利于环境与资源保护的建筑设计方案、建筑材料、装修材料、建筑构配件及设备。建筑材料和装修材料必须符合国家标准。禁止生产、销售和使用有毒、有害物质超过国家标准的建筑材料和装修材料。

(7) 尽量减少建设工程施工中所产生的干扰周围生活环境的噪声。

(8) 应采取生态保护措施，有效预防和控制生态破坏。

(9) 对环境可能造成重大影响、应当编制环境影响报告书的建设工程项目，可能严重影响项目所在地居民生活环境质量的建设工程项目，以及存在重大意见分歧的建设工程项目，环保部门可以举行听证会，听取有关单位、专家和公众的意见，并公开听证结果，说明对有关意见采纳或不采纳的理由。

(10) 建设工程项目中防治污染的设施，必须与主体工程同时设计、同时施工、同时投产使用。防治污染的设施必须经原审批环境影响报告书的环境保护行政主管部门验收合格后，该建设工程项目方可投入生产或者使用。

(11) 禁止引进不符合我国环境保护规定要求的技术和设备。

(12) 任何单位不得将产生严重污染的生产设备转移给没有污染防治能力的单位使用。

2. 建筑工程施工现场环境保护的措施

工程建设过程中的污染主要包括对施工场界内的污染和对周围环境的污染。对施工场界内的污染防治属于职业健康安全问题，而对周围环境的污染防治是环境保护的问题。

建设工程环境保护措施主要包括大气污染的防治、水污染的防治、噪声污染的防治、固体废弃物的处理以及文明施工措施等。

1) 大气污染的防治

(1) 大气污染物的分类。

大气污染物的种类有数千种，已发现有危害作用的有 100 多种，其中大部分是有机物。

大气污染物通常以气体状态和粒子状态存在于空气中。

(2) 施工现场空气污染的防治措施如下。

① 施工现场垃圾渣土要及时清理出现场。

② 高大建筑物清理施工垃圾时,要使用封闭式的容器或者采取其他措施处理高空废弃物,严禁凌空随意抛撒。

③ 施工现场道路应指定专人定期洒水清扫,形成制度,防止道路扬尘。

④ 对于细颗粒散体材料(如水泥、粉煤灰、白灰等)的运输、储存要注意遮盖、密封,防止和减少飞扬。

⑤ 车辆开出工地要做到不带泥沙,基本做到不洒土、不扬尘,减少对周围环境的污染。

⑥ 除设有符合规定的装置外,禁止在施工现场焚烧油毡、橡胶、塑料、皮革、树叶、枯草、各种包装物等废弃物品以及其他会产生有毒、有害烟尘和恶臭气体的物质。

⑦ 机动车都要安装减少尾气排放的装置,确保符合国家标准。

⑧ 工地茶炉应尽量采用电热水器。若只能使用烧煤茶炉和锅炉时,应选用消烟除尘型茶炉和锅炉,大灶应选用消烟节能回风炉灶,使烟尘降至允许排放范围为止。

⑨ 大城市市区的建设工程已不容许搅拌混凝土。在容许设置搅拌站的工地,应将搅拌站封闭严密,并在进料仓上方安装除尘装置,采用可靠措施控制工地粉尘污染。

⑩ 拆除旧建筑物时,应适当洒水,防止扬尘。

2) 水污染的防治

(1) 水污染物主要来源包括如下几个方面。

① 工业污染源:指各种工业废水向自然水体的排放。

② 生活污染源:主要有食物废渣、食油、粪便、合成洗涤剂、杀虫剂、病原微生物等。

③ 农业污染源:主要有化肥、农药等。

施工现场废水和固体废物随水流流入水体部分,包括泥浆、水泥、油漆、各种油类、混凝土添加剂、重金属、酸碱盐、非金属无机毒物等。

(2) 施工过程水污染的防治措施如下。

① 禁止将有毒有害废弃物作土方回填。

② 施工现场搅拌站废水,现制水磨石的污水,电石(碳化钙)的污水必须经沉淀池沉淀合格后再排放,最好将沉淀水用于工地洒水降尘或采取措施回收利用。

③ 现场存放油料,必须对库房地面进行防渗处理,如采用防渗混凝土地面、铺油毡等措施。使用时,要采取防止油料"跑、冒、滴、漏"的措施,以免污染水体。

④ 施工现场 100 人以上的临时食堂,污水排放时可设置简易有效的隔油池,定期清理,防止污染。

⑤ 工地临时厕所、化粪池应采取防渗漏措施。中心城市施工现场的临时厕所可采用

水冲式厕所，并有防蝇灭蛆措施，防止污染水体和环境。

⑥　化学用品、外加剂等要妥善保管，库内存放，防止污染环境。

3)　噪声污染的防治

(1)　噪声的分类与危害如下。

按噪声来源可分为交通噪声(如汽车、火车、飞机等)、工业噪声(如鼓风机、汽轮机、冲压设备等)、建筑施工的噪声(如打桩机、推土机、混凝土搅拌机等发出的声音)、社会生活噪声(如高音喇叭、收音机等)。为防止噪声扰民，应控制人为强噪声。

根据国家标准《建筑施工场界噪声限值》的要求，对不同施工作业的噪声限值如表 5.1 所示。在工程施工中，要特别注意不得超过国家标准的限值，尤其是夜间禁止打桩作业。

表 5.1　建筑施工场界噪声限值

施工阶段	主要噪声源	噪声限值/dB(A)	
		昼　间	夜　间
土石方	挖土机、挖掘机、装载机等	75	55
打桩	各种打桩机械等	85	禁止施工
结构	混凝土搅拌机、振动棒、电锯等	70	55
装修	吊车、升降机等	65	55

(2)　施工现场噪声的控制措施如下。

①　声源控制。

首先在声源上降低噪声，这是防止噪声污染的最根本的措施；其次尽量采用低噪声设备和加工工艺代替高噪声设备与加工工艺，如低噪声振捣器、风机、电动空压机、电锯等；最后可在声源处安装消声器消声，即在通风机、鼓风机、压缩机、燃气机、内燃机及各类排气放空装置等进出风管的适当位置设置消声器。

②　传播途径的控制。

吸声：利用吸声材料(大多由多孔材料制成)或由吸声结构形成的共振结构(金属或木质薄板钻孔制成的空腔体)　吸收声能，降低噪声。

隔声：应用隔声结构，阻碍噪声向空间传播，将接收者与噪声声源分隔。隔声结构包括隔声室、隔声罩、隔声屏障、隔声墙等。

消声：利用消声器阻止传播。允许气流通过的消声降噪是防治空气动力性噪声的主要装置。如对空气压缩机、内燃机产生的噪声等。

减振降噪：对来自振动引起的噪声，通过降低机械振动减小噪声，如将阻尼材料涂在振动源上，或改变振动源与其他刚性结构的连接方式等。

③　接收者的防护。

让处于噪声环境下的人员使用耳塞、耳罩等防护用品，减少相关人员在噪声环境中的暴露时间，以减轻噪声对人体的危害。

④　严格控制人为噪声。

进入施工现场不得高声喊叫、无故甩打模板、乱吹哨，限制高音喇叭的使用，最大限度地减少噪声扰民。

凡在人口稠密区进行强噪声作业时，须严格控制作业时间，一般晚10点到次日早6点之间停止强噪声作业。确系特殊情况必须昼夜施工时，尽量采取降低噪声措施，并会同建设单位找当地居委会、村委会或当地居民协调，出安民告示，求得群众谅解。

4)　固体废弃物的处理

(1)　建设工程施工工地上常见的固体废物如下。

①　建筑渣土：包括砖瓦、碎石、渣土、混凝土碎块、废钢铁、碎玻璃、废屑、废弃装饰材料等；

②　废弃的散装大宗建筑材料：包括水泥、石灰等；

③　生活垃圾：包括炊厨废物、丢弃食品、废纸、生活用具、玻璃、陶瓷碎片、废电池、废日用品、废塑料制品、煤灰渣、废交通工具等；

④　设备、材料等的包装材料；

⑤　粪便。

(2)　固体废弃物的处理和处置如下。

固体废弃物处理的基本思想是：采取资源化、减量化和无害化的处理，对固体废弃物产生的全过程进行控制。固体废弃物的主要处理方法如下。

①　回收利用。

回收利用是对固体废弃物进行资源化、减量化的重要手段之一。如粉煤灰在建设工程领域的广泛应用就是对固体废弃物进行资源化利用的典型范例。又如发达国家炼钢原料中有70%是利用回收的废钢铁，所以，钢材可以看作可再生利用的建筑材料。

②　减量化处理。

减量化是对已经产生的固体废弃物进行分选、破碎、压实浓缩、脱水等减少其最终处置量，减低处理成本，减少对环境的污染。在减量化处理的过程中，也包括和其他处理技术相关的工艺方法，如焚烧、热解、堆肥等。

③　焚烧。

焚烧用于不适合再利用且不宜直接予以填埋处置的废弃物，除有符合规定的装置外，不得在施工现场熔化沥青和焚烧油毡、油漆，也不得焚烧其他可产生有毒有害和恶臭气体的废弃物。垃圾焚烧处理应使用符合环境要求的处理装置，避免对大气的二次污染。

④　稳定和固化。

利用水泥、沥青等胶结材料，将松散的废物胶结包裹起来，减少有害物质从废物中向外迁移、扩散，使得废物对环境的污染减少。

⑤　填埋。

填埋是固体废弃物经过无害化、减量化处理的废弃物残渣集中到填埋场进行处置。禁止将有毒有害废弃物现场填埋，填埋场应利用天然或人工屏障。尽量使需处置的废弃物与环境隔离；并注意废弃物的稳定性和长期安全性。

思 考 题

1. 安全管理应坚持哪些基本原则？

2. 建筑项目安全管理的要素包括哪些？

3. 如何建立施工现场安全保证体系？

4. 试述安全事故处理的原则和程序。

5. 项目文明施工有哪些内容？

6. 项目文明施工应采取哪些措施？

7. 试述环境管理应遵循的程序。

8. 现场环境保护的措施有哪些？

第6章 建筑工程项目合同与信息管理

教学指引

◆ 知识重点：建筑工程合同的类型；建筑工程施工合同的主要内容；建筑工程担保的类型；建筑工程施工合同分析；建筑工程施工合同交底；建筑工程施工合同实施的控制；建筑工程施工合同实施保证体系；建筑工程施工项目索赔的起因和分类；建筑工程施工项目索赔成立的条件；建筑工程施工项目索赔的依据；建筑工程施工项目索赔的程序和方法；工程项目报告系统；建筑工程项目管理信息系统；工程项目文档管理。

◆ 知识难点：建筑工程施工合同的主要内容；建筑工程施工合同分析；建筑工程施工合同交底；建筑工程施工合同实施的控制；建筑工程施工合同实施保证体系；建筑工程施工项目索赔成立的条件；建筑工程施工项目索赔的依据；建筑工程施工项目索赔的程序和方法；工程项目报告系统；建筑工程项目管理信息系统。

学习目标

◆ 掌握建筑工程合同的类型。
◆ 掌握建筑工程合同的主要内容。
◆ 熟悉我国建筑工程合同实施的管理。
◆ 掌握建筑工程索赔的主要内容。
◆ 了解工程项目中的信息。
◆ 熟悉工程项目报告系统的结构形式和内容。
◆ 熟悉管理信息系统正常高效运作。
◆ 了解工程项目文档管理内容。

案例导入

背景材料:

某住宅楼工程在施工图设计完成一部分后,业主通过招投标选择了一家总承包单位承包该工程的施工任务。由于设计工作尚未全部完成,承包范围内待实施的工程虽性质明确,但工程量还难以确定,双方商定拟采用总价合同形式签订施工合同,以减少双方的风险。合同的部分条款摘要如下。

1. 协议书中的部分条款

1.1 工程概况

工程名称:某住宅楼。

工程地点:某市。

工程内容:建筑面积为 4000m^2 的砖混结构住宅楼。

1.2 工程承包范围

承包范围:某建筑设计院设计的施工图所包括的土建、装饰、水暖电工程。

1.3 合同工期

开工日期:2014 年 2 月 21 日。

竣工日期:2014 年 9 月 30 日。

合同工期总日历天数:219 天(扣除 5 月 1~3 日)。

1.4 质量标准

工程质量标准:合格。

1.5 合同价款

合同总价为:肆佰玖拾陆万肆仟元人民币(¥496.4 万元)。

……

1.9 甲方承诺的合同价款支付期限与方式

(1) 工程预付款:于开工之日起支付合同总价的 10%作为预付款。预付款不予扣回,直接抵作工程进度款。

(2) 工程进度款:基础工程完工后,支付合同总价的 10%;主体结构三层完成后,支付合同总价的 20%;主体结构全部封顶后,支付合同总价的 20%;工程基本竣工时,支付合同总价的 30%。为确保工程如期竣工,乙方不得因甲方资金的暂时不到位而停工和拖延工期。

2. 补充协议条款

2.1 甲方向乙方提供施工场地的工程地质和地下主要管网线路资料,供乙方参考使用。

2.2 乙方不能将工程转包,但允许分包,也允许分包单位将分包的工程再次分包给其他施工单位。

......

请同学们思考：

(1) 该项工程项目合同中，业主与施工单位选择总价合同形式是否妥当？

(2) 该合同所拟条款有哪些不妥当之处？应如何对其进行修改？

分析思路：

(1) 该项工程采用总价合同形式不妥当。因为项目工程量难以确定，双方风险较大。

(2) 该合同条款存在的不妥之处及其修改如下。

① 合同工期总日历天数不应扣除节假日，可以将该节假日时间加到总日历天数中。

② 工程价款支付条款中的"基本竣工时"不明确，应修订为具体明确的时间或明确的已完工程量；"乙方不得因甲方资金的暂时不到位而停工和拖延工期"条款显失公平，应说明甲方资金不到位在什么期限内乙方不得停工和拖延工期，且应规定逾期支付的利息如何计算。

③ 补充条款第 2.1 条中，"供乙方参考使用"提法不当，应修订为保证资料(数据)真实准确，作为乙方现场施工的依据。

④ 补充条款第 2.2 条不妥，不允许分包单位再次分包。

6.1　建筑工程项目合同管理

6.1.1　建筑工程相关合同

涉及建筑工程项目的合同以及与建筑工程有关的合同很多，下面介绍一些主要的合同。

1. 涉及建筑工程项目的合同

1) 建筑工程勘察合同

建筑工程勘察合同是指根据建设工程的要求，查明、分析、评价建设场地的地质地理环境特征和岩土工程条件，编制建设工程勘察文件的协议。

2) 建筑工程设计合同

建筑工程设计合同是指根据建设工程的要求，对建设工程所需的技术、经济、资源、环境等条件进行综合分析、论证，编制建设工程设计文件的协议。

3) 建筑工程施工合同

建筑工程施工合同指发包人与承包人为完成商定的建筑工程项目的施工任务明确双方权利义务的协议。

4) 勘察、设计或施工总承包合同

勘察、设计或施工总承包，是指发包人将全部勘察、设计或施工的任务一起发包给一个总承包单位(又称总承包人)。为明确发包人和总承包人权利义务所签订的协议即为勘察、设计或施工总承包合同。经发包人同意，总承包人可以将勘察、设计或施工任务的一部分分包给其他符合资质的分包人。

5) 单位工程施工承包合同

单位工程施工承包，是指在一些大型、复杂的建筑工程中，发包人将专业性很强的各单位工程(建筑工程、电气与机械工程等)发包给不同的承包人，这些承包人之间为平行关系。为明确发包人和各承包人权利义务所签订的协议即为单位工程施工承包合同。单位工程施工承包合同常见于大型工业建筑安装工程。

6) 建筑工程项目总承包合同

建筑工程项目总承包，是指发包人将工程项目的勘察、设计、采购、施工、试运行(竣工验收)等实行全过程或若干阶段任务发包给总承包企业，由其进行设计、施工、采购、施工、试运行(竣工验收)等工作，最后向建设单位交付具有使用功能的工程项目。为明确发包人和总承包企业权利义务所签订的协议即为工程项目总承包合同。总承包企业可依法将所承包工程中的部分工作发包给具有相应资质的分包企业。

7) 建设工程监理合同

建筑工程监理合同是指委托人委托监理单位(监理人)承担监理业务，为明确委托人与监理人权利义务关系所签订的协议。

8) 建筑工程咨询合同

建筑工程咨询合同是指委托人委托咨询企业承担建设工程相关咨询业务(如项目可行性研究、技术检测、造价咨询等)，为明确委托人与咨询企业权利义务关系所签订的协议。

2. 与建筑工程有关的其他合同

1) 建筑工程物资采购合同

建筑工程物资采购合同是指出卖人与买受人签订的关于出卖人将建筑工程物资所有权转移给买受人，买受人支付价款的明确双方权利义务关系的协议。

2) 建筑工程保险合同

建筑工程保险合同是指发包人或承包人为防范特定风险而与保险公司明确权利义务关系的协议。

3) 建筑工程担保合同

建筑工程担保合同是指义务人(发包人或承包人)或第三人与权利人(承包人或发包人)签订为保证建筑工程合同全面、正确履行而明确双方权利义务关系的协议。

6.1.2　建筑工程施工总承包合同及相关合同的主要内容

1．建筑工程施工总承包合同的主要内容

1)　施工总承包合同示范文本概述

住房和城乡建设部与国家工商行政管理总局于 2013 年颁发了修改的《建筑工程施工合同(示范文本)》(GF—2013—0201)(以下简称《示范文本》)，主要适用于施工总承包合同。该《示范文本》由《合同协议书》、《通用条款》和《专用条款》三部分组成。

(1)　合同协议书。

《示范文本》合同协议书共计 13 条，主要包括：工程概况、合同工期、质量标准、签约合同价和合同价格形式、项目经理、合同文件构成、承诺以及合同生效条件等重要内容，集中约定了合同当事人基本的合同权利义务。

(2)　通用合同条款。

通用合同条款是合同当事人根据《中华人民共和国建筑法》、《中华人民共和国合同法》等法律法规的规定，就工程建设的实施及相关事项，对合同当事人的权利义务做出的原则性约定。

通用合同条款共计 20 条，具体条款分别为：一般约定、发包人、承包人、监理人、工程质量、安全文明施工与环境保护、工期和进度、材料与设备、试验与检验、变更、价格调整、合同价格、计量与支付、验收和工程试车、竣工结算、缺陷责任与保修、违约、不可抗力、保险、索赔和争议解决。前述条款安排既考虑了现行法律法规对工程建设的有关要求，也考虑了建设工程施工管理的特殊需要。

(3)　专用合同条款。

专用合同条款是对通用合同条款原则性约定的细化、完善、补充、修改或另行约定的条款。合同当事人可以根据不同建设工程的特点及具体情况，通过双方的谈判、协商对相应的专用合同条款进行修改补充。

2)　施工总承包合同的主要内容

(1)　合同文件的优先顺序。

构成施工合同文件的组成部分，除了协议书、通用条款和专用条款以外，一般还应该包括：中标通知书、投标书及其附件、有关的标准、规范及技术文件、图纸、工程量清单、工程报价单或预算书等。组成合同的各项文件应互相解释，互为说明。除专用合同条款另有约定外，解释合同文件的优先顺序如下：

①　合同协议书；

②　中标通知书(如果有)；

③　投标函及其附录(如果有)；

④　专用合同条款及其附件；

⑤ 通用合同条款；

⑥ 技术标准和要求；

⑦ 图纸；

⑧ 已标价工程量清单或预算书；

⑨ 其他合同文件。

上述各项合同文件包括合同当事人就该项合同文件所作出的补充和修改，属于同一类内容的文件，应以最新签署的为准。

在合同订立及履行过程中形成的与合同有关的文件均构成合同文件组成部分，并根据其性质确定优先解释顺序。

(2) 发包人的责任与义务。

① 图纸的提供和交底。

发包人应按照专用合同条款约定的期限、数量和内容向承包人免费提供图纸， 并组织承包人、监理人和设计人进行图纸会审和设计交底。

② 对化石、文物的保护。

发包人、监理人和承包人应按有关政府行政管理部门要求对施工现场发掘的所有文物、古迹以及具有地质研究或考古价值的其他遗迹、化石、钱币或物品采取妥善的保护措施，由此增加的费用和(或)延误的工期由发包人承担。

③ 办理许可或批准。

发包人应遵守法律，并办理法律规定由其办理的许可、批准或备案，包括但不限于建设用地规划许可证、建设工程规划许可证、建设工程施工许可证、临时占用土地等许可和批准。

④ 提供施工现场。

除专用合同条款另有约定外，发包人应最迟于开工日期7天前向承包人移交施工现场。

⑤ 提供施工条件。

除专用合同条款另有约定外，发包人应负责提供施工所需要的条件，包括：将施工用水、电力、通信线路等施工所必需的条件接至施工现场内；保证向承包人提供正常施工所需要的进入施工现场的交通条件；协调处理施工现场周围地下管线和邻近建筑物、构筑物、古树名木的保护工作，并承担相关费用；按照专用合同条款约定应提供的其他设施和条件。

⑥ 提供基础资料。

发包人应当在移交施工现场前向承包人提供施工现场及工程施工所必需的毗邻区域内供水、排水、供电、供气、供热、通信、广播电视等地下管线资料，气象和水文观测资料，地质勘察资料，相邻建筑物、构筑物和地下工程等有关基础资料，并对所提供资料的真实性、准确性和完整性负责。

⑦ 提供资金来源证明及支付担保。

除专用合同条款另有约定外，发包人应在收到承包人要求提供资金来源证明的书面通

知后 28 天内，向承包人提供能够按照合同约定支付合同价款的相应资金来源证明。除专用合同条款另有约定外，发包要求承包人提供履约担保的，发包人应当向承包人提供支付担保。

⑧　支付合同价款。

发包人应按合同约定向承包人及时支付合同价款。

⑨　组织竣工验收。

发包人应按合同约定及时组织竣工验收。

⑩　现场统一管理协议。

发包人应与承包人、由发包人直接发包的专业工程的承包人签订施工现场统一管理协议，明确各方的权利义务。施工现场统一管理协议作为专用合同条款的附件。

(3)　承包人的一般义务。

承包人在履行合同过程中应遵守法律和工程建设标准规范，并履行以下义务：

①　办理法律规定应由承包人办理的许可和批准，并将办理结果书面报送发包人留存；

②　按法律规定和合同约定完成工程，并在保修期内承担保修义务；

③　按法律规定和合同约定采取施工安全和环境保护措施，办理工伤保险，确保工程及人员、材料、设备和设施的安全；

④　按合同约定的工作内容和施工进度要求，编制施工组织设计和施工措施计划，并对所有施工作业和施工方法的完备性和安全可靠性负责；

⑤　在进行合同约定的各项工作时，不得侵害发包人与他人使用公用道路、水源、市政管网等公共设施的权利，避免对邻近的公共设施产生干扰。承包人占用或使用他人的施工场地，影响他人作业或生活的，应承担相应责任；

⑥　按照(环境保护)条款约定负责施工场地及其周边环境与生态的保护工作；

⑦　按(安全文明施工)条款约定采取施工安全措施，确保工程及其人员、材料、设备和设施的安全，防止因工程施工造成的人身伤害和财产损失；

⑧　将发包人按合同约定支付的各项价款专用于合同工程，且应及时支付其雇用人员工资，并及时向分包人支付合同价款；

⑨　按照法律规定和合同约定编制竣工资料，完成竣工资料立卷及归档，并按专用合同条款约定的竣工资料的套数、内容、时间等要求移交发包人；

⑩　应履行的其他义务。

(4)　进度控制的主要条款内容。

①　施工进度计划。

承包人应按照(施工组织设计)约定提交详细的施工进度计划，施工进度计划的编制应当符合国家法律规定和一般工程实践惯例，施工进度计划经发包人批准后实施。

施工进度计划不符合合同要求或与工程的实际进度不一致的，承包人应向监理人提交修订的施工进度计划，并附具有关措施和相关资料，由监理人报送发包人。除专用合同条款另有约定外,发包人和监理人应在收到修订的施工进度计划后 7 天内完成审核和批准或提出修改意见。

② 开工日期与工期。

发包人应按照法律规定获得工程施工所需的许可。经发包人同意后,监理人发出的开工通知应符合法律规定。监理人应在计划开工日期 7 天前向承包人发出开工通知,工期自开工通知中载明的开工日期起算。

③ 工期调整。

在合同履行过程中,因发包人原因导致工期延误和(或)费用增加的,由发包人承担由此延误的工期和(或)增加的费用,且发包人应支付承包人合理的利润。因承包人原因造成工期延误的,可以在专用合同条款中约定逾期竣工违约金的计算方法和逾期竣工违约金的上限。承包人支付逾期竣工违约金后,不免除承包人继续完成工程及修补缺陷的义务。由于出现专用合同条款规定的异常恶劣气候的条件导致工期延误的,承包人有权要求发包人延长工期。

④ 暂停施工。

因发包人原因引起暂停施工的,监理人经发包人同意后,应及时下达暂停施工指示。情况紧急且监理人未及时下达暂停施工指示的,按照(紧急情况下的暂停施工)条款执行。因发包人原因引起的暂停施工,发包人应承担由此增加的费用和(或)延误的工期,并支付承包人合理的利润。

因承包人原因引起的暂停施工,承包人应承担由此增加的费用和(或)延误的工期,且承包人在收到监理人复工指示后 84 天内仍未复工的,视为(承包人违约的情形)条款第(7)目约定的承包人无法继续履行合同的情形。

指示暂停施工。监理人认为有必要时,并经发包人批准后,可向承包人做出暂停施工的指示,承包人应按监理人指示暂停施工。

紧急情况下的暂停施工。因紧急情况需暂停施工,且监理人未及时下达暂停施工指示的,承包人可先暂停施工,并及时通知监理人。监理人应在接到通知后 24 小时内发出指示,逾期未发出指示,视为同意承包人暂停施工。监理人不同意承包人暂停施工的,应说明理由,承包人对监理人的答复有异议,按照第(争议解决)条款约定处理。

⑤ 提前竣工。

发包人要求承包人提前竣工的,发包人应通过监理人向承包人下达提前竣工指示,承包人应向发包人和监理人提交提前竣工建议书,提前竣工建议书应包括实施的方案、缩短的时间、增加的合同价格等内容。发包人接受该提前竣工建议书的,监理人应与发包人和承包人协商采取加快工程进度的措施,并修订施工进度计划,由此增加的费用由发包人承担。承包人认为提前竣工指示无法执行的,应向监理人和发包人提出书面异议,发包人和监理人应在收到异议后 7 天内予以答复。任何情况下,发包人不得压缩合理工期。

发包人要求承包人提前竣工,或承包人提出提前竣工的建议能够给发包人带来效益的,

合同当事人可以在专用合同条款中约定提前竣工的奖励。

(5) 质量控制的主要条款内容。

① 承包人的质量管理。

承包人应按照法律规定和发包人的要求，对材料、工程设备以及工程的所有部位及其施工工艺进行全过程的质量检查和检验，并作详细记录，编制工程质量报表，报送监理人审查。此外，承包人还应按照法律规定和发包人的要求，进行施工现场取样试验、工程复核测量和设备性能检测，提供试验样品、提交试验报告和测量成果以及其他工作。

② 监理人的质量检查和检验。

监理人按照法律规定和发包人授权对工程的所有部位及其施工工艺、材料和工程设备进行检查和检验。监理人的检查和检验不应影响施工正常进行。监理人的检查和检验影响施工正常进行的，且经检查检验不合格的，影响正常施工的费用由承包人承担，工期不予顺延；经检查检验合格的，由此增加的费用和(或)延误的工期由发包人承担。

③ 隐蔽工程检查。

承包人自检。承包人应当对工程隐蔽部位进行自检，并经自检确认是否具备覆盖条件。

通知监理人检查。除专用合同条款另有约定外，工程隐蔽部位经承包人自检确认具备覆盖条件的，承包人应在共同检查前 48 小时书面通知监理人检查，通知中应载明隐蔽检查的内容、时间和地点，并应附有自检记录和必要的检查资料。监理人应按时到场并对隐蔽工程及其施工工艺、材料和工程设备进行检查。经监理人检查确认质量符合隐蔽要求，并在验收记录上签字后，承包人才能进行覆盖。经监理人检查质量不合格的，承包人应在监理人指示的时间内完成修复，并由监理人重新检查，由此增加的费用和(或)延误的工期由承包人承担。

监理人未到场检查。除专用合同条款另有约定外，监理人不能按时进行检查的，应在检查前 24 小时向承包人提交书面延期要求，但延期不能超过 48 小时，由此导致工期延误的，工期应予以顺延。监理人未按时进行检查，也未提出延期要求的，视为隐蔽工程检查合格，承包人可自行完成覆盖工作，并作相应记录报送监理人，监理人应签字确认。监理人事后对检查记录有疑问的，可按(重新检查)条款的约定重新检查。

监理人重新检查。承包人覆盖工程隐蔽部位后，发包人或监理人对质量有疑问的，可要求承包人对已覆盖的部位进行钻孔探测或揭开重新检查，承包人应遵照执行，并在检查后重新覆盖恢复原状。经检查证明工程质量符合合同要求的，由发包人承担由此增加的费用和(或)延误的工期，并支付承包人合理的利润；经检查证明工程质量不符合合同要求的，由此增加的费用和(或)延误的工期由承包人承担。

承包人私自覆盖。承包人未通知监理人到场检查，私自将工程隐蔽部位覆盖的，监理人有权指示承包人钻孔探测或揭开检查，无论工程隐蔽部位质量是否合格，由此增加的费用和(或)延误的工期均由承包人承担。

④　不合格工程的处理。

因承包人原因造成工程不合格的，发包人有权随时要求承包人采取补救措施，直至达到合同要求的质量标准，由此增加的费用和(或)延误的工期由承包人承担。无法补救的，按照(拒绝接收全部或部分工程)条款约定执行。因发包人原因造成工程不合格的，由此增加的费用和(或)延误的工期由发包人承担，并支付承包人合理的利润。

⑤　缺陷责任与保修。

工程保修的原则。在工程移交发包人后，因承包人原因产生的质量缺陷，承包人应承担质量缺陷责任和保修义务。缺陷责任期届满，承包人仍应按合同约定的工程各部位保修年限承担保修义务。

缺陷责任期。缺陷责任期自实际竣工日期起计算，合同当事人应在专用合同条款约定缺陷责任期的具体期限，但该期限最长不超过24个月。除专用合同条款另有约定外，承包人应于缺陷责任期届满后7天内向发包人发出缺陷责任期届满通知，发包人应在收到缺陷责任期满通知后14天内核实承包人是否履行缺陷修复义务，承包人未能履行缺陷修复义务的，发包人有权扣除相应金额的维修费用。发包人应在收到缺陷责任期届满通知后14天内，向承包人颁发缺陷责任期终止证书。

工程保修期从工程竣工验收合格之日起算，具体分部分项工程的保修期由合同当事人在专用合同条款中约定，但不得低于法定最低保修年限。在工程保修期内，承包人应当根据有关法律规定以及合同约定承担保修责任。发包人未经竣工验收擅自使用工程的，保修期自转移占有之日起算。

(6)　费用控制的主要条款内容。

①　预付款。

预付款的支付。预付款的支付按照专用合同条款约定执行，但至迟应在开工通知载明的开工日期7天前支付。预付款应当用于材料、工程设备、施工设备的采购及修建临时工程、组织施工队伍进场等。发包人逾期支付预付款超过7天的，承包人有权向发包人发出要求预付的催告通知，发包人收到通知后7天内仍未支付的，承包人有权暂停施工，并按(发包人违约的情形)条款执行。

预付款担保。发包人要求承包人提供预付款担保的，承包人应在发包人支付预付款7天前提供预付款担保，专用合同条款另有约定除外。预付款担保可采用银行保函、担保公司担保等形式，具体由合同当事人在专用合同条款中约定。在预付款完全扣回之前，承包人应保证预付款担保持续有效。

②　工程量的确认。

承包人应于每月25日向监理人报送上月20日至当月19日已完成的工程量报告，并附具进度付款申请单、已完成工程量报表和有关资料。

监理人应在收到承包人提交的工程量报告后7天内完成对承包人提交的工程量报表的审核并报送发包人，以确定当月实际完成的工程量。监理人对工程量有异议的，有权要求承包人进行共同复核或抽样复测。承包人应协助监理人进行复核或抽样复测，并按监理人要求提供补充计量资料。承包人未按监理人要求参加复核或抽样复测的，监理人复核或修正的工程量视为承包人实际完成的工程量。

监理人未在收到承包人提交的工程量报表后的 7 天内完成审核的，承包人报送的工程量报告中的工程量视为承包人实际完成的工程量，据此计算工程价款。

③　工程进度款的支付。

除专用合同条款另有约定外，付款周期应按照(计量周期)条款的约定与计量周期保持一致。监理人应在收到承包人进度付款申请单以及相关资料后 7 天内完成审查并报送发包人，发包人应在收到后 7 天内完成审批并签发进度款支付证书。发包人逾期未完成审批且未提出异议的，视为已签发进度款支付证书。

发包人和监理人对承包人的进度付款申请单有异议的，有权要求承包人修正和提供补充资料，承包人应提交修正后的进度付款申请单。监理人应在收到承包人修正后的进度付款申请单及相关资料后 7 天内完成审查并报送发包人，发包人应在收到监理人报送的进度付款申请单及相关资料后 7 天内，向承包人签发无异议部分的临时进度款支付证书。存在争议的部分，按照(争议解决)条款的约定处理。

除专用合同条款另有约定外，发包人应在进度款支付证书或临时进度款支付证书签发后 14 天内完成支付，发包人逾期支付进度款的，应按照中国人民银行发布的同期同类贷款基准利率支付违约金。

发包人签发进度款支付证书或临时进度款支付证书，不表明发包人已同意、批准或接受了承包人完成的相应部分的工作。

④　进度付款的修正。

在对已签发的进度款支付证书进行阶段汇总和复核中发现错误、遗漏或重复的，发包人和承包人均有权提出修正申请。经发包人和承包人同意的修正，应在下期进度付款中支付或扣除。

⑤　竣工结算申请及审核。

除专用合同条款另有约定外，承包人应在工程竣工验收合格后 28 天内向发包人和监理人提交竣工结算申请单，并提交完整的结算资料，有关竣工结算申请单的资料清单和份数等要求由合同当事人在专用合同条款中约定。

除专用合同条款另有约定外，监理人应在收到竣工结算申请单后 14 天内完成核查并报送发包人。发包人应在收到监理人提交的经审核的竣工结算申请单后 14 天内完成审批，并由监理人向承包人签发经发包人签认的竣工付款证书。监理人或发包人对竣工结算申请单有异议的，有权要求承包人进行修正和提供补充资料，承包人应提交修正后的竣工结算申请单。

发包人在收到承包人提交竣工结算申请书后 28 天内未完成审批且未提出异议的，视为发包人认可承包人提交的竣工结算申请单，并自发包人收到承包人提交的竣工结算申请单后第 29 天起视为已签发竣工付款证书。

除专用合同条款另有约定外，发包人应在签发竣工付款证书后的 14 天内，完成对承包人的竣工付款。发包人逾期支付的，按照中国人民银行发布的同期同类贷款基准利率支付违约金；逾期支付超过 56 天的，按照中国人民银行发布的同期同类贷款基准利率的两倍支付违约金。

承包人对发包人签认的竣工付款证书有异议的，对于有异议部分应在收到发包人签认的竣工付款证书后 7 天内提出异议，并由合同当事人按照专用合同条款约定的方式和程序进行复核，或按照(争议解决)条款约定处理。对于无异议部分，发包人应签发临时竣工付款证书，并按本款第(2)项完成付款。承包人逾期未提出异议的，视为认可发包人的审批结果。

⑥ 最终结清申请单。

除专用合同条款另有约定外，承包人应在缺陷责任期终止证书颁发后 7 天内，按专用合同条款约定的份数向发包人提交最终结清申请单，并提供相关证明材料。

除专用合同条款另有约定外，最终结清申请单应列明质量保证金、应扣除的质量保证金、缺陷责任期内发生的增减费用。

发包人对最终结清申请单内容有异议的，有权要求承包人进行修正和提供补充资料，承包人应向发包人提交修正后的最终结清申请单。

⑦ 最终结清证书和支付。

除专用合同条款另有约定外，发包人应在收到承包人提交的最终结清申请单后 14 天内完成审批并向承包人颁发最终结清证书。发包人逾期未完成审批，又未提出修改意见的，视为发包人同意承包人提交的最终结清申请单，且自发包人收到承包人提交的最终结清申请单后 15 天起视为已颁发最终结清证书。

除专用合同条款另有约定外，发包人应在颁发最终结清证书后 7 天内完成支付。发包人逾期支付的，按照中国人民银行发布的同期同类贷款基准利率支付违约金；逾期支付超过 56 天的，按照中国人民银行发布的同期同类贷款基准利率的两倍支付违约金。

承包人对发包人颁发的最终结清证书有异议的，按(争议解决)条款的约定办理。

2. 建筑工程相关合同的主要内容

1) 建筑工程项目总承包合同的主要内容

住房和城乡建设部、国家工商行政管理总局联合制定了《建设项目工程总承包合同示范文本(试行)》(GF—2011—0216)，自 2011 年 11 月 1 日起试行。与施工承包相比，建设工程总承包商要负责全部或部分的设计，并负责物资设备的采购。其主要内容包括以下几个方面。

(1) 建筑工程项目总承包的任务。

建设工程项目总承包的任务应该明确规定。从时间范围上，一般可包括从工程立项到交付使用的工程建设全过程，具体可包括：勘察设计、设备采购、施工、试车(或交付使用)

等内容。从具体的工程承包范围看，可包括所有的主体和附属工程、工艺、设备等。

(2) 开展项目总承包的依据。

合同中应该将业主对工程项目的各种要求描述清楚，承包商可以据此开展设计、采购和施工，开展工程总承包的依据可能包括以下几个方面：业主的功能要求；业主提供的部分设计图纸；业主自行采购设备清单及采购界面；业主采用的工程技术标准和各种工程技术要求；工程所在地有关工程建设的国家标准、地方标准或者行业标准。

(3) 双方当事人的权利义务。

发包人一般应当承担以下义务：按照约定向承包人支付工程款；向承包人提供现场；协助承包人申请有关许可、执照和批准，如果发包人单方要求终止合同后，没有承包人的同意，在一定时期内不得重新开始实施该工程。

承包人一般应当承担以下义务：完成满足发包人要求的工程以及相关的工作；提供履约保证；负责工程的协调与恰当实施；按照发包人的要求终止合同。

(4) 进度计划。

按照《建设项目工程总承包合同示范文本(试行)》(GF—2011—0216)，进度计划相关内容包括：项目进度计划的编制、项目进度计划的调整、设计进度计划、采购进度计划、施工进度计划。

(5) 合同价款。

这一部分内容应规定合同价款的计算方式、结算方式，以及价款的支付期限等。

(6) 工程质量与验收。

合同应当明确规定对工程质量的要求，对工程质量的验收方法、验收时间及确认方式。工程质量检验的重点应当是竣工验收，通过竣工验收后，发包人可以接收工程。

(7) 合同的变更。

工程建设的特点决定了建筑工程总承包合同在履行中往往会出现一些事先没有估计到的情况。一般在合同期限内的任何时间，发包人代表可以通过发布指示或者要求承包人以递交建议书的方式提出变更。如果承包人认为这种变更是有价值的，也可以在任何时候向发包人代表提交此类建议书。当然，最后的批准权在发包人。

(8) 风险、责任和保险。

承包人应当保障和保护发包人、发包人代表以及雇员免遭由工程导致的一切索赔、损害和开支。应由发包人承担的风险也应作明确的规定。合同对保险的办理、保险事故的处理等都应作明确的规定。

(9) 工程保修。

合同应按国家的规定写明保修项目、内容、范围、期限及保修金额和支付办法。

(10) 对设计、分包人的规定。

承包人进行并负责工程的设计，设计应当由合格的设计人员进行。承包人还应当编制足够详细的施工文件，编制和提交竣工图、操作和维修手册。承包人应对所有分包方遵守合同的全部规定负责，任何分包方、分包方的代理人或者雇员的行为或者违约，完全视为承包人自己的行为或者违约，并负全部责任。

(11) 索赔和争议的处理。

合同应明确索赔的程序和争议的处理方式。对争议的处理，一般应以仲裁作为解决的最终方式。

(12) 违约责任。

合同应明确双方的违约责任。包括发包人不按时支付合同价款的责任、超越合同规定干预承包人工作的责任等；也包括承包人不能按合同约定的期限和质量完成工作的责任等。

2) 建筑工程施工专业分包合同的主要内容

工程分包，是相对总承包而言的。所谓工程分包，是指施工总承包企业将所承包建筑工程中的专业工程或劳务作业发包给其他建筑企业完成的活动。分包分为专业工程分包和劳务作业分包。针对各种工程中普遍存在专业工程分包的实际情况，为了规范管理，减少或避免纠纷，建设部和国家工商行政管理总局于2003年发布了《建设工程施工专业分包合同(示范文本)》(GF—2003—0213)和《建设工程施工劳务分包合同(示范文本)》(GF—2003—0214)。

(1) 分包资质管理。

《建筑法》第二十九条和《合同法》第二百七十二条同时规定，禁止(总)承包人将工程分包给不具备相应资质条件的单位，这是维护建设市场秩序和保证建筑工程质量的需要。

① 专业承包资质。专业承包序列企业资质设2至3个等级，60个资质类别，其中常用类别有地基与基础、建筑装饰装修、建筑幕墙、钢结构、机电设备安装、电梯安装、消防设施、建筑防水、防腐保温、园林古建筑、爆破与拆除、电信工程和管道工程等。

② 劳务分包资质。劳务分包序列企业资质设1至2个等级，13个资质类别，其中常用类别有木工作业、砌筑作业、抹灰作业、油漆作业、钢筋作业、混凝土作业、脚手架作业、模板作业、焊接作业和水暖电安装作业等。如同时发生多类作业可划分为结构劳务作业、装修劳务作业和综合劳务作业。

③ 总包、分包的连带责任。《建筑法》第二十九条规定，建筑工程总承包单位按照总承包合同的约定对建设单位负责；分包单位按照分包合同的约定对总承包单位负责。总承包单位和分包单位就分包工程对建设单位承担连带责任。

④ 分包人不得将其承包的分包工程转包给他人，也不得将其承包的分包工程的全部或部分再分包给他人，否则将被视为违约，并承担违约责任。分包人经承包人同意可以将劳务作业再分包给具有相应劳务分包资质的劳务分包企业。分包人应对再分包的劳务作业的质量等相关事宜进行督促和检查，并承担相关连带责任。

(2) 建筑工程施工专业分包合同示范文本的主要内容。

《建设工程施工专业分包合同(示范文本)》(GF—2003—0213)，该文本由《协议书》、《通用条款》、《专用条款》三部分组成。施工专业工程分包合同示范文本的结构、主要条款和内容与施工承包合同相似，包括词语定义与解释，双方的一般权利和义务，分包工程的施工进度控制、质量控制、费用控制，分包合同的监督与管理，信息管理，组织与协调，施工安全管理与风险管理等。

分包合同内容的特点是，既要保持与主合同条件中 相关分包工程部分的规定的一致性，又要区分负责实施分包工程的当事人变更后的两个合同之间的差异。分包合同所采用的语言文字和适用的法律、行政法规及工程建设标准一般应与主合同相同。

3) 建筑工程施工劳务分包合同的主要内容

劳务作业分包，是指施工承包单位或者专业分包单位(均可作为劳务作业的发包人)将其承包工程中的劳务作业发包给劳务分包单位(即劳务作业承包人)完成的活动。建设部和国家工商行政管理总局于 2003 年发布的《建设工程施工劳务分包合同(示范文本)》(GF—2003—0214)，规范了劳务分包合同的主要内容，其重要条款有：

(1) 劳务分包人资质情况；

(2) 劳务分包工作对象及提供劳务内容；

(3) 分包工作期限；

(4) 质量标准；

(5) 工程承包人义务；

(6) 劳务分包人义务；

(7) 材料、设备供应；

(8) 保险；

(9) 劳务报酬及支付；

(10) 工时及工程量的确认；

(11) 施工配合；

(12) 禁止转包及再分包等。

6.2 建筑工程担保的类型

6.2.1 投标担保

1. 投标担保的概念

投标担保，或称投标保证金，是指投标人通过提交一定金额的钱(或等价票据)向招标人保证，投标被接受后的投标有效期限内，其在投标书中的承诺不得撤销或者反悔，否则，招标人有权没收这笔钱。这笔钱即为投标保证金。

投标保证金的数额一般为投标价的 2%左右，但最高不得超过 80 万元人民币。投标保证金有效期应当超出投标有效期 30 天。若不按招标文件的要求提交投标保证金，投标人的投标文件将被拒绝。

2. 投标保证金的形式

提交投标保证金有如下几种形式。

(1) 现金；

(2) 支票；

(3) 银行汇票；

(4) 银行保函；

(5) 不可撤销信用证；

(6) 由担保公司或保险公司出具的投标保证书。

6.2.2 履约担保

1. 履约担保的概念

履约担保，是指发包人要求承包人提交的保证履行工程施工合同义务的担保。

2. 履约担保的形式

履行担保一般有银行履约保函、履约担保书和保留金三种形式。

1) 银行履约保函

银行履约保函是由商业银行开具的担保证明，通常为合同金额的 10%左右。银行保函分为有条件的银行保函和无条件的银行保函。

(1) 有条件的银行保函，是指在承包人没有履行或者没有完全履行合同义务时，发包人或监理工程师出具证明说明情况，担保人经鉴定、确认后，发包人才能收兑银行保函，得到保函中的款项。建筑行业通常采用这种形式的担保。

(2) 无条件的银行保函，是指在承包人没有履行或者没有完全履行合同义务时，发包人不需要提交任何证据和理由，就可收兑银行保函。

2) 履约担保书

履约担保书的担保方式是：当承包人违约时，开具担保书的担保公司或保险公司用该项担保金去完成施工任务或者向发包人支付该项保证金。

3) 保留金

保留金，是指发包人根据合同的约定，每次支付工程进度款时扣除一定数目的款项作为承包人履行合同义务的保证。保留金一般为每次工程进度款的 10%，但总额一般为合同总价款的 5%。质量保修期满后 14 天内，发包人将保留金支付给承包人。

6.2.3　预付款担保

1. 预付款担保的概念

预付款担保是指承包人与发包人签订合同后，保证承包人合理使用发包人支付的预付款的担保。建设工程合同(包括建设工程施工合同)签订以后，承包人的开户银行向发包人出具预付款担保，发包人预支给承包人一定比例(通常为合同金额的 10%)的预付款。

2. 预付款担保的形式

1)　银行保函

银行保函是预付款担保的主要形式。预付款担保的担保金额通常与发包人的预付款是等值的。预付款一般会逐月从工程进度款中扣回，预付款担保的应担保金额也随之逐月减少。施工期间，承包人应当定期向发包人索取"发包人同意此保函减值"的文件，并送交银行确认。预付款全部扣回后，发包人应退还预付款担保，承包人将其退回银行，解除担保责任。

2)　发包人与承包人约定的其他形式

预付款担保也可由担保公司担保，或采取抵押等担保形式。

3. 预付款担保的作用

预付款担保的主要作用是保证承包人按合同约定进行施工，偿还发包人已支付的全部预付金额。如果承包人中途毁约，中止工程，使发包人不能在规定期限内从应付工程款中扣回全部预付款，则发包人作为保函的受益人有权凭预付款担保向银行索赔该保函的担保金额作为补偿。

6.2.4　支付担保

1. 支付担保的概念

支付担保是指发包人应承包人的要求，向承包人提交的保证履行合同约定的工程款支付义务的担保。

2. 支付担保的形式

支付担保有如下几种形式。

(1)　银行保函；

(2)　担保公司担保；

(3)　履约保证金；

(4)　抵押或者质押。

发包人支付担保就是金额担保。支付担保实行履约金分段滚动担保，担保额度为工程总额的 20%～25%。承包人按照合同约定完成相应工程量，发包人未能按时支付，承包人可依据担保合同暂停施工，并要求担保人承担支付责任和相应的经济损失。

3. 支付担保的作用

支付担保的主要作用是通过对发包人资信状况进行严格审查并落实各项反担保措施，确保工程费用及时支付到位；一旦发包人违约，付款担保人将代为履约。

4. 支付担保有关规定

(1) 《建设工程施工合同(示范文本)》第 2 条的"2.5 资金来源证明及支付担保"对发包人提供工程款支付担保方面做出了规定；第 3 条的"3.7 履约担保"对承包人提供履约担保方面做出了规定；第 12 条的"12.2.2 预付款担保"对承包人提供预付款担保方面做出了规定。

① 发包人、承包人为了全面履行合同，应互相提供以下担保：发包人向承包人提供履约担保，按合同约定支付工程价款及履行合同约定的其他义务；承包人向发包人提供履约担保，按合同约定履行自己的各项义务。

② 一方违约后，另一方可要求提供担保的第三人承担相应责任。

③ 发包人、承包人除在专用条款中约定提供担保的内容、方式和相关责任外，被担保方与担保方还应签订担保合同，作为本合同附件。

(2) 《房屋建筑和市政基础设施工程施工招标投标管理办法》关于发包人工程款支付担保的内容。

招标文件要求中标人提交履约担保的，中标人应当提交。招标人应当同时向中标人提供工程款支付担保。

6.3　建筑工程施工合同实施的管理

6.3.1　建筑工程施工合同分析

1. 合同分析的必要性

(1) 合同条文繁杂，内涵意义深刻，且不易理解。

(2) 一个工程的建设过程中，往往会有多份合同交织在一起，这些合同中权利义务范围的接口关系十分复杂。

(3) 合同文件和施工的具体要求(如工期、质量、费用等)之间的衔接处理，以及合同条款的具体落实。

(4) 工程项目组中各工程小组、项目管理职能人员等所涉及的活动和事宜仅为合同的部分内容，是否正确、全面理解合同内容将会对合同的实施产生重大影响。

(5)　工程施工合同中可能存在一些问题和风险，包括合同审查时已经发现的风险和还可能隐藏着的尚未发现的风险。

(6)　在合同实施过程中，合同双方可能产生的争议。

2. 建筑工程施工合同分析的内容

1)　分析合同的法律基础

承包人通过分析，了解本合同涉及的法律、法规的范围、特点等，用于指导整个合同实施和索赔工作。

承包人应重点分析合同中明示的法律。

2)　分析合同约定的承包人的权利、义务和工作范围

(1)　明确承包人的总任务，即合同标的。如承包人在施工、缺陷责任期维修方面的责任，施工现场的管理责任，为发包人现场代表提供生活和工作条件的责任等。

(2)　明确合同中的工程量清单、图纸、工程说明、技术规范的定义。工程范围的界定清楚与否对工程变更和索赔影响很大，固定总价合同条件下更是如此。

(3)　明确工程变更的补偿范围。

(4)　明确工程变更的索赔有效期(合同应具体规定)。

3)　分析合同约定的发包人的权利、义务和工作范围

(1)　发包人有权雇用监理工程师并委托其全权或部分履行发包人的合同义务。

(2)　发包人和监理工程师必须划分好平行的各承包人和供应商之间的责任界限，及时对责任界限的争执做出裁决，协调好各承包人之间、承包人和供应商之间的工作，并承担因这类管理和协调工作失误造成的损失。

(3)　发包人和监理工程师及时做出承包人履行合同所必需的决策，如下达指令、履行各种批准手续、答复请示、进行各种检查和验收工作等。

(4)　发包人及时提供施工条件，如及时提供设计资料、图纸、施工场地、水、电、道路等。

(5)　发包人按合同约定及时支付工程款。

(6)　发包人及时接收已完工程等。

4)　合同价格分析

(1)　合同所采用的计价方法。

(2)　合同价格所包括的范围。

(3)　工程计量程序和工程款结算(包括进度款支付、竣工结算、最终结算)的方法和程序。

(4)　合同价格的调整，即费用索赔的条件和价格调整方法，以及计价依据、索赔有效期规定。

(5)　拖欠工程款的违约责任。

5)　施工工期分析

工期拖延对合同当事人权利的实现影响很大，要特别重视对施工工期的分析。

6)　违约责任分析

(1)　承包人不能按合同约定工期完成工程的违约金或承担发包人损失的条款。

(2)　由于承包人不履行或不能正确地履行合同义务，或出现严重违约时的处理规定。

(3)　由于发包人不履行或不能正确地履行合同义务，或出现严重违约时的处理规定，特别是对发包人不及时支付工程款的处理规定。

(4)　合同当事人由于管理上的疏忽造成对方人员和财产损失的赔偿条款。

(5)　合同当事人由于预谋或故意行为造成对方损失的处罚和赔偿条款等。

7)　验收、移交和保修分析

在合同分析中，针对如材料的现场验收、工序交接验收、隐蔽工程验收、竣工验收等，应着重分析合同对重要的验收要求、时间、程序以及验收所带来的法律后果所做的说明。

竣工验收合格即办理移交。移交是一个重要的合同事件，它表明了承包人施工任务的完结和承包人保修责任的开始。

8)　分析索赔程序和争议的解决

(1)　分析争议的解决方式和程序。

(2)　分析仲裁条款，包括仲裁所依据的法律，仲裁地点、方式和程序，仲裁结果的约束力等。

6.3.2　建筑工程施工合同交底

建筑工程施工合同和建筑工程施工合同分析的资料是建筑工程施工项目管理的依据。该工程施工合同的管理人员应向各层次管理者做"合同交底"，把履行施工合同的责任分别地、具体地落实到各层次责任人。

(1)　建筑工程施工合同的管理人员向项目管理人员和企业各部门相关人员进行"合同交底"，组织大家学习该施工合同和合同总体分析结果，对该施工合同的主要内容做出解释和说明。

(2)　将履行施工合同各项义务的责任分解，并落实到各工程小组或分包人。

(3)　在施工合同实施前与其他相关方(如发包人、监理工程师、设计方等)沟通，召开协调会议，落实各种安排。

(4)　在施工合同实施过程中，还必须进行经常性的检查、监督。

(5)　施工合同的履行必须通过其他经济手段来保证。对分包商，主要通过分包合同确定双方的责权利关系，保证分包商能及时地按质、按量地完成合同责任。

6.3.3　建筑工程施工合同实施的控制

1. 施工合同控制的作用

(1) 通过施工合同履行情况分析，找出偏离，以便及时采取措施，调整施工合同实施过程，达到施工合同总目标。从这个意义上来讲，施工合同跟踪是决策的前导工作。

(2) 在工程施工过程中，项目管理人员一直清楚地了解施工合同的履行情况，对施工合同实施的现状、趋向和结果有一个较为清醒的认识。

2. 施工合同控制的依据

(1) 施工合同和对施工合同分析的结果，如各种计划、方案、洽商变更文件等，它们既是比较的基础，同时也是履行施工合同的目标和依据。

(2) 各种实际的工程文件，如原始记录，各种工程报表、报告、验收结果、计量结果等。

(3) 施工管理人员每日进行的现场书面记录。

3. 施工合同的诊断

(1) 分析施工合同执行差异的原因。

(2) 分析施工合同差异的责任。

(3) 问题的处理。

4. 施工合同的控制措施

(1) 组织和管理措施：提供充分的人力、物力资源，并对其实施有效的组织和管理，确保施工合同的履行。

(2) 技术措施：采用新技术、新工艺，采用效率更高的技术方案，确保施工合同的履行。

(3) 经济措施：合理提供资金，采用合理的奖惩办法，确保施工合同的履行。

(4) 合同措施：进行合同变更、签订新的附加协议等，合理索赔并避免被索赔，确保施工合同的履行。

【案例 6.1】

背景材料：

某办公楼进行，发包人(甲方)、承包人(乙方)在建筑工程施工合同中约定，本工程内所需地砖全部由甲方负责提供。施工过程中：

(1) 乙方已按规定对外挂石材使用的膨胀螺栓进行了拉拔试验并向监理方监理工程师要求乙方对螺栓再次进行拉拔试验，乙方以"进行过拉拔试验，并提交过试验报告"为由拒绝再次进行拉拔试验。

(2) 甲方供应的地砖提前进场，甲、乙双方派人共同对地砖进行验收，结果发现部分地砖规格偏差超过允许偏差，乙方不予接收，同时乙方要求甲方支付合格地砖提前进场的保管费。

问题：

(1) 乙方拒绝甲方"再次进行螺栓拉拔试验"的要求是否合适？为什么？若螺栓重新检验合格，再次检验的费用及给乙方造成的窝工损失由哪方承担？

(2) 乙方是否可以要求甲方支付合格地砖提前进场保管费？应如何处理不合格地砖？

案例分析：

(1) 乙方拒绝甲方再次检验要求的做法是错误的。按甲方要求配合甲方重新进行检验工作是乙方必须尽的义务。若重新检验合格，则由甲方承担检验的费用，并赔偿因重新检验给乙方造成的窝工损失，同时工期予以顺延。

(2) 乙方的要求合理。甲方所供材料提前进场，甲方应支付材料提前进场的保管费；进场的不合格地砖，由甲方运出施工现场，并重新采购。

6.3.4 建筑工程施工合同文件资料的档案管理

1. 合同文件、资料种类

合同文件、资料涉及的内容很多，形式多样，主要以下几种。

(1) 合同文件，如施工合同文本、中标通知书、投标书、图纸、技术规范、工程量清单、工程报价单或预算书等；

(2) 合同分析资料，如合同总体分析、网络图、成本分析等；

(3) 工程施工中产生的各种文件、资料，如发包人和监理工程师签发的工作指令和变更指令、签证、信函，会议纪要和其他协议，变更记录，各种检查验收报告、鉴定报告；

(4) 建设行政主管部门或机构发出的各种文件、批件；

(5) 工程施工中的各种记录，如施工日记等；

(6) 反映工程施工情况的报表、报告、图片等。

2. 合同文件、资料文档管理的内容

(1) 合同资料的收集。合同包括许多资料、文件；合同分析又产生许多分析文件；在合同实施中每天又产生许多资料，如记工单、领料单、图纸、报告、指令、信件等。

(2) 资料整理。原始资料必须经过信息加工才能成为可供决策的信息，成为工程报表或报告文件。

(3) 资料的归档。所有施工合同管理中涉及的资料不仅目前使用，而且必须保存，直到合同结束。为了查找和使用方便必须建立资料的文档系统。

(4)　资料的使用。施工合同的管理人员有责任向项目经理、发包人做工程实施情况报告；向各职能人员和各工程小组、分包商提供资料；为工程的各种验收、索赔和反索赔提供资料和证据。

6.3.5　建筑工程施工合同实施保证体系

前面所述"施工合同分析""施工合同交底""施工合同实施的控制"和"施工合同的档案管理"，必须通过建立施工合同实施保证体系才能得以落实。下面将介绍在施工合同实施保证体系下，"施工合同分析""施工合同交底""施工合同实施的控制""施工合同的档案管理"的具体应用。

1. 落实合同责任，实行目标管理

1)　组织项目经理部和有关工种负责人学习施工合同文件

对施工合同总体进行分析研究，对施工合同的具体内容、各种管理程序、各项权利义务、工程范围、各种行为的法律后果等有清楚的认识，树立全局观念，工作协商配合，避免在执行施工合同过程中的违约行为。

2)　将履行合同的责任具体分解落实到班组或个人

通过建立和实施项目经理责任制、工程施工项目组的各岗位责任制和工程项目组的经济责任制，明确责任界限，建立一套经济奖罚制度，落实工期、质量、成本消耗、安全、环境保护、职业安全与健康等目标的实现与工程施工项目组各成员经济利益之间的关系，以保证建筑工程施工合同的履行，从而保证建筑工程施工项目目标的实现。

3)　在施工合同的实施过程中经常对照合同检查、分析、监督

有力的合同管理，即在建筑工程施工中，对照合同检查和分析每天的施工情况、每周的施工情况以及每个月的施工情况，定期或不定期对合同执行情况进行监督，随时发现偏差，并及时采取措施消除偏差，从而增加了索赔概率，减少甚至消除了被索赔概率。有力的合同管理是使工程结算盈利的可靠保证。

2. 建立施工合同管理工作程序

在建筑工程施工合同实施过程中，为了确保各方面工作的协调，应根据发包方和监理工程师的管理工作特点和要求，订立相应的合同管理工作程序，确保施工合同实施过程中的管理工作程序化、规范化。

1)　定期的例会制度和不定期的专项会议制度

在建筑工程施工合同实施过程中，发包人和监理工程师与承包人、总承包单位与分包单位、项目经理部的职能管理人员与各施工班组负责人之间，都应有定期的例会和不定期的专项会议。一般通过例会和专项会议来解决以下问题。

(1)　检查施工进度和计划落实情况；

(2) 协调各单位、各班组之间的工作，对后续工作做出具体安排或调整；

(3) 分析目前已经发生的问题，预测以后可能发生的问题，提出相应的纠正措施和预防措施，并形成决议；

(4) 研究合同变更事宜，形成合同变更决议，落实变更措施，确定合同变更后的工期补偿和费用补偿等。

发包人和监理工程师与承包人、总包与分包之间在例会和专项会议中的重大议题和决议，应以例会纪要和专项会议纪要的形式明确记录下来并签发。各方签署的会议纪要，构成合同文件的组成部分，具有法律效力。

2) 建立经常性工作的工作程序，做到各项工作有章可循

建立经常性工作的工作程序，例如图纸审批程序，工程变更程序，分包单位的索赔和账单审查程序，对材料、设备、隐蔽工程、工程竣工等进行检查、验收的工作程序，工程进度款的审批程序，以及各项事宜的请示报告程序等，保证建筑工程施工合同在实施过程中能得到有效的控制。

3. 建筑工程施工合同履行中的合同管理

建筑工程施工合同一经签订生效，建筑工程施工企业就要按施工合同的约定行使权利、履行义务，保证建筑工程施工合同的实施。具体履行中的管理内容如下。

(1) 按建筑工程施工合同约定的总工期，编制建筑工程施工总进度计划以及月进度和季进度计划，按进度计划组织施工。施工过程中，应定期或不定期对施工进度执行情况进行检查，当可能发生进度滞后时，积极采取措施，确保合同工期。因发包方原因，造成工程延期，应及时办理签证，以便调整合同工期和进度计划。

(2) 参加图纸交底，贯彻施工方案。根据建筑工程施工合同约定的施工及施工验收规范，自检工程质量，接受发包方和监理工程师的质量检验，确保工程质量。根据设计变更，办理变更签证。

(3) 根据建筑工程施工合同约定，保质、保量、如期供应由承包方提供的材料、设备；及时检查、验收、保管发包方供应的材料、设备。若发包方的材料、设备供应时间滞后于施工合同约定的时间，应及时办理签证，以便修订合同竣工日期。

(4) 及时组织施工所需技术力量和劳动力，保证合同工期。

(5) 按建筑工程施工进度计划安排，安排好施工机具设备，满足施工需要。

(6) 按合同约定收取工程预付款及进度款；根据建筑工程设计变更签证，及时编制并提交增减预算书；按合同约定和有关政策、法律、法规，及时调整工程造价；按合同约定办理建筑工程竣工结算。

(7) 按照建筑工程施工合同约定，提供完整的竣工资料、竣工验收报告，参加竣工验收。对由承包方造成的验收不合格部位，负责返工。

(8) 按合同约定，履行建筑工程保修期内的各项义务。

以上每一项工作，建筑工程施工企业都要妥善安排，严格管理，各职能部门、各施工班组和各岗位员工严格遵循各项制度，照章办事，否则容易引起合同纠纷，甚至导致施工企业在经济上和信誉上的巨大损失。

为了使施工合同的谈判、签订、履行各阶段的工作具有科学性、系统性和规范性，建筑工程施工企业必须加强工程施工项目管理，建立一套完整的施工合同管理制度。不断提高合同履约率，提高建筑工程施工企业的经济效益和社会信誉，增强市场竞争力。

【案例 6.2】

背景材料：

甲乙双方就某大楼工程签订了建筑工程施工合同。在合同履行过程中发生以下事件：

事件一：甲方供应的部分石材厚度不满足设计要求。乙方要求甲方更换石材，赔偿乙方停工待料的损失，并相应顺延工期。

事件二：由于乙方原因造成墙面贴瓷砖大面积空鼓，甲方要求乙方进行返工处理。

事件三：工程具备验收条件后，乙方向甲方送交了竣工验收报告，但由于甲方的原因，在收到乙方的竣工验收报告后未能在约定日期内组织竣工验收。

问题：

针对事件一，乙方的要求合理吗？

针对事件二，乙方是否应返工？发生的费用及拖延的工期是否应得到补偿？

针对事件三，乙方送交的竣工报告是否应被认可？

案例分析：

针对事件一：乙方的要求合理，甲方应负责将不合格材料运出施工场地并重新采购，并赔偿乙方由此造成的损失，相应顺延工期。

针对事件二：乙方应对墙面不合格瓷砖进行返工，并承担全部费用。甲方不同意，则工期不予顺延。

针对事件三：验收报告应被认可。甲方收到乙方送交的竣工验收报告后在约定日期内不组织竣工验收，视为验收报告已被认可。

6.4　建筑工程施工项目索赔的主要内容

6.4.1　建筑工程施工项目索赔的起因和分类

1. 索赔的概念

索赔是指在合同的实施过程中，合同一方因对方不履行或未能正确履行合同所约定的义务而遭受损失后，向对方提出的补偿要求。

2. 建筑工程施工项目索赔的起因

(1) 发包人违约,例如发包人和工程师未履行合同义务,未正确地行使合同赋予的权利,工程管理失误,不按合同支付工程款等。

(2) 合同错误,例如合同条文不全、表述错误或有二义性、条款之间有矛盾,设计图纸有错误、技术规范采用错误等。

(3) 合同变更,例如双方签订新的变更协议,变更签证,发包人、监理工程师下达的工程变更指令等。

(4) 工程环境变化,包括国家政策、法律、法规、部门规章、地方政府法规等的变化,以及市场物价、货币兑换率、自然条件的变化等。

(5) 不可抗力因素,例如恶劣的气候条件、地震、洪水、战争状态、禁运等。

3. 索赔的分类

索赔可按索赔当事人、索赔事件的性质、索赔要求、索赔所依据的理由和索赔的处理方式分类,具体内容如下。

1) 按索赔当事人分类

(1) 发包人与承包人之间的索赔;

(2) 总承包单位与分包单位之间的索赔;

(3) 承包人与供货人之间的索赔;

(4) 承包人与保险人之间的索赔。

2) 按索赔事件的性质分类

(1) 工期拖延索赔。由于发包人未能按合同约定提供施工条件,如未及时交付设计图纸和技术资料、场地、水、电、道路等;或非承包人原因发包人指令工程停工;或其他不可抗力因素作用等原因,造成工程施工中断,或造成工程施工进度缓慢,致使工期拖延。承包人因此提出索赔。

(2) 不可预见的外部障碍或条件索赔。如果在施工期间,承包人在现场遇到有经验的承包人通常不能预见到的外界障碍或条件,例如实际地质情况与发包人提供的资料所描述的情况不同,出现未预见到的岩石、淤泥或地下水等。承包人因此提出索赔。

(3) 工程变更索赔。由于发包人或监理工程师指令修改设计、增加或减少工程量、增加或删除部分工程、修改实施计划、变更施工次序,造成工期延长和费用增加。承包人因此提出索赔。

(4) 工程终止索赔。由于不可抗力因素影响、发包人违约等原因,使工程被迫在竣工前终止施工,使承包人蒙受经济损失;承包人因此提出索赔。

(5) 其他索赔。如政策法令变化、货币贬值、汇率变化、物价和工资上涨、发包人推迟支付工程款等。承包人因此提出索赔。

3)　按索赔要求分类

(1)　工期索赔，即要求发包人延长工期，推迟竣工日期。

(2)　费用索赔，即要求发包人补偿因费用增加导致的损失，调整合同价格。

4)　按索赔所依据的理由分类

(1)　合同内索赔，即索赔以施工合同条文作为依据，发生了合同约定给承包人以补偿的干扰事件，承包人根据合同约定提出索赔要求。这是最常见的索赔。

(2)　合同外索赔，指工程施工过程中发生的干扰事件的性质已经超过施工合同范围，即在施工合同中找不出具体的依据，一般必须根据适用于合同关系的法律解决索赔问题。

(3)　道义索赔，指由于承包人失误(如报价失误、环境调查失误等)，或发生承包人应负责的风险而造成承包人重大的损失。

5)　按索赔的处理方式分类

(1)　单项索赔。单项索赔是针对某一干扰事件提出的。合同实施过程中，发生干扰事件时，或发生干扰事件后，立即进行索赔处理。该项工作由合同管理人员进行，并在合同约定的索赔有效期内向发包人提交索赔意向书和索赔报告。

(2)　总索赔。总索赔又叫一揽子索赔或综合索赔。这是在国标工程中经常采用的索赔处理和解决方法。在工程竣工前，承包人将工程过程中(曾经在有效期内向发包人提交过索赔意向书和索赔报告)未解决的单项索赔集中起来，提出一份总索赔报告。合同双方在工程交付前或交付后进行最终谈判，以一揽子方案解决索赔问题。

【案例 6.3】

背景材料：

发包人、承包人就某商住楼工程签订了建筑工程施工合同。承包人与发包人签订的施工合同中说明：建筑面积 13 225m^2，施工工期为 244 天，即 2014 年 4 月 1 日开工，2014 年 11 月 30 日竣工。

合同履行过程中发生以下事件：

事件一：承包人于 3 月 25 日进场，进行开工前的准备工作，原定 4 月 1 日开工，因发包人未能交付施工场地而延误至 4 月 6 日才开工。

事件二：施工过程中，现场周围居民称承包人施工噪声对他们造成干扰，阻止承包人的施工。为此，承包人向发包人提出工期顺延与费用补偿的要求。

事件三：施工过程中，承包人发现施工图纸有误，需设计单位进行修改，由于图纸修改造成停工 8 天。

问题：

发包人、承包人在上述三个事件中如何恰当地承担责任，同时维护各自的权利？

案例分析：

针对事件一：因为未能及时交付施工场地属于发包人责任，承包人可以提出工期顺延 5

天，发包人补偿窝工费用的要求。

针对事件二：施工扰民是由承包人自身原因造成的，发包方不应给予承包人费用及工期补偿。

针对事件三：施工图纸有误是非承包人的原因造成的，承包人可以提出工期顺延 8 天和合理费用补偿的要求。

【案例6.4】

背景材料：

发包方和承包方以单价合同方式签订了某宾馆的建筑工程施工合同。在施工过程中，承包方按照发包方的设计变更，陆续进行了部分工程的变更。由于工期紧、任务重，承包方忙于加快进度，未能将所有工程变更价款报告按约定的期限内报送发包方。

问题：

(1) 对于承包方报送的工程变更合同价款报告，发包方是否应确认？

(2) 发包方应依据什么原则进行工程变更合同价款的审定？

案例分析：

(1) 对于承包方在工程变更发生后协议约定的期限内报送的工程变更价款报告，发包方应予以确认；对于承包方在工程变更发生后约定的期限外报送的工程变更价款报告，发包方可以不予以确认。

(2) 发包方确认工程变更合同价款的原则如下。

① 合同中已有适用于变更工程单价的，按合同已有的单价计算，变更合同价款；

② 合同中只有类似于变更工程的单价，可参照此单价来确定变更合同价款；

③ 合同中没有上述单价时，由承包人提出相应价格，经发包方确认后执行。

6.4.2　建筑工程施工项目索赔成立的条件

1. 施工项目索赔成立的条件

以下三个条件同时满足，则索赔成立。

(1) 发生的事件已经造成了承包人工程项目成本的额外支出，或直接影响了工期；

(2) 按合同约定，该事件所造成的费用增加或影响工期，不属于承包人的行为责任或风险责任范围；

(3) 承包人按合同约定的程序，在有效期内提交索赔意向通知和索赔报告。

2. 施工项目索赔应具备的理由

施工项目索赔应具备下列理由之一。

(1) 发包人违反合同，导致承包人费用增加、工期拖延；

(2) 因工程变更(含设计变更、发包人提出的工程变更、监理工程师提出的工程变更，以及承包人提出并经监理工程师批准的变更)造成的费用增加、工期拖延；

(3) 由于监理工程师对合同文件的歧义解释、技术资料不确切，或由于不可抗力导致施工条件的改变，造成了费用增加，工期拖延；

(4) 发包人要求提前完成工程施工，因工期缩短造成承包人的费用增加；

(5) 应发包人或监理工程师要求，对合同约定以外的项目进行检验，且检验合格，或非承包人的原因导致项目缺陷的修复所发生的损失或费用；

(6) 发包人延误支付期限造成承包人的损失；

(7) 非承包人的原因导致工程暂时停工；

(8) 国家法律、法规等发生变化，物价上涨等自然灾害和不可抗力因素。

【案例6.5】

背景材料：

发包人(甲方)与承包人(乙方)签订了某宾馆的建筑工程施工合同，合同工期为180天。在乙方进入施工现场后，甲方因无法如期支付工程款，口头要求乙方暂停施工20天，乙方口头答应。工程按合同规定期限竣工验收时，甲方发现工程质量有问题，要求返工，30天后，乙方返工完毕。结算时甲方认为乙方迟延30天交付工程，应按合同约定偿付逾期30天的违约金。乙方则认为由于甲方要求暂停施工，导致乙方为了抢工期，加快施工进度才出现了质量问题，因此迟延交付的责任不在乙方。甲方则认为暂停施工和不顺延工期是当时乙方答应的，乙方应履行承诺，承担违约责任。

问题：

合同变更应采取什么形式？如何解决上述案例中双方的合同纠纷？

案例分析：

(1) 合同双方当事人提出请求是合同变更的前提。

(2) 根据《中华人民共和国合同法》的有关规定，建设工程合同(含建筑工程施工合同)应当采取书面形式，合同变更也应当采取书面形式。应急情况下的口头形式合同变更，事后应及时以书面形式确认。本案例中，甲、乙双方口头协议暂停施工，事后并未以书面的形式确认。在竣工结算时双方发生争议，对此只能以原书面合同规定为准。

(3) 在施工期间，甲方因资金紧缺要求乙方停工20天，此时乙方应享有索赔权，乙方虽然未按规定程序及时提出索赔，丧失了索赔权，但是根据《民法通则》之规定，在民事权利的诉讼时效内，仍享有通过诉讼要求甲方承担违约责任的权利。甲方未能及时支付工程款，应对停工承担责任，应当赔偿乙方停工20天的实际经济损失，工期顺延20天。工程因质量问题返工，造成逾期交付，责任在乙方，故乙方应当支付逾期交工10天的违约金，因质量问题引起的返工费用由乙方承担。

6.4.3 常见的建筑工程施工项目索赔

1. 因施工合同文件引起的索赔

(1) 有关施工合同文件的组成问题引起的索赔;

(2) 关于施工合同文件有效性引起的索赔;

(3) 因施工图纸或工程量表中的错误引起的索赔。

2. 有关工程施工的索赔

(1) 因地质条件变化引起的索赔;

(2) 工程施工中人为障碍引起的索赔;

(3) 增减工程量引起的索赔;

(4) 变更工程质量引起的索赔;

(5) 各种额外的试验和检查费用偿付;

(6) 关于变更命令有效期引起的索赔或拒绝;

(7) 指定分包商违约或延误引起的索赔;

(8) 其他有关施工的索赔。

3. 关于价款方面的索赔

(1) 关于材料、人工价格调整引起的索赔;

(2) 关于货币贬值和严重经济失调引起的索赔;

(3) 拖延支付工程款引起的索赔。

4. 关于工期的索赔

(1) 关于延展工期的索赔;

(2) 由于工期延误产生损失的索赔;

(3) 赶工费用的索赔。

5. 特殊风险和人力不可抗拒灾害的索赔

(1) 特殊风险的索赔。特殊风险是指战争、敌对行动、入侵、叛乱、革命、暴动、军事政变或篡权、内战,以及核污染及冲击波破坏等。

(2) 人力不可抗拒灾害的索赔。人力不可抗拒灾害主要是指自然灾害,由这类灾害造成的损失应向承保的保险公司索赔。在许多施工合同中,承包人以发包人和承包人共同的名义投保工程一切险,这种情况下,承包人可同发包人一起进行索赔。

6. 工程暂停、中止合同的索赔

(1) 施工过程中,监理工程师有权下令暂停工程施工或任何部分工程的施工。如果这种暂停命令不是因为承包人违约或其他意外风险造成的，则承包人不仅有权要求工期延展，而且可以就其停工损失要求获得合理的额外费用补偿。

(2) 中止合同和暂停工程的意义是不同的。有些合同的中止是由于意外风险造成的损害十分严重而引起的；另一种合同的中止是由"错误"引起的，例如发包人认为承包人不能履约而中止合同，甚至从工地驱逐该承包人。

7. 财务费用补偿的索赔

要求补偿财务费用，是指因各种非承包人造成的原因使承包人财务开支增大而导致的贷款利息等财务费用。

【案例 6.6】

背景材料：

甲、乙双方就某大厦建设工程签订了施工合同，合同约定工程质量标准为合格。乙方将此项目的质量目标定为"市样板工程"。在整个工程施工时，乙方投入较大，严格控制材料质量，采用新工艺精心施工，本工程最终被评为"市样板工程"。乙方由于投入较大，向甲方提出费用补偿的要求。

问题：

乙方向甲方提出费用补偿的要求合理吗？为什么？

案例分析：

"市样板工程"的质量目标是乙方提出的，而并非甲、乙双方合同约定。因此乙方向甲方提出费用补偿的要求不合理。为此的较大投入应由乙方承担，甲方不予补偿。

6.4.4　建筑工程施工项目索赔的依据

1. 建筑施工合同文件

建筑施工合同文件是最主要的索赔依据，它包括：建筑施工合同文本，中标通知书，投标书及其附件，标准、规范及有关技术文件，图纸，工程量清单，工程报价单或预算书。

施工合同履行中，发包人和承包人就工程施工的洽商、变更等的书面协议或文件均为施工合同文件的组成部分。

2. 订立合同所依据的法律、法规

(1) 适用的法律、法规。

建筑工程施工合同文件适用的国家法律、行政法规、部门规章，以及地方行政法规，需要明示的法律、法规，双方应在施工合同文本中明确约定。

(2) 适用标准、规范。

双方应在施工合同文本中明确约定适用的国家标准、规范的名称。

3. 相关证据

(1) 证据是指能够证明案件事实的一切资料、物品、人等。

(2) 可以作为证据使用的材料有以下七种。

① 书证：指以其文字或数字记载的内容起证明作用的书面或其他载体形式的文件、记录等。如合同文本、财务账册、欠据、收据、往来信函以及确定有关权利的判决书、法律文件等。

② 物证：指物品以其外部特征及物质特性来证明案件事实的证据。如购销过程中封存的样品，被损坏的机械、设备，有质量问题的产品等。

③ 证人证言：指知道事实真相的人向司法机关等提供的证词，或向司法机关所做的陈述。

④ 视听材料：指能够证明案件真实情况的音像资料。如录音笔、录音带、录像带等。

⑤ 被告人供述和有关当事人陈述：包括被告人、犯罪嫌疑人向司法机关所做的承认犯罪并交代犯罪事实的陈述，或否认犯罪或具有从轻、减轻、免除处罚的辩解和申诉，以及被害人、当事人就案件事实向司法机关所做的陈述。

⑥ 鉴定结论：指专业人员就案件有关情况向司法机关提供的专门性的书面鉴定意见。如损伤鉴定、质量责任鉴定等。

⑦ 勘验、检验笔录：指司法人员或行政执法人员对与案件有关的现场物品、人身等进行勘察、试验或检查的文字记载。这项证据也具有专门性。

(3) 工程施工索赔中的证据有以下几种。

① 合同文件、设计文件、计划。例如，投标文件、合同文本及附件，其他的各种签约(备忘录，修正案等)，发包人认可的工程实施计划，各种工程设计文件(包括图纸修改指令)，技术规范等；承包商的报价文件，各种工程预算和其他作为报价依据的资料等。

② 来往信件、会议纪要。例如，发包人的变更指令，各种认可信、通知、对承包人问题的答复信等；会议纪要，经各方签署做出的决议或决定等。

③ 施工进度计划和实际施工进度记录。

④ 施工现场的工程文件和施工记录。

⑤ 工程照片。

⑥ 气候报告。

⑦ 工程施工过程中的检查验收报告和技术鉴定报告。

⑧ 市场行情资料。

⑨ 会计核算资料。

⑩ 国家法律、法令、政策文件。

6.4.5　建筑工程施工项目索赔的程序和方法

1. 索赔程序

1)　提出索赔要求

当出现索赔事项时，承包人以书面的索赔通知书形式，在索赔事项发生后的 28 天以内，向监理工程师正式提出索赔意向通知。

2)　报送索赔报告和索赔资料

在索赔通知书发出后的 28 天内，向监理工程师提出延长工期和(或)补偿经济损失的索赔报告及有关资料。

3)　监理工程师的答复

监理工程师在收到承包人送交的索赔报告及有关资料后，应于 14 天内与发包人协商，28 天内与发包人协商一致后对承包人予以答复，或要求承包人补充索赔理由和证据。

4)　监理工程师逾期答复的后果

监理工程师与发包人在收到承包人送交的索赔报告及有关资料后，于 28 天内未予答复或未对承包人提出进一步要求，即可视为该项索赔已经认可。

5)　持续索赔

当索赔事件持续进行时，承包人应当阶段性向监理工程师发出索赔意向，在索赔事件终了后 28 天内，向监理工程师送交索赔的最终索赔报告和有关资料，监理工程师应在 28 天内给予答复，或要求承包人补充索赔理由和证据。逾期未答复，视为该项索赔成立。

6)　仲裁与诉讼

监理工程师与发包人协商一致后对承包人索赔的答复，承包人不能接受，即进入仲裁或诉讼程序。

2. 索赔文件的编制方法

1)　索赔文件的内容

(1)　总述：概述索赔事项发生的日期、起因和过程，承包人因该索赔事项的发生所遭受的各种损失以及承包人的具体索赔要求。

(2)　论证：论证部分是索赔报告的关键部分，用于说明自己对此事项的索赔权。论证是否充分、明确是索赔能否成立的关键。

(3)　索赔的款项(或工期)计算。

(4)　证据：要注意引用的每个证据的效力或可信程度，重要的证据资料最好附以文字说明，或附以确认件。

2)　索赔报告编制的要求

(1)　事件真实；证据充分、有效；

(2) 对事件产生的原因、责任分析清楚、准确;

(3) 索赔要求有相应合同文件支持,索赔理由充足;

(4) 索赔报告应条理清楚,各种定义、结论准确,论证符合逻辑;

(5) 索赔的计算项目和步骤详细,索赔值的计算数据精确。

【案例6.7】

背景材料:

发包人与承包人签订了高档写字楼的建筑工程施工合同,合同工期5个月。承包人进入施工现场后,临建设施已搭设,材料、机具设备尚未进场。在工程正式开工之前,施工单位按合同约定对原建筑物的结构进行检查中发现,该建筑物结构需进行加固。预计结构加固施工时间为1个月。

承包人针对这一事件,除另外约定其工程费用外,提出以下索赔要求:

(1) 将原合同工期延长为6个月。

(2) 由于上述的工期延长,发包人应给施工单位补偿额外增加的现场费(包括临时设施费和现场管理费)。

(3) 由于工期延长,发包人应按银行贷款利率计算补偿施工单位流动资金积压损失。

在该工程的施工过程中,由于设计变更,又使工期延长了2个月,并且延长的2个月正值冬期施工,比原施工计划增加了施工的难度。

针对此事件,在竣工结算时承包人向发包人提出补偿冬期施工增加费的索赔要求。

问题:

试分析承包人的索赔要求是否合理?

案例分析:

(1) 针对结构加固事件。

结构加固施工时间延长1个月是非承包方原因造成的,属于工程延期。另外,现场管理费一般与工期长短有关。可见,承包方要求工期索赔和现场管理费费用索赔是合理的。

临时设施费一般与工期长短无关,施工单位不宜要求索赔。

由于材料、机具设备尚未进场,工程尚未动工,不存在资金积压问题,故承包人不应提出索赔。

(2) 针对设计变更事件。

在施工图预算中的其他直接费中已包括了冬、雨期施工增加费。可见,承包人索赔冬期施工增加费不合理。

另外,承包人应在事件发生后28天内,向监理方发出索赔意向通知,竣工结算时承包方已无权再提出索赔要求。

6.4.6　建筑工程施工项目反索赔的概念和特点

1. 建筑工程施工项目反索赔的概念

反索赔是相对索赔而言，是对提出索赔一方的反驳。发包人可以针对承包人的索赔进行反索赔，承包人也可以针对发包人的索赔进行反索赔。通常的反索赔主要是指发包人向承包人的反索赔。

2. 建筑工程施工项目反索赔的特点

(1) 索赔与反索赔具有同时性。

(2) 技巧性强，处理不当将会引起诉讼。

(3) 在反索赔时，发包人处于主动的有利地位，发包人在经监理工程师证明承包人违约后，可以直接从应付工程款中扣回款项，或从银行保函中得到补偿。

3. 发包人相对承包人反索赔的内容

(1) 工程质量缺陷反索赔；

(2) 拖延工期反索赔；

(3) 保留金的反索赔；

(4) 发包人其他损失的反索赔。

【案例 6.8】

背景材料：

某施工单位(乙方)与某建设单位(甲方)签订了某汽车制造厂的土方工程与基础工程合同，承包商在合同标明有松软石的地方没有遇到松软石，因而工期提前 1 个月。但在合同中另一未标明有坚硬岩石的地方遇到了一些工程地质勘察没有探明的孤石。由于排除孤石拖延了一定的时间，使得部分施工任务不得不赶在雨季进行。施工过程中遇到数天季节性大雨后又转为特大暴雨引起山洪暴发，造成现场临时道路、管网和施工用房等设施以及已施工的部分基础被冲坏，施工设备损坏，运进现场的部分材料被冲走，乙方数名施工人员受伤，雨后乙方用了很多工时清理现场和恢复施工条件。为此乙方按照索赔程序提出了延长工期和费用补偿要求。

问题：

(1) 简述工程施工索赔的程序。

(2) 乙方提出的索赔要求能否成立？为什么？

(3) 在工程施工中，通常可以提供的索赔证据有哪些？

案例分析:

(1) 我国《建设工程施工合同(示范文本)》规定的施工索赔程序如下:

① 索赔事件发生后28天内,向监理工程师发出索赔意向通知。

② 发出索赔意向通知后的28天内,向监理工程师提出补偿经济损失和(或)延长工期的索赔报告及有关资料。

③ 监理工程师在收到承包人送交的索赔报告及有关资料后,应于14天内与发包人协商,28天内与发包人协商一致后对承包人予以答复,或要求承包人补充索赔理由和证据。监理工程师与发包人在收到承包人送交的索赔报告及有关资料后,于28天内未予答复或未对承包人提出进一步要求,即可视为该项索赔已经认可。

④ 监理工程师在收到承包商送交的索赔报告和有关资料后28天内未予答复或未对承包商作进一步要求,视为该项索赔已经认可。

⑤ 当该索赔事件持续进行时,承包商应当阶段性向监理工程师发出索赔意向,在索赔事件终了后28天内,向监理工程师提供索赔的有关资料和最终索赔报告。

(2) 对处理孤石引起的索赔,这是预先无法估计的地质条件变化,属于甲方应承担的风险,应给予乙方工期顺延和费用补偿。

对于天气条件变化引起的索赔应分两种情况处理。

① 对于前期的季节性大雨,这是一个有经验的承包商预先能够合理估计的因素,应在合同工期内考虑,由此造成的时间和费用损失不能给予补偿。

② 对于后期特大暴雨引起的山洪暴发,不能视为一个有经验的承包商预先能够合理估计的因素,应按不可抗力处理由此引起的索赔问题。被冲坏的现场临时道路、管网和施工用房等设施以及已施工的部分基础,被冲走的部分材料,清理现场和恢复施工条件等经济损失应由甲方承担;损坏的施工设备,受伤的施工人员以及由此造成的人员窝工和设备闲置等经济损失应由乙方承担,工期顺延。

(3) 可以提供的索赔证据(略)。

【案例6.9】

背景材料:

某建筑工程施工工期为181天,施工期为2014年5月5日—10月31日。

工程施工到9月10日,设备出现故障停工两天,窝工10天,每工日单价为50元。工程施工到10月2日,甲方提供的室外装饰面层材料质量不合格,粘贴不上;甲方决定换成板材,拆除工作用了100工日,每工日单价为50元,机械闲置5台班,每台班1000元,材料损失16万元,其他损失为2万元,重新粘贴预算价为30万元,工期延长10天,最终工程于11月10日竣工。

问题：

乙方及时针对 9 月 10 日提出索赔报告，要求延长工期 2 天；及时针对 10 月 2 日提出索赔报告，要求延长工期 10 天，并索赔费用 49 万元。

案例分析：

乙方针对 9 月 10 日提出索赔不成立；针对 10 月 2 日提出索赔"要求延长工期 10 天，并索赔费用 49 万元"成立。

6.5　信　息　管　理

6.5.1　概述

1. 项目中的信息

建筑工程项目施工周期长，建设参与方多、分项工程数量多、施工工作量大、施工作业人员多。为便于工程项目施工管理和协调，在参与建设的各单位之间以及各单位内部均会产生大量的信息。其中，施工单位接收、产生和需要及时处理的信息量最大，随着项目施工的进展，其有关的信息量也将极快地增加，作为信息载体的资料就会繁如瀚海、难以计数。

1)　信息的种类

(1) 项目基本状况的信息。主要是建筑工程项目的勘察、设计文件、项目手册、各种合同、项目管理规划文件和作业计划文件等。

(2) 现场实际工程信息。如实际工期、成本、质量信息等，主要是各种报告，如日报、月报、专题报告、重大事件报告，以及设备、劳动力、材料使用报告及质量报告。这里报告还包括问题的分析、计划和实际对比以及趋势预测的信息。

(3) 各种指令、决策方面的信息。

(4) 其他信息。外部进入项目的环境信息，如国家和行业的政策及法律、法规、市场情况、气候、外汇波动、政治动态等。

2)　信息的基本要求

信息必须充分，满足项目管理的需要，确保项目系统和管理系统的正常运行；同时，信息不能过多过滥，以免造成信息泛滥和污染。

一般来说，信息必须符合如下基本要求。

(1) 专业对口。信息要根据专业的需要及时予以提供和流动。

(2) 反映实际情况。信息必须符合目标，符合实际应用的需要，且实用有效。这是正确、有效地管理的前提。这里有如下两个方面的含义。

① 各种工程文件、报表、报告要实事求是，反映客观情况。

② 各种计划、指令、决策的做出要以实际情况为基础。

（3）　及时。只有及时提供信息，才能有及时的反馈，管理者才能及时地控制项目的实施过程；施工作业者才能及时地按照要求执行。

（4）　简单明了、便于理解。信息应让使用者轻而易举地了解情况，分析问题，所以信息的表达形式应符合人们日常接收信息的习惯，而且对于不同的人，应有不同的表达形式。例如，对于不懂专业、不懂项目管理的业主，则应尽量采用比较直观明了的表达形式，如模型、表格、图形、文字描述、视频等。

3）　信息的基本特征

项目管理过程中的信息数量大，形式多样。通常它们具有如下一些基本特征。

（1）　信息载体。

①　纸张，如各种图纸、各种说明书、合同、报告、签证、信件、表格等。

②　电子邮件、音像资料以及其他电子文件的载体，如磁盘、磁带、光盘、U盘等。

③　照片、X光片等。

（2）　选用信息载体的影响因素。

①　技术要求的影响：科学技术的发展，不断推出新的信息载体，不同的载体有不同的介质技术和信息存取技术要求。

②　成本要求的影响：不同的信息载体有不同的运行成本。在符合管理要求的前提下，尽可能降低信息系统运行成本，是信息系统设计的目标之一。

③　信息系统运行速度要求，例如，气象、地震预防、国防、宇航之类的工程项目要求信息系统运行速度快，则必须采取相应的信息载体和处理、传输手段。

④　特殊要求，例如合同、备忘录、工程项目变更指令、会谈纪要、报告、签证等必须采用书面形式，由双方或一方签署才有法律证明效力。

（3）　信息的使用说明。

①　有效期：暂时有效，整个项目期有效，长时期有效等信息。

②　用于决策和证明。决策即各种计划、批准文件、修改指令，运行执行指令等；证明即表示质量、安全、环保、进度、成本实际情况的各种信息。

③　信息的权限：对参与工程项目施工的不同职能人员规定不同的信息修改权限和信息使用权限。通常须具体规定综合(全部)信息权限和某一方面(专业)的信息权限，以及修改权、使用权、查询权等。

（4）　信息的存档方式。

①　文档组织形式：集中管理和分散管理。

②　监督要求：封闭、公开。

③　保存期：长期保存、非长期保存。

2. 项目信息管理的任务

项目信息管理的任务主要包括如下几项。

(1) 编制并实施项目手册中的信息和信息流管理计划。

(2) 执行针对项目报告及各种资料的有关规定。例如资料的格式、内容、数据结构要求。

(3) 建立项目管理信息系统流程，并严格遵照执行。

(4) 文档管理工作。

3. 现代信息科学带来的影响

现代信息技术发展迅猛，给项目信息管理带来了许多新的方便的方法和手段，特别是计算机联网、电子信箱、Internet 的使用，使得信息得以高度网络化流通。

现代信息科学的影响主要体现在以下几个方面。

(1) 加快了项目管理系统中信息反馈速度和系统的反应速度。现代信息技术加快了人们获得工程进展情况的信息、发现问题、做出决策的节奏。

(2) 透明度增加。人们能够快速获得大量的信息，借此了解企业和项目的全貌。

(3) 总目标容易贯彻。项目经理和企业管理者容易发现偏差；下层管理人员和执行人员也更快、更容易理解和领会上层的意图。

(4) 信息的可靠性增加。通过直接查询和使用其他部门的信息，既可以减少信息的加工和处理工作，又能保证信息不失真。

(5) 更大的信息容量。由于现代信息技术有更大的信息容量，人们使用信息的宽度和广度大大增加。例如项目管理职能人员可以从互联网上直接查询最新的工程招标信息、原材料市场行情等信息。

(6) 使项目风险管理的能力和水平大为提高。由于现代市场经济的特点，工程项目的风险较大。现代信息技术使人们能够迅速获得并及时有效处理大量有关风险的信息，从而对风险进行有效的、迅速的预测、分析、防范和控制。

(7) 现代信息技术在项目管理中应用的局限性。现代信息技术虽然加快了工程项目中信息的传输速度，但并不能解决心理和行为问题，甚至有时还可能起反作用。

① 按照传统的组织原则，许多网络状的信息流通(例如对其他部门信息的查询)不能算作正式的沟通。而这种非正式沟通对项目管理有着非常大的影响，会削弱正式信息沟通方式的效用。

② 在一些特殊情况下，这种信息沟通容易造成各个部门各行其是，造成总体协调的困难和行为的离散。

③ 容易造成信息污染。

由于现代通信技术的发展，人们可以获得的信息量大大增加，也大为方便。如果不对信息进行必要的筛选、合适的归类和合理的整理等工作，造成信息超负荷和信息消化不良，导致信息使用者很多时候被无用的、琐碎的信息包围，结果既浪费时间，又不易抓住重点。

如果项目中发现问题、危机或风险，随着信息的传递会漫延开来，造成恐慌，各个方面可能各自采取措施，导致行为的离散，使项目管理者采取措施解决问题和风险的难度加大。通过非正式的沟通获得信息，会干扰基层对上层指令、方针、政策、意图的正确理解，进而导致执行上的不协调。由于现代通信技术的发展，使人们忽视了面对面的沟通，而依赖计算机在办公室获取信息，减少获得软信息的可能性。

6.5.2　工程项目报告系统

1. 工程项目中报告的种类

按时间可分为日报、周报、月报、年报。针对项目结构的报告，如工作包、单位工程、单项工程、整个项目报告。专门内容的报告，如质量报告、成本报告、工期报告。特殊情况的报告，如风险分析报告、总结报告、专题报告、特别事件报告等。除上述分类的报告外，还有状态报告、比较报告等。

2. 报告的要求

为了达到项目组织间顺利地沟通，发挥作用，报告必须符合如下要求。

(1) 与目标一致。报告的内容和描述，主要说明目标的完成程度和围绕目标存在的问题。

(2) 符合特定的要求。这里包括相应层次的管理人员对项目信息需要了解的程度，以及各个职能人员对专业技术工作和管理工作的需要。

(3) 规范化、系统化。即在管理信息系统中应完整地定义报告系统结构和内容，对报告的格式、数据结构进行标准化；确保报告的形式统一。

(4) 处理简单化。内容清楚明了，易于理解，不会产生歧义。

(5) 侧重点鲜明。报告通常包括概况说明和重大的差异说明，主要的活动和事件的说明。它的内容较多的是考虑实际效用，而较少考虑信息的完整性。

3. 报告系统

项目初期，建立项目的报告系统时，首先要解决以下两个问题。

(1) 系统化。罗列项目过程中应有的各种报告，并系统化。

(2) 标准化。确定各种报告的形式、结构、内容、数据、采撷和处理方式，并标准化。设计报告时事先应对各层次(包括上层系统组织和环境组织)的人列表提问：需要什么信息？从哪里获得？怎样传递？怎样标识它的内容？最终，建立如表 6.1 所示的报告目录表。

在编制工程计划时，就应当考虑需要的各种报告及其性质、范围和频次，可以在合同或项目手册中确定。

原始资料应一次性收集，以保证相同的信息、相同的来源。在将资料纳入报告前，应对相关信息进行可信度检查，并将计划值引入，以便对比。

表 6.1　报告目录表

报告名称	报告时间	提供者	接收者		
		A	B	C	D

原则上，报告从最底层开始，它的资料最基础的来源是工程活动，包括工期、质量、安全、人力、材料消耗、费用等情况的记录，以及试验验收检查记录。上层的报告应在此基础上，按照项目结构和组织结构层层归纳、浓缩，做出分析和比较，形成金字塔形的报告系统(见图 6.1)。

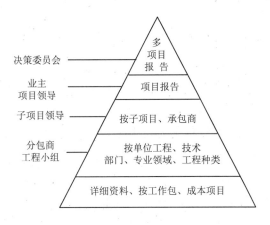

图 6.1　报告系统示意

这些报告是由下而上内容不断浓缩的。

6.5.3　建筑工程项目管理信息系统

1. 概述

在项目管理中，信息、信息流和信息处理各方面的总和称为项目管理信息系统。管理信息系统是将各种管理职能和管理组织沟通起来并协调一致的神经系统。建立管理信息系统，并使它顺利地运行，是项目管理者的责任，也是其完成项目管理任务的前提。作为一个信息中心，项目管理者既要与项目的其他参加者有信息交流，自己也要进行复杂的信息处理。不正常的管理信息系统常常会使项目管理者不能及时获得有用的信息，同时却因为处理大量无效信息耗费了大量的时间和精力，使工作出现错误。

项目管理信息系统有一般信息系统所具有的特性。它的总体模式如图6.2 所示。

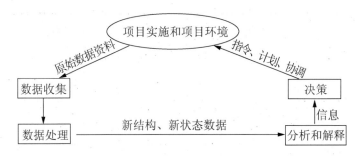

图6.2　项目管理信息系统总体模式

项目管理信息系统必须经过专门的策划和设计，并在项目实施中控制其运行。

2. 项目管理信息系统的建立过程

信息系统是在项目组织模式、项目管理流程和项目实施流程基础上建立的，它们之间既相互联系又相互影响。

建立项目管理信息系统时要明确以下几个问题。

1)　信息的需要

项目管理者和各职能部门为了决策、计划和控制需要哪些信息？以什么形式、何时、从什么渠道取得相应信息？

上层系统和周边组织在项目过程中需要哪些信息？

这是调查确定信息系统的输出。不同层次的管理者对信息的内容、精度、综合性有不同的要求，报告系统应合理解决这个问题。

管理者的信息需求是按照其在组织系统中的职责、权力、任务、目标策划的，即确定其完成工作、行使权力应需要的信息，以及其向其他方面提供的信息。

2)　信息的收集和加工

(1)　信息的收集。在项目施工过程中，每天都会产生大量的原始资料，如记工单、领料单、任务单、图纸、报告、指令、信件等。必须确定获得这些原始数据、资料的渠道，并具体落实到责任人，由责任人收集、整理、提供原始资料，并对其正确性和及时性负责。通常由专业班组的班组长、记工员、核算员、材料管理员、分包商等承担这类任务。

(2)　信息的加工。原始资料面广量大，形式多样，必须经过加工才能使信息符合不同层次项目管理的要求。信息加工包括如下几种方法。

①　一般的信息处理方法，如排序、分类、合并、插入、删除等。

②　数学处理方法，如数学计算、数值分析、数理统计、图表化等。

③　逻辑判断方法，包括评价原始资料的置信度、来源的可靠性、数值的准确性，将初始资料加工成项目诊断和风险分析等。

3)　编制索引和存储

为了查询、调用的方便，建立项目文档系统，将所有信息分类、编目。许多信息作为工程项目的历史资料和实施情况的证明，必须妥善保存。按不同的使用和储存要求，数据和资料应储存于一定的信息载体上，确保既安全可靠，又使用方便。

4)　信息的使用和传递渠道

信息的传递(流通)是信息系统灵活性和效率的表现。信息传递的特点是仅传输信息的内容，而保持信息结构不变。在项目管理中，要对信息的传递路径进行策划，按不同的要求选择快速的、误差小的、成本低的传输方式。

6.5.4　工程项目文档管理

1. 文档管理的任务和基本要求

在实际工程中，许多信息由文档系统收集和供给。文档管理指的是对作为信息载体的资料进行有序的收集、加工、分解、编目、存档，并为项目的相关人员提供专用和常用信息的过程。文档系统是管理信息系统的基础，是管理信息系统有效率运行的前提条件。

文档系统有如下要求。

(1)　系统性。即包括项目施工过程中应进入信息系统运行的所有资料，事先要策划以确定各种资料种类并进行系统化。

(2)　文档编码。各个文档应有唯一性标志，能够互相区别(通常通过编码实现)。

(3)　落实专人负责文档管理的责任。通常文件和资料是集中处理、保存和提供的。在项目过程中文档有三种形式。

①　企业保存的关于项目的资料。这类资料置于企业文档系统中，例如项目经理提交给企业的各种报告、报表。

②　项目集中的文档。全项目的相关文件。这类文档必须置于专门的场所并由专门人员负责。

③　各部门专用的文档。这类文档仅保存本部门专门的资料。

这些文档在内容上可能有重复。例如一份重要的合同文件可能复制三份，部门保存一份、项目一份、企业一份。

④　不失真。在文档处理过程中应确保内容清晰、实用、不失真。

2. 项目文件资料的特点

资料是数据或信息的载体。在项目实施过程中，资料上的数据有内容性数据和说明性数据两种。

(1)　内容性数据。如施工图纸上的图、信件的正文等，它的内容丰富，形式多样，通常有一定的专业意义，其内容在项目过程中可能有变更。

(2) 说明性数据。为了方便资料的编目、分解、存档、查询，对各种资料做出的说明和解释，并用一些特征加以区别。它的内容一般在项目管理中不改变，由文档管理者策划。例如图标、各种文件说明、文件的索引目录等。

通常，文档按内容性数据的性质分类，而具体的文档管理，如生成、编目、分解、存档等以说明性数据为基础。

在项目实施过程中，文档资料面广量大，形式多样。为了便于进行文档管理，首先须对其进行分类。通常的分类方法有如下几种。

① 重要性：将文档分为"必须建立文档；值得建立文档；不必存档"三档。

② 资料的提供者：分为"外部；内部"。

③ 登记责任：可对文档做出"必须登记、存档"或"不必登记"的规定。

④ 特征：分为"书信；报告；图纸等"。

⑤ 产生方式：分为"原件；复制"。

⑥ 内容范围：分为"单项资料；资料包(综合性资料)，例如综合索赔报告、招标文件等"。

3. 文档系统的建立

1) 资料特征标识(编码)

有效的文档管理是以与用户友好和较强表达能力的资料特征(编码)为前提的。在项目施工前，就应专门研究，建立该项目的文档编码体系。一般来说，项目编码体系有如下要求：

(1) 统一的、对所有资料适用的编码系统。

(2) 能区分资料的种类和特征。

(3) 能"随便扩展"。

(4) 人工处理和计算机处理均有效。

2) 资料编码分类

一般来说，项目管理中的资料编码应包含如下几个部分。

(1) 有效范围。说明资料的有效/使用范围，如属某子项目、功能或要素。

(2) 资料种类。

① 外部形态不同的资料，如图纸、书信、备忘录等。

② 资料的特点，如技术性资料、商务性资料、行政性资料等。

(3) 内容和对象。

资料的内容和对象是编码的重点。一般情况下，可考虑用项目结构分解的结果作为资料的内容和对象。这种编码方法不是万能的：因为项目结构分解是按功能、要素和活动进行的，有可能与资料说明的对象不一致，此时就要专门设计文档结构。

(4) 日期/序号。

相同有效范围、相同种类、相同对象的资料可通过日期或序号来区别，如对书信可用日期/序号来标识。

这里必须对每部分的编码进行策划和定义。例如某工程用 11 个字符作资料代码，见图 6.3。

B G	B G S	L T 2	0 1 5
范围	种类	对象	序号
办公楼	设计变更	楼梯间	第 15 号变更

图 6.3　某工程资料编码结构

3)　索引系统

为了资料使用的方便，必须建立资料的索引系统，它类似于图书馆的书刊索引。

项目相关资料的索引一般可采用表格形式。在项目施工前，它就应被专门策划。表中的栏目应能反映资料的各种特征信息。不同类别的资料可以采用不同的索引表，如果需要查询或调用某种资料，即可按图索骥。

例如信件索引可以包括如下栏目：信件编码、来(回)信人、来(回)信日期、主要内容、文档号、备注等。策划时应考虑到来信和回信之间的对应关系，收到来信或回信后即可在索引表上登记，并将信件存入对应的文档中。

思　考　题

1. 建筑工程合同的主要内容有哪些？
2. 建筑工程施工总承包合同的主要内容有哪些？
3. 索赔的概念及分类？反索赔的特点？
4. 建筑工程索赔成立的条件以及索赔的依据有哪些？
5. 建筑工程索赔的程序？常见的建筑工程索赔有几种？
6. 试建立索赔文件的索引文件结构。
7. 简述项目报告的主要内容。

第7章　建筑工程项目其他管理

教学指引

◆ 了解建筑工程项目资源管理、采购管理、后期管理、风险管理及沟通管理的相关概念、目的、内容和基本工作过程；

◆ 了解建筑工程项目劳动力的优化配置、现场材料管理、机械设备的选择；

◆ 了解竣工验收的要求和依据。了解回访的方法和意义。

学习目标

◆ 必须掌握的理论知识：资源的计划管理；资源的供应管理；资源的控制管理；资源的考核管理；竣工收尾、竣工验收、竣工结算、考核评价的工作内容。

◆ 必须掌握的技能：资源管理计划的制订；资源管理控制的方法；竣工收尾、竣工验收、竣工结算、竣工决算、回访保修、考核评价文件的收集、整理与制订。

案例导入：

"鸟巢"是2008年北京奥运会主体育场，形态如同孕育生命的"巢"，它更像一个摇篮，寄托着人类对未来的希望。它以巨大的钢网围合，可容纳9.1万人；观光楼梯自然地成为结构的延伸；消失的立柱，均匀受力的网如树枝般没有明确的指向，让人感到每一个座位都是平等的，置身其中如同回到森林；把阳光滤成漫射状的充气膜，使体育场告别了日照阴影；整个地形隆起4米，内部作附属设施，避免了下挖土方所需耗费的巨大投资。

"鸟巢"是一个大跨度的曲线结构，有大量的曲线箱形结构，设计和安装均有很大挑战性，在施工过程中处处离不开科技支持。"鸟巢"采用了当今先进的建筑科技，全部工程共有二三十项技术难题，其中，钢结构是世界上独一无二的。"鸟巢"钢结构总重4.2万吨，最大跨度343米，而且结构相当复杂，其三维扭曲像麻花一样的加工，在建造后的沉降、变形、吊装等问题正在逐步解决，相关施工技术难题还被列为科技部重点攻关项目。

因此，项目管理方从项目一开始就在完善人员管理、有效利用建筑材料和设备、落实新技术和控制工程造价等各方面进行全面管理，加强与设计、施工、监理、材料供应等各方的沟通协调，保证了施工质量和项目如期竣工，这便是建筑工程项目进行资源管理、采购管理、风险管理、沟通管理的意义所在。

请同学们在学习本章过程中结合查阅有关资料，认真思考一个问题：你认为和一般的项目相比较，"鸟巢"的项目资源管理有哪些特点？

7.1　建筑工程项目资源管理

7.1.1　建筑工程项目资源管理的内容及工作过程

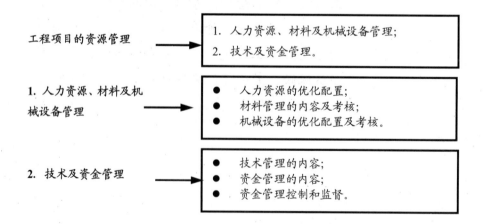

7.1.2　建筑工程项目的资源管理概述

1. 建筑工程项目的资源管理概念

企业资源有五个要素,即"五 M",是指人(Manpower)、机器(Machine)、材料(Material)、资金(Money)与方法(Method)。而就建筑工程项目来讲,建筑工程项目资源是指投入到建筑工程项目中去的诸要素。由于建筑工程项目的单件性、固定性、露天性,同时建设周期长、技术要求严格等特性,我们将建筑工程项目资源归纳为劳动力、机械设备、材料、资金和技术五项。

建筑工程项目资源管理,就是对上述五项资源的合理配置和使用进行恰当的计划和控制,以实现项目管理的目标为其根本目的。

2. 建筑工程项目资源管理的意义

(1) 进行项目资源优化配置,即适时、适量、比例适当、位置适宜地进行配备或投入项目资源,以满足项目实施的需要。

(2) 进行项目资源的优化组合,即投入于工程项目的各种项目资源可在项目实施过程中适当搭配,使它们在项目中能够协调地发挥作用,有效地形成生产力,适时、合格地生产出建筑产品。

(3) 进行项目资源动态管理,即在建筑工程项目实施过程中,由于工程项目的实施过程的不断变化,对项目资源的需求将随之不断变化;平衡是相对的,不平衡是绝对的。因此对项目资源的配置和组合也就需要不断调整,在动态中寻求平衡。

(4) 在工程项目运行中,合理地、节约地使用资源,以达到节约资源(资金、材料、设备、劳动力),从而降低项目费用的目的。

3. 建筑工程项目资源管理的内容

建筑工程项目资源管理是一个动态管理的过程,主要过程包括编制资源计划、组织资源的配置、合理实施资源的控制、进行资源使用效果的分析与处理。

1) 编制资源计划

编制资源计划的目的,是对资源投入量、投入时间、投入步骤进行合理安排,以使施工项目顺利实施,而计划则是优化配置和组合的前提和手段。

2) 资源的配置

资源的配置是编制的计划,通过管理资源的来源、资源的投入等在施工项目中的供应过程,使计划得以实现,从而保证施工项目的需要。

3) 资源的控制

资源控制是根据资源的特性,科学地制定相应措施,通过对资源进行有效组合、协调投入、合理使用、不断纠正偏差，以尽可能少的资源来满足项目的需求，从而达到节约的目的。

4) 进行资源使用效果的分析与处理

进行资源使用效果的分析与处理，单就一次项目的实施过程来讲，是对本次资源管理过程的反馈、分析及资源管理的调整；同时它也为管理提供信息反馈和信息储备，以指导以后(或下一项目)的管理工作。

7.1.3 建筑工程项目人力资源、材料及机械设备管理

1. 劳动力的优化配置

劳动力是指建筑工程项目的一线工作人员。项目人力资源管理中，劳动力的管理是基础。通过对劳动力进行优化配置，使劳动力安排更合理，从而具有更高的效率。

1) 劳动力优化配置的依据

(1) 劳动力优化配置的目的是依据不同的项目所需劳动力的种类及数量的不同，合理安排人力资源，降低工程成本。

(2) 就企业来讲，劳动力配置的依据是根据企业的生产任务与劳动生产率水平来计算。

(3) 就项目来讲，劳动力配置的依据主要取决于项目进度计划。例如，在某个时间段，需要什么样的劳动力，需要多少，应根据在该时间段所进行的工作或活动情况确定。

(4) 项目的劳动力资源供应环境是确定劳动力来源的主要依据。项目不同，其劳动力资源供应环境也不相同，项目所需劳动力取自何处，应在分析项目劳动力资源供应环境的基础上加以正确选择。

2) 劳动力优化配置的方法

劳动力的优化配置首先应根据项目分解结构，按照充分利用、提高效率、降低成本的原则确定每项工作或活动所需劳动力的种类和数量；然后根据项目的初步进度计划进行劳动力配置及时间安排，在此基础上进行劳动力资源的平衡和优化，同时考虑劳动力资源的来源，最终形成劳动力优化配置计划。具体来说，应注意以下几个方面的问题。

(1) 应在劳动力需用量计划的基础上进一步具体化，以防漏配。必要时应根据实际情况对劳动力计划进行调整。

(2) 如果现有的劳动力能满足要求，配置时应贯彻节约原则。如果现有劳动力不能满足要求，项目经理部应向企业申请加配，或进行项目外招募，或分包出去。

(3) 配置的劳动力应积极可靠，使其有超额完成的可能，以获得奖励，进而激发其劳动积极性。

(4) 尽量保持劳动力和劳动组织的稳定，防止频繁变动。但是，当劳动力或劳动组织不能适应任务要求时，则应进行调整，并敢于改变原建制进行优化组合。

(5) 工种组合、技术工种和一般工种比例应适当、配套。

(6)　力求使劳动力配置均匀，劳动力资源强度适当，以达到节约的目的。

【案例 7.1】

背景材料：

某办公楼进行地面改造，建筑面积 9086m²，地下 1 层，地上 11 层，工期 2 个月，其地面采用湿贴莱州芝麻白石材。根据设计要求，该卫生间地面防水施工采用新材料 JS 防水涂料，该材料为绿色产品，无毒无味，防水效果较好。由于石材地面施工面积大，为保证工程质量，施工单位制定了专项施工方案指导施工。

问题：

根据工程特点和方案所述内容，请合理配备劳动力。

案例分析：

劳动力：石材地面铺贴按平均 4m²/人·日考虑。每个铺设小组 13 人，其中高级工以上 1 人，机械操作手 2 人，专业铺贴人员 7 人，辅助工人 3 人。共 4 组 52 人。

2. 工程项目材料管理

建筑材料是工程项目的重要组成部分。首先，在建设项目中投资中，建筑材料的费用一般都占工程造价的 60%～70%，是工程造价的重要组成部分。其次，建筑材料质量的好坏，直接影响着工程质量的优劣。因此，加强项目材料管理对整个项目的管理起着至关重要的作用。

工程项目材料管理就是在品种、规格、数量和质量等约束条件下，对工程建设所需的各种材料、构件、半成品，为实现特定目标而进行计划、组织、协调和控制的管理。

(1)　计划。是对实现工程项目所需材料的预测。使这一约束条件技术上可行，经济上合理，在工程项目的整个施工过程力争需求、供给和消耗，始终保持平衡协调和有序。

(2)　组织。是根据确定的约束条件，如材料的品种、数量等，组织需求与供给的衔接，材料与工艺的衔接，并根据工程项目的进度情况，建立高效的管理体系，明确各自的责任。

(3)　协调。工程项目施工过程中，各子过程(如支模、架钢筋、浇注砼等)之间的衔接，产生了众多的结合部。为避免结合部出现管理真空，以及可能的种种矛盾，必须加强沟通，协调好各方面的工作和利益，统一步调，使项目施工过程均衡有序地进行。

(4)　控制。针对工程项目材料的流转过程，运用行政、经济和技术手段，通过制定程序、规程、方法和标准，规范行为、预防偏差，使该过程处于受控状态下；通过监督、检查，发现、纠正偏差，保证项目目标的实现。

项目材料管理主要包括材料计划管理、材料采购管理、使用环节的管理、材料的储存与保管、材料的节约与控制等内容。

3. 材料管理考核

资源管理考核应通过进行经济核算和责任考核。对材料资源投入、使用、调整以及计划与实际的对比分析，找出管理存在的问题，材料管理考核工作应对按计划保质、保量、及时供应材料进行效果评价，应对材料计划、使用、回收以及相关制度进行效果评价。通过考核能及时反馈信息，提高资金使用价值，持续改进。材料管理考核应坚持计划管理、跟踪检查、总量控制、节奖超罚的原则。

【案例7.2】

背景材料：

某建筑工程为地上10层地下3层框剪结构。在主体2层的砼浇捣过程中，施工单位为赶工期，在材料送检时擅自施工。事后，水泥实验报告显示，送检水泥有几项指标不合格。

问题：

(1) 施工单位应该如何做？

(2) 施工单位如何对进场材料的质量进行控制才能保证该工程的质量达到设计和规范要求？

(3) 简述进场材料质量控制的要点。

(4) 材料质量控制的内容有哪些？

案例分析：

(1) 施工单位未经监理许可即进行混凝土浇筑的做法是错误的。

正确做法：施工单位运进水泥前，应该向项目监理机构提交《工程材料报审表》，同时附有水泥出厂合格证、技术说明书、按规定要求进行送检的检验报告，经监理工程师审查并确认其质量合格后，方准进场。

(2) 材料质量控制的方法主要有：严格检查验收；正确合理的使用；建立管理台账；进行收、发、储、运等环节的技术管理，避免混料和将不合格的原材料使用到工程上。

(3) 进场材料质量控制的要点有：掌握材料信息，优选供货厂家；合理组织材料供应，确保施工正常进行；合理组织材料使用，减少材料损失；加强材料检查验收，严把材料质量关；要重视材料的使用认证，以防错用或使用不合格的材料；

(4) 材料质量控制的主要内容有：材料的质量标准；材料的性能；材料取样、试验方法；材料的适用范围和施工要求。

4. 项目机械设备管理的特点

机械设备是工程项目的主要项目资源，建筑施工机械化水平的高低，与工程项目的进度、质量、成本费用密切相关。项目机械设备管理是按优化原则对机械设备进行正确选择，保证合理使用、状态良好、减少闲置及损坏，适时更新、提高使用效率及产出水平。

作为工程项目的机械设备管理，应根据工程项目管理的特点来进行。由于项目经理部不是企业的一个固定管理层次，因而也没有固定的机械设备，故工程项目机械设备管理应遵循企业机械设备管理规定来进行；对由分包方进场时所带设备及企业内外租用设备进行统一的管理，同时必须围绕工程项目管理的目标，使机械设备管理与工程项目的进度管理、质量管理、成本管理和安全管理紧密结合。

5. 项目机械设备的优化配置

设备优化配置，就是合理选择设备，并适时、适量投入设备，以满足施工需要，同时要求在运行中搭配适当、协调地发挥作用，形成有效生产率。

1）选择原则

施工项目设备选择的原则是：切合需要，实际可能、经济合理。设备选择的方法有很多，但必须以施工组织为依据，并根据进度要求进行调整。

不同类型施工方案需要计算出各施工方案中设备完成单位实物工作量的成本费，以其最小者为最佳经济效益。

2）合理匹配

选择设备时，首先是根据某项目特点，选择核心设备，再根据充分发挥核心设备效率的原则配以其他设备，组成优化的机械化施工机群。但一是要求核心设备与其他设备的工作能力应匹配合理；二是配备其他设备及相应数量应能充分发挥核心设备的能力。

3）选择方法

如加权评分法。综合考虑多种因素，主要以机械设备技术性能可以满足施工要求，对各种设备的工作效率、工作质量、使用费和维修费、能源消耗费、安全性、稳定性，在同一现场服务项目多少，对现场环境适应性等方面，用加权评分方法，选出最优者。

【案例7.3】

背景材料：

承建商在选择施工机械时，有3台机械设备的技术性能均满足某项目的施工方案。

问题：

怎样优选机械设备？

案例分析：

有3台机械设备的技术性能均满足某项目的施工方案，在选择时综合考虑10个特性，根据每个特性的重要程度给予不同的权重，组织相关人员对每台设备进行评分，根据分数高低选择设备。结果见表7.1。

表7.1 综合加权评分表

序 号	特 性	权 重	评价分		
			设备1	设备2	设备3
1	工作效率	0.2	80	90	85
2	工作质量	0.2	80	85	90
3	使用费和维修费	0.1	70	80	90

续表

序 号	特 性	权 重	评价分		
			设备 1	设备 2	设备 3
4	能源消耗量	0.1	90	70	85
5	占用人员	0.05	80	60	90
6	安全性	0.05	70	80	90
7	稳定性	0.05	80	60	80
8	完好性和可维修性	0.05	90	70	90
9	使用的灵活性	0.1	80	60	85
10	对环境的影响	0.1	85	80	90
综合评分＝∑评价分×权重			80.5	77.5	87.5
选择			根据综合评分结果，选择设备 3		

6. 机械设备的管理考核

机械设备管理考核应对项目机械设备的配置、使用、维护以及技术安全措施、设备使用效率和使用成本等进行分析和评价，找出管理存在的问题。改进机械设备的管理，提高管理水平。技术经济指标考核包括：现场机械设备完好率、机械设备利用率、机械设备效率、机械化程度、机械技术状况和事故统计。

7.1.4 建筑工程项目技术及资金管理

1. 技术管理的内容

工程项目技术管理，是对所承包的工程各项技术活动和构成施工技术的各项要素进行计划、组织、指挥、协调和控制的总称。技术管理作为施工项目管理的一个分支，与合约、工期、质量、成本、安全等方面的管理共同构成一个相互联系、密不可分的管理体系。

建筑工程施工是一种复杂的多工种操作的综合过程，其技术管理所包括的内容也较多，主要分为施工准备阶段、工程施工阶段、竣工验收阶段，各阶段的主要内容及工作重点如下。

1) 施工准备阶段

本阶段主要是为工程开工做准备，及时搞清工作程序、要求，主要应作好的工作包括：确定技术工作目标、图纸会审、编制施工组织设计、复核工程定位测量。

2) 工程施工阶段

主要包括：审图、交底与复核工作；隐蔽工程的检查与验收；试验工作；编制施工进度计划；遇到设计变更或特殊情况，及时做出反应；计量工作；资料收集整理归档。

3) 竣工验收阶段

主要包括：工程质量评定、验交和报优工作；工程清算工作；资料收集、整理。

2. 项目资金管理的内容

工程项目资金管理是指对项目建设资金的预测、筹集、支出、调配等活动进行的管理。资金管理是整个基本建设项目管理的核心。如果资金管理得当，则会有效地保障资金供给，保证基本建设项目建设的顺利进行，取得预期或高于预期的成效。反之，若资金管理不善，则会影响基本建设项目的进展，造成损失和浪费，影响基本建设项目目标的实现，甚至会造成整个基本建设项目的失败。

项目资金管理的主要环节有：资金收入预测、资金支出预测、资金收支对比、资金筹措、资金使用管理。

3. 项目资金管理控制与监督

首先是投资总额的控制。基本建设项目一般周期较长、金额较大，人们往往因主、客观因素，不可能一开始就确定一个科学的、一成不变的投资控制目标。因此，资金管理部门应在投资决策阶段、设计阶段、建设施工阶段，把工程建设所发生的总费用控制在批准的额度以内，随时进行调整，以最少的投入获得最大的效益。应正确处理好投资、质量、进度三者的相互关系，以实现提高投资效益的根本目的。

其次是投资概算、预算、决算的控制。"三算"之间是层层控制的关系，概算控制预算，预算控制决算。设计概算是投资的最高限额，一般情况下不允许突破。施工预算是在设计概算基础上，所做的必要调整和进一步具体化。竣工决算是竣工验收报告的重要组成部分，是综合反映建设成果的总结性文件，是基建管理工作的总结。因此，必须建立和健全"三算"编制、审核制度，加强竣工决算审计工作，提高"三算"质量，以达到控制投资总费用的目的。

最后是加强资金监管力度。一方面项目部严格审批程序，具体是项目各部门提出建设资金申请；项目分管领导组织评审，有关单位参加；项目经理最后决策。另一方面要明确经济责任，按照经济责任制规定签署"经济责任书"，并监督执行，将考核结果作为责任人晋升、奖励及处罚的依据。

7.2　建筑工程项目采购管理

7.2.1　建筑工程项目采购管理的内容及工作过程

工程项目的采购管理　———→　1. 采购和采购管理的内涵；
　　　　　　　　　　　　　　2. 采购管理及质量控制。

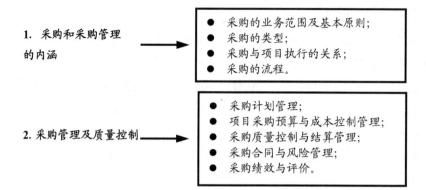

7.2.2　工程项目采购概述

采购管理不同于企业的一般职能,因为它要求不断关注外部市场的变化,时刻寻求新的机会来降低风险,同时要保证合理的现金流。因此,采购管理已经成为建筑企业提升其边际利润率的主要手段之一,高效率、专业化的采购运作对于建筑企业是必不可少的。

采购是指以合同方式有偿取得物资和服务的行为,其形式包括委托、购买、雇用、租赁等。采购的方式可以是集中采购或零散采购,也可以是公开招标采购或定向采购,还可以是供需双方面对面的直接交易采购。

工程项目采购就是以各种方式从项目系统外部获取项目所需资源的采办过程,这些资源既包括有形资源(设备、建筑产品、生产原材料等),也包括无形资源(咨询、服务等)。

1. 工程项目采购的业务范围及基本原则

工程项目采购的业务范围有:确定所要采购的物资、工程或服务的规模、性能、数量、类别、规格和合同或标段划分;市场供求现状的调查分析;确定招标采购的方式;组织招标、评标、合同的谈判与签订;合同的实施和监督;合同支付;合同纠纷解决等。

工程项目采购的总原则是:通过有效实施工程项目采购,使工程项目所需要的各种物资、技术及服务能够及时到位,从而保证工程项目的顺利进行。将总原则进行细化,可分成成本效益原则、质量合格原则和同步原则。

2. 工程项目采购的类型

1)　按照采购内容分类

项目采购的内容非常广泛,可以包括项目的全过程,也可以分别针对预可行性研究、可行性研究、材料及设备采购、勘察设计、生产准备和竣工验收等阶段进行采购。一般情况下,工程项目采购按采购内容不同可分为三大类,即分包采购、物资采购和服务采购。

2)　按照采购方式分类

按照采购的方式可以有不同分类方法:可以按照是否采用招标形式分为招标采购与非招标采购;也可以按照采购的规模分为集中采购与分散采购;还可以按照采购形态分为有

形采购与无形采购。其中有形采购是指项目的分包采购和物资采购，而无形采购主要是指工程咨询服务的采购。

3) 按照采购对象的功能分类

工程项目采购对象的功能，是指直接构成工程最终产品(即承包商向项目业主交付的工程产品)的组成部分，还是为了工程施工服务，本身并不构成最终工程产品的一部分。

构成工程最终产品一部分的采购对象，主要是建筑材料以及部分安装工程中的工程设备，它们的质量直接影响承包商向项目业主交付的工程项目的质量。部分专业分包和劳务分包也可视同为此类，只要分包的工程构成了单位工程的某个部分。

不构成最终工程产品组成部分的采购对象，又可以划分为两部分：直接为施工服务的和间接为施工服务的。

3. 工程项目采购与项目执行的关系

项目采购贯穿于项目的整个寿命周期，是项目管理中的一个关键环节和重要内容，完成工程建设需要采购材料和设备，完成某项专业施工需要进行专业分包和劳务分包，项目初期以及实施过程中需要聘请咨询专家等。如果采购工作方式不当或管理不得力，所采购的物资、工程和服务就达不到项目要求，这不仅会影响项目的顺利实施，而且还会影响项目的效益，严重者还会导致项目失败。

1) 对进度控制的影响

项目能否按进度计划顺利执行，很大程度上取决于项目采购工作的进度，采购产品交货的延误将直接影响项目的进度。采购必须按项目总进度计划制订相应的采购进度计划并执行，使之完全符合项目进度控制的要求。例如，采购部门必须密切配合项目部有计划地安排设备、材料并及时供货到现场，以保证施工的顺利实施。既不能使工程因设备、材料供应不及时而造成窝工损失，也不能盲目采购，造成积压和占用较多资金。

2) 对成本控制的影响

采购对价格的控制将直接影响到项目成本和预期效益目标的实现。工程采购活动的结果，如材料价格、设备租赁价格等直接决定了项目的费用支出，不同的采购和分包方式、合同条件对工程项目的成本影响巨大。在物资采购中，不仅要对物资本身的价格进行控制，还要综合分析一系列与价格有关的其他问题。例如，根据产品的特点和技术要求的不同，应选择最适合制造该产品且信誉好的供货厂商，因为不同等级的供货厂商其产品价格水平是有一定差距的。

3) 对质量控制的影响

采购工作必须兼顾经济性和有效性这两个方面，要使两者完美地结合起来，既要价格合理、经济，又要做到产品的质量完全符合设计要求。质量是项目建设的根本，没有质量保证，其费用控制和进度控制也就毫无意义。

很多工程因为分包商选择的错误造成工程质量不合格，因为合同条款的疏漏或过于苛刻造成偷工减料、质量低劣，因此，通过有计划的采购选择优秀的分包商完成重要的分部分项工程，通过编制缜密的合同条件保证双方的利益，是保证项目质量目标实现的前提。

4. 工程项目采购的流程

工程项目采购的流程不仅因企业而异，而且即使在同一个企业内部，不同工程项目物资采购的业务流程也会存在一定的差异。通常情况下，这种差异主要表现在采购来源(国内采购、国外采购)、采购方式(议价、招标投标)，以及采购对象(材料、设备)等业务作业细节上。虽然采购流程存在以上种种差异，但归结起来，其基本采购流程主要由以下几个程序组成。

(1) 在项目施工组织设计完成以后，物资计划员根据工程部制订的月度滚动生产计划，利用技术部制定的物料清单，将生产计划拆分成物料需求计划，并结合现场实际需求，同时考虑原物料库存制订出采购计划或书面请购单，转发至采购部门用来作为采购业务的依据。

(2) 采购员收到采购计划或请购单后，在原有的供应商中选择成绩良好的厂商，通知其报价，或以登报公告的形式公开征求，通过各种渠道了解可能的供应商后，将经批准的书面采购订单发送至合适的供应商处。

(3) 如果供应商能够满足订单的要求，它将返回一张订单确认通知，这笔业务将按照正常的业务流程进行。如果不能满足订单要求，它将提议更改送货的日期、数量或者价格。采购员将重新确认价格，同时到计划员处核对供应商提议是否符合生产计划的要求。如果不符合，采购员还必须再和供应商协商达成妥协。而且即使妥协达成后，由于工程设计变更还可能会改变对采购原物料的需求。一旦这种变更产生，计划员必须再和采购员联系，采购员再与供应商沟通，上述过程不断重复进行，直至最后签订供货协议。

(4) 签约订货后，应依据合约规定，督促厂商按时交货。货到工地后，甲方工地代表或专业工程师负责监控货到现场数量和质量验收，要求监理、安装方或总承包方共同确认。

(5) 厂商交货检验合格后，随即开具发票要求付清货款。付款时，首先由采购部门核对发票的内容是否正确，并填写付款申请单，然后转交财务部门。凡厂商所交货品与合约规定不符合或验收不合格者，应依据合约退货，并立即办理重购手续，予以结案。

(6) 财务部门收到项目转来的发票、付款请购单以及仓管部门转来的入库验收单，审核无误后付款，或根据预付款请购单付款(先付款后发货)。

7.2.3 工程项目采购管理及质量控制

项目采购管理是对整个项目采购活动的计划、组织、指挥、协调和控制活动，是管理活动。它面向整个组织，不但面向组织全体采购人员，而且也面向组织其他人员。其使命，就是要保证整个组织的产品供应，其权利，是可以调动整个组织的资源。项目采购几乎贯穿整个项目管理的生命周期，项目采购管理模式直接取决于项目管理的模式和项目合同类型，对项目整体管理起着举足轻重的作用。

1. 采购计划管理

采购计划直接来源于项目施工计划并服务于项目生产，项目施工计划对采购计划产生巨大影响，没有明确的施工计划，就难有准确的采购计划。此外，采购计划制订还受到外部市场条件等因素的制约。一旦发生突发性事件，整个计划将大打折扣，物资供应出现混乱，施工也有可能被迫停工。这些隐患的存在势必将对整个生产周期造成不良影响。

2. 项目采购预算与成本控制管理

控制采购成本的高低对企业的经营业绩及项目的利润创造至关重要。采购成本下降不仅体现在企业现金流出的减少，而且直接体现在项目管理的成本下降、利润的增加，以及企业竞争力的增强。对于建筑施工企业而言，由于材料及劳务成本占生产成本的比例往往达到 70%以上。因此，控制好采购成本并使之不断下降，是企业和项目降低实施成本、增加利润的重要和直接手段之一。

做好采购成本控制的第一步就是编制有效的采购预算。采购预算应以付款的金额来编制。采购部门中主要有三个领域需要受到预算控制：原料/库存、资本预算以及运作费用。

3. 采购合同与风险管理

采购过程中的重要步骤是与提供产品或服务的供应商达成协议，此协议又称为合同或受法律约束的协议。从广义上来说，合同是指任何确立当事人权利义务的协议，它不仅包括民事合同，而且还包括行政法、劳动法等所有法律部门的合同关系。狭义的合同概念仅仅指民事上的合同。是废立、变更和终止民事法律关系的协议。本书中所讲的合同就是狭义的合同概念，是采购过程中所涉及的合同。合同中涉及买方各方面的要求，包括同意的价格、规格、送货日期以及货物或服务的数量、其他商务条款等。

为了防范采购合同中的风险，签订采购合同时应注意以下事项。

(1) 项目相对物料名称、规格、数量、单价、总价、交货日期及地点，须与请购单及决策单所列相符。

(2) 付款方式，按照买卖双方约定的条件付款，一般的付款方式可以分为一次性付款和分期付款两种。

(3) 延期罚款，应于合同书中约定，供应商须配合企业生产进度，物料最迟在几月几日以前，全部送达交验。除因天灾及不抗力的事故外，每天供应商应赔偿企业采购金额千分之几的违约金。

(4) 解约方法，应于合同书中约定，供应商不能保持进度或不能符合规格要求时的解约方法，以保障企业的权益。

(5) 验收与保修，要在合同书中约定，供应商物料送交企业后，须另立保修书，自验收日起保修一年(或几年)。在保修期间内如有因劣质物料而致损坏者，供应商应于 15 日内无偿修复；否则企业得另请修理，其所有费用概由供应商负责偿付。

(6) 保证责任，应于合同书中约定，供应商应找实力雄厚的企业担保供应商履行本合同所订明的一切规定，保证期间包含物料运抵企业，经验收至保修期满为止。保证人应负责赔偿企业因供应商违约所蒙受的损失。

(7) 其他附加条款，视物料的性质与需要而增列。

在项目采购实践中，以下两类风险常被采购人员忽略，应提请重视。

① 合同履行地的风险。这是由于很多材料采购合同，如铝板、玻璃等，都涉及加工的问题，即使合同名称为材料采购合同，但判断一个合同的性质是根据合同内容来判断的，因此在法律上属于加工承揽合同，加工承揽合同的履行地如果没有约定的话，均在加工所在地，从而导致发生纠纷后，案件的管辖地也在加工所在地及材料供应商所在地，这就会面临可能的地方保护的问题。因此，在材料采购合同中，要明确约定施工地即交付货物地为履行地，以紧紧抓住法院管辖地。

② 货物签收的风险。当货物运抵施工现场后在货物签收时，如果存在多人签收，甚至是分包方人员签收的情况，采购货物的总包方就有可能承担未实际收到货物而必须支付货款的风险，因为只要能证明是属于工地的项目管理人员，采购总包方就必须承担责任。因此，在采购合同中要明确约定货物签收人员。只要合同明确了有权签字人，供货方在明知合同规定的情况下仍另找他人签认，且没有证据显示其有正当理由，就无法说明签收货物的事实，相应的则无法要求取得货款。这在当前项目施工过程中大量使用分包单位，且所采购的材料等物资多为分包单位使用的情况下，尤为重要。

4. 采购质量控制

采购方和供应商使用的检验方法要与所采购的材料或服务的特点及检验成本等联系起来，这样才能做到事半功倍。

采购质量控制包括事前、事中和事后三种控制。项目采购预算、采购合同等即为事前控制的措施，事前控制还包括建立和完善采购管理体系、制定相关制度以及对采购人员进行业务培训和道德教育等；事中控制即为材料进场环节和对分包商所分包工程实施质量把关，在"物资进场验收"和分包工程质量验收等活动中控制采购质量；事后控制即一旦发现进场物资不合格或分包工程质量不合格等不合格品控制，包括不合格物资的退货、降级使用和不合格工程的返工、返修等。

5. 采购结算管理

采购结算是采购执行合同中的一个重要环节，也是双方履行合同规定的要约和承诺的重要内容。采购结算价格是构成企业采购成本的重要因素，采购结算过程起着对合同履行阶段审查和监督的作用。工程材料的采购结算一般都是采取优质优价结算，结算标准和结算条款是合同中不可缺少的部分。

采购结算的一般程序为：一是审定合同，即采购部门对公司签订的采购合同条款进行仔细阅读；二是收集资料，即收集各采购原始票据，掌握企业调价及合同条款变更、异议处理情况；三是结算，即采购部门按照合同结算条款类型，根据审核后的原始凭据各种数据指标和对应关系，计算采购价格，出具结算单。

6. 采购绩效与评价

对项目采购绩效进行评价的最终目的是为了提高采购效益，为企业创造更多的利润，这就迫使企业和采购人员尽力提高采购绩效。企业通常采用的采购绩效评估体系有：效率导向体系、实效导向体系和复合目标体系。

7.3　建筑工程项目收尾管理

7.3.1　项目竣工收尾管理工作过程

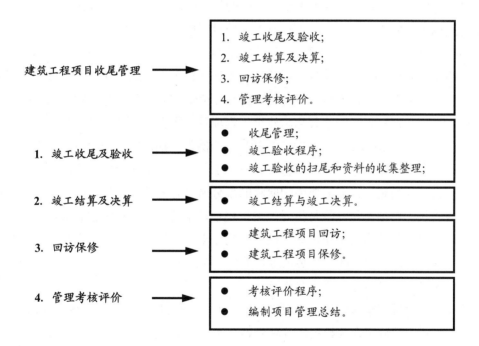

7.3.2　建筑工程项目收尾管理及验收管理

1. 建筑工程收尾管理的概念

项目收尾阶段应是项目管理全过程的最后阶段，包括竣工收尾、验收、结算、决算、回访保修、管理考核评价等管理内容。项目收尾阶段应制订工作计划，提出各项管理要求。

一般来说，项目经理部应全面负责项目竣工收尾工作，组织编制项目竣工计划，报上级主管部门批准后按期完成。竣工计划应包括下列内容：竣工项目名称；竣工项目收尾具体内容；竣工项目质量要求；竣工项目进度计划安排；竣工项目文件档案资料整理要求。

建筑工程项目收尾管理主要包括竣工验收、工程保修两项任务。其中，竣工验收是项目后期收尾结束阶段的关键环节，其内容繁多且杂乱，控制不好，极易影响工期；工程保修是建筑工程项目管理的收尾延伸。

项目经理应及时组织项目竣工收尾工作，并与项目相关方联系。项目完工后，承包人应自行组织有关人员进行检查评定，合格后向发包人提交工程竣工报告。规模较小且比较简单的项目，可进行一次性项目竣工验收。规模较大且比较复杂的项目，可以分阶段验收。项目竣工验收应依据有关法规，必须符合国家规定的竣工条件和竣工验收要求。文件的归档整理应符合国家有关标准、法规的规定，移交工程档案应符合有关规定。

2. 建筑工程竣工验收的概念、要求及程序

1) 竣工验收的相关概念

建筑工程竣工验收是工程施工全过程中的最后一道工序，它是建设项目投资转入生产或使用的标志。建筑工程竣工是指建筑工程项目经施工单位从施工准备开始，直至全部施工活动结束时业已完成建筑工程项目设计图纸和工程施工合同规定的全部内容，并达到建设单位的使用要求，它标志建筑工程项目施工任务已全部完成。建筑工程项目竣工验收是指施工单位将竣工的建筑工程项目及有关资料移交给建设单位并接受对其产品质量和技术资料的一系列审查验收工作的总称。建筑工程项目达到验收标准，经验收合格后，就可以解除合同双方各自承担的义务及经济和法律责任(除保修期内的保修义务之外)。

按被验收的对象划分为：中间验收、单项工程验收和全面竣工验收。中间验收是对全部竣工项目中的隐蔽工程或需要中间验收的部分所进行的验收工作，如建筑工程的地基基础工程的验收。单项工程验收是指对大型工程项目中的某一单项工程完成后需要独立运转开始发挥投资效益的验收工作，如三峡工程的一期、二期工程等。全面竣工验收则是整个项目的完成验收。所有的项目都必须进行全部验收的过程。

2) 竣工工程必须符合的基本要求

依据施工合同范本通用条款的规定，竣工工程必须符合下列基本要求(条件)。

(1) 完成工程施工合同约定的各项内容。

(2) 施工单位在工程完工后对工程质量进行检查，确认工程质量符合有关工程建设强制性标准，满足设计文件及合同要求后，提交工程竣工报告。工程竣工报告应经项目经理和施工单位有关负责人审核签字。

对委托监理的工程项目，有监理工程师对工程进行的质量评价，具有完整的监理资料，以及工程质量评价报告。工程质量评价报告应经总监理工程师和监理单位预算有关负责人审核签字。

(3) 勘察、设计单位对勘察、设计文件及施工过程中由设计单位签署的设计变更通知

书进行了确认。

(4)　有完整的技术档案和施工管理资料。

(5)　有工程使用的主要建筑材料、建筑工地构配件和设备合格证及必要的进场试验报告。

(6)　有施工单位签署的工程质量保修书。

(7)　有公安消防、环保等部门出具的认可文件或准许使用的文件。

(8)　建设项目行政主管部门及其委托的工程质量监督机构等有关部门责令整改的问题已全部整改完毕。

工程项目的竣工验收，由监理工程师牵头，会同业主单位、施工单位、设计单位和质检部门等共同进行。

3)　具体竣工验收的程序

(1)　施工单位进行施工预验。在工程项目完工后，先由施工单位自行组织内部验收，以便发现存在的质量问题，并及时采取措施处理，以保证正式验收的顺利通过。

(2)　施工单位提交验收申请报告。在施工预检合格的基础上，施工单位可正式向监理单位提交工程竣工验收申请报告。监理工程师收到验收申请报告，应参照工程施工合同的要求、验收标准等审查申请报告。

(3)　根据验收申请报告作现场初验。监理工程师在审查验收申请报告后，若认为可以进行竣工验收，则应由监理单位负责组成验收机构，对竣工的项目进行初步验收。在初步验收中发现的质量问题应及时书面通知或以备忘录的形式通知施工单位，并令其在一定期限内完成整改工作，甚至返工。

(4)　进行正式验收。在监理工程师初验合格的基础上，可由监理工程师牵头，组织建设单位、设计单位、施工单位、上级主管部门和质量监督站等，在规定时间内进行正式竣工验收。正式竣工验收分为单项工程竣工验收和全部竣工验收两个阶段。

(5)　正式竣工验收程序。首先，参加工程项目竣工验收报告的各方对已竣工的项目进行目测检查，同时期，逐一检查工程所列的内容是否齐备和完整。其次，举行由各方参加的现场验收会议。

3. 竣工验收的扫尾和资料的收集整理

1)　竣工验收扫尾工作

工程项目正式竣工验收前应做好的扫尾工作包括：完成收尾工程与编制竣工计划。

项目收尾工程是项目全过程的最后阶段，没有这个阶段，项目就不能正式投入使用，不能产生原定的产品或服务。即使投入使用，项目的维修保养也无法进行。不做收尾工作，项目的各方人员就不能终止他们的义务与责任，也不能及时从项目中获取应得的权益。收尾工程包含合同收尾和管理收尾两个基本子过程。

编制竣工计划应包括的内容有：竣工项目名称；竣工项目扫尾具体内容；竣工项目质

量要求；竣工项目进度计划安排；竣工项目工程文件档案资料整理要求。

2)　竣工资料的收集整理

施工单位完成设计文件和施工合同规定的各项工作内容，进行质量检查，确认工程质量符合有关工程建设标准、设计文件及施工合同要求后，提交工程竣工报告，向监理与建设单位申请进行质量评价与验收。竣工验收必须有完整的技术与施工管理资料。竣工资料包括：工程管理资料；施工管理资料；施工技术资料；施工测量记录；施工物质资料；施工记录；施工试验资料；结构实体检验记录；见证管理资料；施工质量验收记录。

3)　工程资料的整理与移交

将以上资料整理汇总装订成册并进行移交。主要包括的表格有：工程资料封面，工程资料卷内目录、分项目录，混凝土与砂浆强度报告目录、钢筋连接(原材)试验报告目录、工程资料移交书、工程资料移交目录。

单位工程完工后，将以上资料收集整理后，施工单位应自行组织有关人员进行检查评定，向建设单位提交工程验收报告，并参加工程的竣工验收。工程文件的归档整理应按国家有关标准、法规的规定，移交的工程文件档案应编制清单目录，并符合有关规定。

【案例 7.4】

背景材料：

某建筑工程采用混凝土砌块砌筑，墙体内部加芯柱，竣工验收合格后投入使用。但在使用过程中发生事故，造成重大的人员伤亡。经查，发现墙体中芯柱过少，且只发现少量钢筋，而没有浇筑混凝土，最后统计发现大约有 75%的墙体中未按设计要求加芯柱，造成了重大的质量隐患，导致了事故的发生。

问题：

(1)　该工程的混凝土结构达到什么条件，方可竣工验收？

(2)　试述该工程质量验收的基本要求。

(3)　该工程已交付使用，施工单位是否需要对此问题承担责任？为什么？

案例分析：

(1)　验收条件。

包括：完成建设工程设计和合同规定的内容；有完整的技术档案和施工管理资料；有工程使用的主要建筑材料、建筑构配件和设备的进场试验报告；有勘察、设计、施工、工程监理等单位分别签署的质量合格文件；按设计内容完成，工程质量和使用功能符合规范规定的设计要求，并按合同规定完成协议内容。

（2）基本要求。

包括：质量应该符合统一标准和砌体工程及相关专业验收规范的规定；应符合工程勘察、设计文件的要求；参加验收的各方人员应具备规定的资格；质量验收应在施工单位自行检查的基础上进行；隐蔽工程在隐蔽前应该由施工单位通知有关单位进行验收，并形成验收文件；涉及结构安全的试块、试件以及有关材料，应按规定进行见证取样检测；检验批的质量应按主控项目和一般项目验收；对涉及结构安全和使用功能的重要的分部工程应该进行抽样检测；承担见证取样检测及有关结构安全检测的单位应具有相应资质；工程的观感质量应由验收人员通过现场检查，并应共同确认。

(3) 施工单位必须对此问题承担责任，原因是该质量问题是由施工单位在施工过程中未按设计要求施工造成的。

4. 竣工结算

1) 竣工结算的概念

项目竣工验收后，施工单位应在约定的期限内向建设单位递交工程项目竣工结算报告及完整的结算资料，经双方确认并按规定进行竣工结算。竣工结算是施工单位将所承包的工程按照合同规定全部完工交付之后，向建设单位进行的最终工程价款结算。竣工结算由施工单位的预算部门负责编制，建设单位审查，双方最终确定。

2) 竣工结算的依据

编制项目竣工结算可依据的资料包括：合同文件；竣工图、工程变更文件；施工技术核定单、材料代用核定单；工程计价、工程量清单、取费标准及有关调价规定；双方确认的经济签证、工程索赔资料。

3) 竣工结算的程序

(1) 施工单位递交竣工结算报告。竣工报告经建设单位认可后，施工单位应在 28 天内向建设单位递交竣工结算报告及完整的结算资料，与建设单位应进行竣工结算。

(2) 建设单位的核实与支付。建设单位自收到竣工结算报告及结算资料后的 28 天内进行核实。如发现问题并提出修改意见，经施工单位同意确认后，及时办理工程价款的支付。

(3) 移交工程。具体包括：建设单位在收到工程价款后 14 天内将竣工工程交付建设单位，施工合同即告终止，工程进入保修期。

4) 竣工结算单的内容

已完工程的总价款，具体内容包括：合同价款；临时用工(零星用工) 的数量与综合单价计算的价款；设计变更及施工变更等所引起的索赔款。

另外，竣工结算单还包括已支付的工程结算款的总额、应扣除的工程款项(如维修费用等) 、竣工结算的实付金额等。

5. 竣工决算

1) 竣工决算的概念

建筑工程项目竣工决算是指建筑工程项目在竣工验收、交付使用阶段，由建设单位编制的反映建设项目从筹建开始到竣工投入使用为止全过程中实际费用的经济文件。

2) 竣工决算的编制依据

编制建筑工程项目竣工决算的依据包括：项目计划任务书和有关文件；项目总概算和单项工程综合概算书；项目设计图纸及说明书；设计交底、图纸会审资料；合同文件；项目竣工结算书；各种设计变更、经济签证；设备、材料调价文件及记录；竣工档案资料；相关的项目资料、财务决算及批复文件。

3) 竣工决算的编制内容

竣工决算一般由竣工财务决算说明书、竣工财务决算报表、工程项目竣工图、工程造价比较分析四个部分组成。其中，竣工财务决算说明书和竣工财务决算报表又合称为竣工财务决算。

4) 竣工决算的编制程序

竣工决算的编制程序包括：收集、整理有关项目竣工决算依据；清理项目账务、债务和结算物资；填写项目竣工决算报告；编写项目竣工决算说明书；报上级审查。

7.3.3 建筑工程项目的回访保修

1. 建筑工程项目的回访保修概述

建筑工程产品不同于一般商品，竣工验收后仍可能存在质量缺陷和隐患，这些质量问题在工程产品的使用过程中逐步暴露出来，如屋面漏水、墙体渗水、建筑物基础超过规定的不均匀沉降、采暖系统供热不佳、设备及安装工程达不到国家或行业现行的技术标准等。所以在工程产品的使用过程中需要对其进行检查观测和维修。施工单位应在工程结束后，对所建工程进行定期回访，找出质量问题的原因，总结经验。在质量缺陷责任期内对工程进行保修，以保证工程质量。

为做好工程项目的回访与保修，施工企业不仅应制定工程项目回访和保修制度，还应编制回访和保修工作计划，并将之纳入质量管理体系。工作计划应包括的内容有：主管回访与保修的部门；回访保修工作的单位；回访时间及主要内容。

2. 建筑工程项目回访

国家的有关规定要求，在预约的责任期限内，项目经理应组织原项目人员对交付使用的竣工项目进行回访，听取项目的建设单位对项目的质量、功能的意见与建议。以便对项目在使用过程中出现的质量问题及时采取措施进行预防与解决，对在项目中使用的新技术、新工艺、新设备等的运用效果进行总结。为进一步的完善与推广使用积累数据，总结经验，创造条件。

1) 回访的内容与方式

针对不同工程项目的特点，回访的方式与内容也不同。通常采用以下三种方式：针对不同季节出现的问题进行季节性回访；针对项目中使用的新技术、新工艺、新设备等的性能与效果进行回访；保修期满的标志性回访。

2)　回访的方法

回访的方法多种多样。有的采用比较现代的通信方法，如电子邮件、电话等；有的采用比较传统的方法，如现场查询法、开座谈会等。

3. 建筑工程项目保修

《中华人民共和国合同书》规定，建设工程的施工合同内容包括工程质量保修范围和质量保证期。保修就是指施工单位按照国家或行业规定的有关技术标准、设计文件及合同中对质量的要求，对已竣工验收的建设工程在规定的保修期限内，进行维修、返工等工作。因此，施工单位应在竣工验收之前，与建设单位签订质量保证书作为合同附件。

质量保证书一般主要包括工程质量保修范围和内容、质量保修期、质量保修责任、质量保修费用和其他约定。

7.3.4　项目管理考核评价

建设单位和施工单位，应在项目结束后，站在各自组织的角度，对项目的总体和各专业进行考核评价。项目考核评价的定量指标是指反映项目实施成果，可作量化比较分析的专业技术经济指标。包括工期、质量、成本、职业健康安全、环境保护等。项目考核评价的定性指标是指综合评价或单项评价项目管理水平的非量化指标，且有可靠的论证依据和办法，对项目实施效果做出科学评价。全面系统地反映工程项目管理的实施效果。包括经营管理理念，项目管理策划，管理制度及方法，新工艺、新技术推广，社会效益及其社会评价等。

1. 实施考核评价程序

考核评价程序是指组织对项目考核评价应采取的步骤和方法，项目考核评价程序包括：制定考核评价办法；建立考核评价组织；确定考核评价方案；实施考核评价工作；提出考核评价报告。

2. 编制项目管理总结

项目管理结束后，建设单位和施工单位，应站在各自组织的角度，编制项目管理总结。内容包括：项目概况；组织机构、管理体系、管理控制程序；各项经济技术指标完成情况及考核评价；主要经验及问题处理；其他需要提供的资料。

【案例 7.5】

背景材料：

某装饰公司(施工单位) 与某商场主管单位(建设单位) 签订了商场装修改造合同，合同中明确了双方的责任。工程竣工后，施工单位向建设单位提交了竣工报告，但建设单位因忙于"国庆"开业的准备工作，未及时组织竣工验收，即允许商家入驻，商场如期开业。

三个月后，建设单位发现装修存在质量问题，要求施工单位进行修理。施工单位认为工程未经竣工验收，建设单位提前使用，对于出现的质量问题，施工单位不再承担责任。

问题：

(1) 工程未经验收，建设单位已提前使用，是否可视为工程已交付？且竣工日期应为何时？

(2) 因建设单位提前使用工程，施工单位就不承担保修责任的做法是否正确？施工单位的保修责任应如何履行？

案例分析：

(1) 视为建设单位已接收该工程。工程实际竣工日期为施工单位提交竣工报告的日期。

(2) 不正确。施工单位应按《建设工程质量管理条例》中有关规定对工程实施保修。

7.4 建筑工程项目的风险管理

7.4.1 建筑工程项目风险管理的内容及工作过程

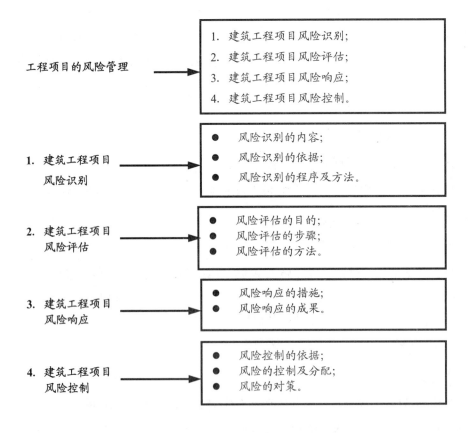

7.4.2　建筑工程项目风险管理的概念

　　工程项目的立项、可行性研究及设计与计划等都是基于正常的、理想的技术、管理和组织，同时对将来的情况，如政治、经济、社会等各方面进行预测的基础上产生的。而在项目的实际运行过程中，所有的这些因素都可能产生变化，而这些变化将可能使原定的目标受到干扰甚至不能实现，这些事先不能确定的内部和外部的干扰因素，称之为风险，即项目中的不可靠因素。风险存在于任何工程项目中，它会造成工程项目实施的失控现象，如工期延长、计划修改、成本增加等，从而造成经济效益的降低，甚至项目的失败。正是由于风险会造成很大的伤害，在现代项目管理中，风险管理已成为必不可少的重要一环，良好的风险管理能获得巨大的经济效果，并有助于企业竞争能力、素质和管理水平的提高。

1. 建筑工程项目风险管理的定义

　　项目风险是指由于可能发生的事件，造成实际结果与主观预料之间的差异，并且这种结果可能伴随某种损失的产生。因此，人们在项目管理系统中提出了风险管理的概念。风险管理是指用系统的、动态的方法进行风险控制，以减少项目实行过程中的不确定性。它不仅要求各层次的项目管理者建立风险意识，重视风险问题，防患于未然，同时还需在各个阶段、各个方面实施有效的风险控制，形成一个前后连贯的管理过程。

　　风险管理是为了达到一个组织的既定目标，而对组织所承担的各种风险进行管理的系统过程，其采取的方法应符合公众利益、人身安全、环境保护以及有关法规的要求。风险管理包括策划、组织、领导、协调和控制等方面的工作。

　　建筑工程项目风险管理是指风险管理主体通过风险识别、风险评价去认识项目的风险，并以此为基础，合理地使用风险回避、风险控制、风险自留、风险转移等管理方法、技术和手段对项目的风险进行有效的控制，妥善处理风险事件造成的不利后果，以合理的成本保证项目总体目标实现的管理过程。

　　建筑工程项目风险管理的管理程序是指对项目风险进行系统的、循环的工作过程，其包括项目实施全过程的风险识别、风险评估、风险响应以及风险控制。

　　总而言之，建筑工程项目风险管理是一种项目主动控制的手段，它的最重要的目标是使项目的三大目标即费用、质量、工期得到控制。

2. 建设工程项目的风险类型

　　业主方和其他项目参与方都应建立风险管理体系，明确各层管理人员的相应管理责任，以减少项目实施过程中的不确定因素对项目的影响。建设工程项目的风险有很多种，可以从不同的角度进行分类。

　　1)　按风险是否可管理分为可管理风险与不可管理风险

　　(1) 可管理风险，是指用人的智慧、知识等可以预测、控制的风险，如施工中可能出现的疑难问题，可以在施工前做好防范措施避免风险因素的出现。

(2) 不可管理风险，是指人的智慧、知识等无法预测和无法控制的风险，如自然环境的变化等。

2) 按风险影响范围分为局部风险和总体风险

(1) 局部风险，是指由于某个特定因素导致的风险，其影响范围较小。

(2) 总体风险，是指影响的范围较大，其风险因素往往无法控制，如政治风险等。

3) 按风险的后果分为纯粹风险与投机风险

(1) 纯粹风险。纯粹风险只有两种可能的后果，即造成损失和不造成损失。纯粹风险总是和威胁、损失、不幸联系在一起。

(2) 投机风险。投机风险有三种可能的后果，即造成损失、不造成损失和获得利益。投机风险既可能带来机会、获得利益，又隐含着威胁。

4) 按风险后果的承担者分为业主方的风险、承包商的风险、设计单位的风险和监理单位的风险

(1) 业主方的风险包括以下几个方面。

① 业主方组织管理风险。风险来源于业主方管理水平低，不能按照合同及时、恰当地处理工程实施过程中发生的各类问题。

② 投资环境风险。风险来源于建筑工程项目所在地政府的投资导向、有关法规政策、基础设施环境的变化等。

③ 市场风险。项目建成后的效益差，产品的市场占有率低，产品的销售前景不好，同类产品的竞争等带来的风险。

④ 融资风险。如投资估算偏差大，融资方案不恰当，资金不能及时到位等带来的风险。

⑤ 不可抗力风险。它包括自然灾害、战争、社会骚乱等。

(2) 承包商的风险包括以下几个方面。

① 工程承包决策风险。如招投标的合同价过高等。

② 合同的签约及履行风险。如承包商管理水平低，造成合同未按要求执行等。

③ 不可抗力风险。如自然灾害、物价上涨等。

(3) 设计单位的风险包括以下几个方面。

① 来源于业主方的风险。如业主提出不合理的设计要求等。

② 来源于自身的风险。如由于设计单位设备落后、设计能力有限造成的风险。

(4) 监理单位的风险包括以下几个方面。

① 来源于业主方的风险。如业主提出过分的，不符合施工技术的要求等。

② 来源于承包方的风险。如不按正常程序进行工程变更等。

③ 来源于自身的风险。如监理工程师自身能力不足，给工程项目带来的风险。

7.4.3　建筑工程项目风险识别

1. 风险识别的定义

风险识别是风险管理的首要工作、基础步骤，是指风险发生前，通过分析、归纳和整理各种信息资料，系统全面地认识风险事件并加以适当的归类，对风险的类型、产生原因、可能产生的后果做出定性估计、感性认识和经验判断。

项目风险识别就是从系统的观点出发，横观工程项目所涉及的各个方面，纵观项目建设的发展过程，将引起风险的极其复杂的失误分解成比较简单的、容易被认识的基本单元。从错综复杂的关系中找出因素间的本质联系。在众多的影响因素中抓住主要因素，并分析它们引起投入产出的严重程度。

严格来说，风险仅仅指遭受创伤和损失的可能性，但对项目而言，风险识别还牵涉机会选择和不利因素威胁。应该识别和确认项目风险是属于项目内部因素造成的风险，还是属于项目外部因素造成的风险。一般项目内部因素造成的风险，项目组织或项目团队可以较好地控制和管理。例如，通过项目团队成员安排和项目资源的合理调配可以克服许多项目拖期或项目质量方面的风险。但是，项目组织或团队难以控制和管理项目外部因素造成的风险，所以只能采取一些规避或转移的方法去应对。例如，项目所需资源的市场价格波动，项目业主/客户或政府提出的项目变更等都属于项目外部因素，由此引发的项目风险很难通过项目组织或团队的努力去化解。

在项目风险识别和充分认识项目风险威胁的同时，也要识别项目风险可能带来的各种机遇，并分析项目风险的威胁与机遇的相互转化条件和影响这种转化的关键因素，以便能够在制定项目风险应对措施和开展项目风险控制中，通过主观努力和正确应对，使项目风险带来的威胁得以消除，而使项目风险带来的机遇转化成组织的实际收益。风险识别通常包括两方面：风险识别过程的主体和内容。参与风险识别过程的主体比较广泛，包括工程项目风险管理组、重要的持股人、主管风险处理的经理、项目规划人员以及风险负责人等。在风险识别过程中，风险识别主体需要确定风险识别的内容，如风险类型、范围、影响因素、区域特点、分类以及项目所有权人等。

2. 风险识别的内容

项目风险识别的主要工作内容包括如下三个方面：识别并确定项目可能会遇到哪些潜在的风险；识别出各项目风险的主要影响因素；识别风险可能引起的后果。

识别并确定项目可能会遇到哪些潜在的风险，这是项目风险识别的第一项工作目标。因为只有识别并确定项目可能会遇到哪些风险，才能够进一步分析这些风险的性质和后果。所以在项目风险识别中首先要全面分析项目发展变化的可能性，进而识别出项目的各种风险并汇总成项目风险清单(项目风险注册表) 。

识别出各项目风险的主要影响因素,这是项目风险识别的第二项工作目标,因为只有识别引起这些风险发展的主要影响因素,才能把握项目风险的发展变化规律,才有可能对项目风险进行应对和控制。所以在项目风险识别中要全面分析各项目风险的主要影响因素及其对项目风险的影响方式、影响方向、影响力度等。

识别风险可能引起的后果,这是项目风险识别的第三项工作目标,因为只有识别出项目风险可能带来的后果及其严重程度,才能够全面地认识项目风险。项目风险识别的根本目的是找到项目风险以及削减项目风险不利后果的方法,所以识别项目风险可能引起的后果是项目风险识别的主要内容。

3. 风险识别的依据

要正确地识别项目的风险因素,首先要具备全面真实的项目相关资料,并认真、细致地对这些资料进行分析研究。一般来说,项目风险识别的依据包括以下内容。

1) 风险管理计划

风险管理计划是规划和设计如何进行项目风险管理的活动过程。该过程包括界定项目组织及成员风险管理的行动方案,并且决定适当的风险管理方法,风险管理计划一般是通过召开计划编制会议来制订的。在计划中,应该对整个项目生命周期内的风险识别、风险分析与评估及风险应对等方面进行详细的描述。

2) 项目计划

项目目标、任务、进度、质量等涉及项目进行过程的计划和方案都是进行项目风险识别的依据,特别是这些计划中的各种假设条件和约束条件,项目不同参与者的相关利益等。

3) 风险分类

风险种类是指那些可能对本项目产生正负影响的风险源。明确合理的风险分类可以避免在风险识别时的误判和遗漏,有利于发现那些对项目目标实现有严重影响的风险源。

4) 历史资料

以往相关项目或相近项目的历史资料(如项目最终报告、评估资料等) 、其他的统计及出版资料(如商业数据库、行业标准及其他公开发表的成果等) 都是风险识别的重要信息。

4. 风险识别的程序

风险识别通常包括两个步骤:资料的收集与风险形势估计。近年来,风险识别的方法有很大发展,许多科学的方法得以应用,包括专家分析法、故障树分析法、情景分析法等。风险识别是工程项目全面风险管理的第一步,起着至关重要的作用。

项目风险识别的任务是识别项目实施过程存在哪些风险,其工作程序包括:第一步,收集与项目风险有关的信息;第二步,确定风险因素;第三步,编制项目风险识别报告。

5. 风险识别的方法

工程项目风险管理过程中,风险识别是一个基础性的工作,其完成的效果直接影响到后续的风险管理成效。所以，进行风险识别时应力求识别出尽可能多的风险，要做好这一工作，可以借助一些技术和工具。一般分为从主观信息源出发的方法，如头脑风暴法、德尔菲法、情景分析法；从客观信息源出发的方法，如核对表法、流程图法、财务报表法。

7.4.4　建筑工程项目风险评估

工程项目风险识别解决了风险的存在性问题，让我们清楚了项目中存在些风险，这些风险存在于什么环节，以及何时发生等。但是，风险识别并不能回答以下问题：每个风险发生的概率是多大？项目风险造成的损失有多大？不同风险之间相关性如何？这些风险对工程项目会造成什么样的综合后果或总体影响？项目主体能否接受这些风险？要解决这些问题，就应当在工程项目风险识别的基础上进行风险评估。

1. 风险评估的定义

风险评估是风险识别和管理之间的纽带，系统全面地识别风险只是风险管理工作的第一步，要进一步把握风险，还需要对风险进行深入的分析和评估，从而为风险决策奠定基础。

风险评估是在对各种风险进行识别的基础上，综合衡量风险对项目实现既定目标的影响程度。所以，工程项目风险评估就是借助概率论和数理统计的方法，在风险识别和对过去损失资料分析的基础上，对已识别的风险的发生概率或分布、造成后果的严重程度、影响范围的大小等方面进行评估的过程。通过对识别出的风险进行测量，给定某一风险的概率。其主要目的在于评估和比较项目各种方案或行动路线的风险大小，从中选择威胁最少、机会最多的方案；加深对项目本身和环境的理解，寻求可行方案，并加以反馈。

项目风险评估包括以下工作：利用已有数据资料(主要是类似项目有关风险的历史资料)和相关专业方法分析各种风险因素发生的概率；分析各种风险的损失量，包括可能发生的工期损失、费用损失，以及对工程的质量、功能和使用效果等方面的影响；根据各种风险发生的概率和损失量，确定各种风险的风险量和风险等级。

2. 风险评估的目的

(1) 确定风险的先后顺序。即对工程项目中各类风险进行评估，根据它们对项目的影响程度、风险事件的发生和造成的后果，确定风险事件的顺序。

(2) 确定各风险事件的内在逻辑关系。有时看起来没有关联性的多个风险事件，常常是由一个共同的风险因素造成的。如遇上未曾预料的施工环境改变下的设计文件变更，则项目可能会造成费用超支、管理组织难度加大等多个后果。风险评估就是从工程项目整体出发，弄清各风险事件之间的内在逻辑关系，准确地估计风险损失，制订风险应对计划。

(3) 掌握风险间的相互转化关系。考虑各种不同风险之间相互转化的条件，研究如何才能化威胁为机会，同时也要注意机会在什么条件下会转化为威胁。

(4) 进一步量化风险发生的概率和产生的后果。在风险识别的基础上,进一步量化风险发生的概率和产生的后果,降低风险识别过程中的不确定性。

3. 风险评估的步骤

(1) 确定风险评估标准,是指主体针对不同的风险后果所确定的可接受水平。单个风险和整体风险都要确定评估标准。评估标准可以由项目的目标量化而成,如项目目标中的工期最短、利润最大化、成本最小化和风险损失最小化等均可量化成为评估标准。

(2) 确定风险水平,项目风险水平包括单个风险水平和整体风险水平。整体风险水平需要在清楚各单个风险水平高低的基础上,考虑各单个风险之间的关系和相互作用后进行。

(3) 风险评估标准和风险水平相比较,通过将单个风险水平与单个评估标准相比较,可知单个风险能否接受,将整体风险水平与整体评价标准相比较,可知整体风险能否接受。

4. 工程项目风险评估的方法

目前常见的风险评估方法有很多种,其中侧重于定性分析的有调查打分法和财务比率分析法等。侧重于定量分析的有数理统计法及敏感性分析法等。定量定性兼而有之的有层次分析法及蒙特卡洛模拟法等。

7.4.5 建筑工程项目风险响应

对于风险管理,仅仅把风险识别和评估出来是远远不够的,还要考虑对识别出来的风险应如何应对,做好风险应对准备和计划。只要管理者对项目风险有了客观准确的识别和评估,并在此基础上采取合理的响应措施,人们对于风险就不会无能为力。风险的特征决定了风险是存在于项目整个生命周期的,风险又是可变的,所以在整个项目的管理过程中都必须进行风险的监视和控制,在对风险采取了应对措施后,还应对措施实施的效果加以评价,这样才能保证风险管理的效果。

1. 风险响应的定义

风险响应是指针对项目风险而采取的相应对策、措施。由风险特征可知,虽然风险客观存在、无处不在,表现形式也多种多样,但风险并非不可预测和防范。在长期的工程项目管理事件中,人们已经总结出了许多应对工程项目风险的有效措施。只要工程项目管理者对项目风险有了客观、准确的识别和评估,并在此基础上采取合理的响应措施,风险是可以防范和控制的。

经过风险评估,项目整体风险有两种情况:一种是项目整体风险超出了项目管理者可接受的水平;另一种是项目整体风险在项目管理者可接受的水平之内。对于前者,一般有以下两种措施可供选择:停止项目或全面取消项目;采取措施避免或消除风险损失,挽救项目。而对于后者,则应该制定各种各样的项目风险响应措施,去规避或控制风险。

2. 风险响应的措施

常见的风险响应措施有：风险回避、风险转移、风险分散、风险自留等。

(1) 风险回避。风险回避是指在完成项目风险分析和评估后，如果发现项目风险发生的概率很高，而且可能造成很大的损失，又没有有效的响应措施来降低风险。考虑到影响预定目标达成的诸多风险因素，结合决策者自身的风险偏好和风险承受能力，从而做出的中止、放弃某种决策方案或调整、改变某种决策方案的风险处理方式。风险回避的前提在于企业能够准确地对其自身条件和外部形势、客观存在的风险属性和大小有准确的认识。

(2) 风险转移。风险转移是指将风险及其可能造成的损失全部或部分转移给他人。风险转移并不意味着一定是将风险转移给了他人且他人肯定会遭受损失。各人的优劣势不一样，对风险的承受能力也不一样，对于自己是损失但对于别人有可能就是机会，所以在某种环境下，风险转移者和接受者会取得双赢。

(3) 风险分散。风险分散就是将风险在项目各参与方之间进行合理分配。风险分配通常在任务书、责任书、合同、招标文件等文件中进行规定。风险分散旨在通过增加风险承受单位来减轻总体风险的压力，以达到共同分担风险的目的。

(4) 风险自留。风险自留也称风险承担，是指项目管理者自己非计划性或计划性地承担风险，即将风险保留在风险管理主体内部，以其内部的资源来弥补损失。保险和风险自留是企业在发生损失后两种主要的筹资方式，都是重要的风险管理手段。

3. 风险响应的成果

风险响应的最后一步，是把前面已完成的工作归纳成一份风险管理规划文件。风险管理规划文件中应包括三大内容：项目风险形势估计、风险管理计划和风险响应计划。

(1) 项目风险形势估计。在风险的识别阶段，项目管理者其实已经对项目风险形势做了估计。风险响应阶段的形势估计比起风险识别阶段更全面、更深入，此阶段可以对前期的风险估计进行修改。

(2) 风险管理计划。风险管理计划在风险管理规划文件中起控制作用。在计划中应确定项目风险管理组织机构、领导人员和相关人员的责任和任务。其目的在于在建筑工程项目的实施过程中，对项目各部门风险管理工作内容、工作方向、策略选择起指导作用；强化有组织、有目的的风险管理思路和途径。

(3) 风险响应计划。它是指风险响应措施和风险控制工作的计划和安排，项目风险管理的目标、任务、责任和措施等内容的详细规划，应该细到管理者可直接按计划操作的层次。

7.4.6　建筑工程项目的风险控制

1. 建筑工程项目风险控制概述

建筑工程项目风险控制是对风险管理计划的执行过程进行有计划的跟踪，并对应对计划做出调整的过程，通过将项目风险控制在一定水平及范围内，从而保证了整个风险管理的有效性。由于风险管理环境的变化，风险控制必须贯穿、渗透在项目实施的全过程之中，并且在项目进展过程中应收集和分析与风险相关的各种信息，预测可能发生的风险，对其进行监控并提出预警。其目的是核对策略与措施的实际效果是否与预见相同；寻找机会改善和细化风险处理计划；获取反馈信息，以便将来的决策更符合实际。

在整个项目进程中，组织应收集和分析与项目风险相关的各种信息，获取风险信号，预测未来的风险并提出预警，并将它们纳入项目进展报告。组织应对可能出现的风险因素进行监控，根据需要制订应急计划。

2. 工程项目风险控制的依据

工程项目风险控制主要依据以下各方面的内容。

(1) 风险管理计划。风险管理计划描述在整个项目生命周期内管理人员及项目组成员应如何组织或执行工程项目风险识别、风险估计、风险评价、风险应对计划以及风险监视控制等风险管理活动，风险管理计划是指导整个风险管理活动的纲领性文档。

(2) 风险应对计划。风险应对计划是根据风险管理计划制定的应对措施及方案。

(3) 项目的沟通。通过项目沟通中的文档，可以了解项目进展及项目风险状况，这些文档包括事件记录、行动规则及流程、风险预报等。

(4) 项目的变更。工程项目的实施过程中，由于社会与环境的种种原因导致的项目变更经常会带来新的风险，这是值得项目管理者密切关注的。

(5) 项目实施过程中新识别的风险。随着工程项目的进展及内外环境的变化，新风险的产生是一件必然的事情。

(6) 项目评审。风险应对计划是否有效、执行是否有效可以通过项目评审者的监测与记录来了解，可以以此为依据来调整应对计划或制订新的应对计划。

3. 在工程实施中进行全面的风险控制

工程实施中的风险控制贯穿于项目控制(进度、成本、质量、合同控制等) 的全过程中，是项目控制中不可缺少的重要环节，也影响着项目实施的最终结果。

首先，加强风险的预控和预警工作。在工程的实施过程中，要不断地收集和分析各种信息和动态，捕捉风险的前奏信号，以便更好地准备和采取有效的风险对策，以应对可能发生的风险。其次，在风险发生时，及时采取措施以控制风险的影响，这是降低损失，防范风险的有效方法。最后，在风险状态下，依然必须保证工程的顺利实施，如迅速恢复生产，按原计划保证完成预定的目标，防止工程中断和成本超支，唯有如此才能有机会对已发生和还可能发生的风险进行良好的控制，并争取获得风险的赔偿，如向保险单位、风险责任者提出索赔，以尽可能地减少风险的损失。

4. 风险的分配

项目风险是时刻存在的,这些风险必须在项目参加者(包括投资者、业主、项目管理者、承包商、供应商等)之间进行合理的分配,只有每个参加者都有一定的风险责任,才会有项目管理和控制的积极性和创造性,只有合理的分配风险才能调动各方面的积极性,从而实现项目的高效益。合理分配风险要依照以下几个原则进行。

(1) 从工程整体效益的角度出发,最大限度地发挥各方面的积极性。

(2) 公平合理,责、权、利平衡。一是风险的责任和权力应是平衡的。有承担风险的责任,也要给承担者以控制和处理的权力,但如果已有某些权力,则同样也要承担相应的风险责任;二是风险与机会尽可能对等,对于风险的承担者应该同时享受风险控制获得的收益和机会收益,也只有这样才能使参与者勇于去承担风险;三是承担的可能性和合理性,承担者应该拥有预测、计划、控制的条件和可能性,有迅速采取控制风险措施的时间、信息等条件,只有这样,参与者才能理性地承担风险。

(3) 符合工程项目的惯例,符合通常的处理方法。如采用国际惯例 FIDIC(国际咨询工程师联合会)合同条款,就能比较公平合理和明确地规定承包商和业主之间的风险分配。

5. 风险的对策

任何项目都存在不同的风险,风险的承担者应对不同的风险有着不同的准备和对策,并将其列入计划中的一部分,只有在项目的运营过程中,对产生的不同风险采取相应的风险对策,才能进行良好的风险控制,尽可能地减小风险可能产生的危害,以确保效益。通常的风险对策有以下几种。

(1) 权衡利弊后,回避风险大的项目,选择风险小或适中的项目。这在项目决策中就应该提高警惕,对于那些可能明显导致亏损的项目就应该放弃,而对于某些风险超过自己的承受能力,并且成功把握不大的项目也应该尽量回避,这是相对保守的风险对策。

(2) 采取先进的技术措施和完善的组织措施,以减小风险产生的可能性和可能产生的影响。如选择有弹性的、抗风险能力强的技术方案,进行预先的技术模拟试验,采用可靠的保护和安全措施。对管理的项目选派得力的技术和管理人员,采取有效的管理组织形式,并在实施的过程中实行严密的控制,加强计划工作,抓紧阶段控制和中间决策等。

(3) 购买保险或要求对方担保,以转移风险。对于一些无法排除的风险,可以通过购买保险的方式解决;如果由于合作伙伴可能产生的资信风险,可要求对方出具担保,如银行出具的投标保函,合资项目政府出具的保证,履约的保函以及预付款保函等。

(4) 提出合理的风险保证金,这是从财务的角度为风险做准备,在报价中增加一笔不可预见的风险费,以抵消或减少风险发生时的损失。

(5) 采取合作方式共同承担风险。因为大部分项目都是多个企业或部门共同合作,这必然有风险的分担,但这必须考虑寻找可靠的即抗风险能力强、信誉好的合作伙伴,以及合理明确的分配风险(通过合同规定)。

(6) 可采取其他的方式以减降风险。如采用多领域、多地域、多项目的投资以分散风险，因为这可以扩大投资面及经营范围，扩大资本效用，能与众多合作企业共同承担风险，进而降低总经营风险。

7.5 建筑工程项目沟通管理

7.5.1 建筑工程项目沟通管理的内容及工作过程

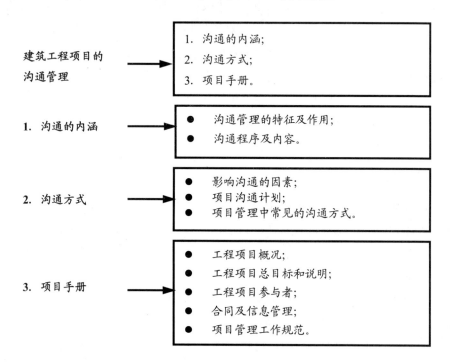

7.5.2 沟通的基本概念

沟通是管理科学的一个专门术语。沟通既是一种文化，也是一门艺术。充分理解沟通的意义，准确把握沟通的原则，适时运用沟通的技巧对建设工程的管理十分重要。沟通就是信息交流，即将可理解的信息或思想在两个或两个以上人群中传递或交换的过程。

建筑产品的生产过程由众多组织参与。组织和组织之间、一个组织内部都有大量需要通过沟通解决的问题。因此，组织应建立项目沟通管理体系，健全管理制度，采用适当的方法和手段与相关各方进行有效的沟通与协调。同样，沟通也是实现建设工程管理的主要方式、方法、手段和途径。就一个建设项目而言，在业主方内部、诸设计方内部、诸工程咨询方内部、诸施工方内部、供货方内部，在业主方和其他项目参与方之间，在项目各参与方之间都有许多沟通的需求。沟通是否有效，直接关系到项目实施的进展，关系到项目是否成功。工程技术人员需要具备沟通的能力，而沟通能力对工程管理人员而言更为重要。

项目沟通与协调的对象应是项目所涉及的内部和外部有关组织及个人，包括建设单位和勘察设计、施工、监理、咨询服务等单位以及其他相关组织。

1. 项目沟通管理的特征

项目沟通管理具有以下特征。

(1) 复杂。每一个项目的建立都与大量的公司、企业、居民、政府机构等密切相关。另外，大部分项目都是由特意为其建立的项目班子实施的，具有临时性。因此，项目沟通管理必须协调各部门以及部门与部门之间的关系，以确保项目的顺利实施。

(2) 系统。项目是开放的复杂系统。项目的确立将或全部或局部地涉及社会政治、经济、文化等诸多方面，对生态环境、能源将产生或大或小的影响，这就决定了项目沟通管理应从整体利益出发，运用系统的思想和分析方法，全过程、全方位地进行有效的管理。

2. 沟通的作用

积极的沟通对于项目的成功是极其重要的，项目组织协调的程度和效果依赖于项目参与者之间沟通的程度，通过沟通，不但可以解决各种协调的问题，还可以体现出其有益的一面，也可以解决项目各参与方心理的和行为的障碍，避免争执，增强其参与性，促进信息的交流，有利于项目的顺利实施。

项目沟通的作用如下所述。

(1) 通过项目沟通，使项目各参与者对项目系统目标达成共识。

(2) 通过项目沟通可以化解矛盾，避免参与各方的冲突，确保工程项目各项任务的完成。

(3) 通过项目沟通，项目系统各成员相互理解，不仅能够建立良好的个人关系，而且能够建立良好的团队精神，提高工作效率。

(4) 通过项目沟通，确保各参与方、各子项目的工作及各工作之间协调配合，相互支持。

(5) 使各成员对项目实施的状况心中有数，当项目出现困难或突发事故时有良好的心理承受能力，并能迅速采取有效的办法齐心克服。

3. 项目沟通的程序和内容

在工程项目实施的不同阶段，项目沟通程序和内容一般包括以下内容。

(1) 组织应根据项目的实际需要，预见可能出现的矛盾和问题，制订沟通与协调计划，明确原则、内容、对象、方式、途径、手段和所要达到的目标。

(2) 组织应针对不同阶段出现的矛盾和问题，调整沟通计划。

(3) 组织应运用计算机信息处理技术，进行项目信息收集、汇总、处理、传输与应用，进行信息沟通与协调，形成档案资料。

（4）沟通与协调的内容应涉及与项目实施有关的信息，包括项目各相关方共享的核心信息、项目内部和项目相关组织产生的有关信息。

7.5.3　沟通方式

1. 影响沟通的因素

现代工程建设项目规模大、投资长、技术复杂、参与方多，因此，项目沟通面广，内容杂而多，使工程项目实施过程中的项目沟通十分困难。常见的影响沟通的因素有以下几方面。

（1）专业分工。现代工程建设项目技术复杂，新技术、新材料、新工艺的使用，专业化和社会化的分工，加之项目管理的综合性，增加了相互交流和沟通的难度。

（2）个性和兴趣。由于工程项目各参与方来自不同的地区，人们的社会心理、文化教育、习惯、语言等各异，理解和接受能力各异，因而产生了沟通的障碍。

（3）责、权、利。由于项目各参与者在项目实施中各自的责、权、利不同，因此对项目的期望和要求也就不同，从而使协调配合的主动性、积极性相差较大，影响协调的效果。

（4）态度和情感。由于工程项目是一次性的，项目中的成员、对象、任务都是新的，建立的是新的项目系统。因此需要改变各参与者的行为方式和习惯，要求其接受并适应新的结构和过程，这必然对其行为、心理产生影响，会产生对抗情绪，给沟通带来很大困扰。

（5）外部因素。项目实施过程中，外部因素影响较大，如政治环境、经济环境等，特别是项目的企业的战略方针和政策应保持其稳定性，否则会造成协调的困难；而在项目周期中，外部影响因素很难保持稳定不变。

2. 项目沟通计划

项目沟通计划是对于项目全过程的沟通工作，沟通方法、沟通渠道等各个方面的计划与安排。就大多数项目而言，沟通计划的内容是作为项目初期阶段工作的一个部分。同时，项目沟通计划还需要根据计划实施的结果进行定期检查，必要时还需要加以修订。所以项目沟通计划管理工作是贯穿于项目全过程的一项工作，项目沟通计划是和项目组织计划紧密联系在一起的，因为项目的沟通直接受项目组织结构的影响。项目沟通计划应由项目经理部组织编制。

项目沟通计划是确定利害关系者的信息交流和沟通要求。项目沟通计划应与项目管理的其他各类计划相协调。因为沟通计划对于项目的成功很重要，所以项目沟通计划应包括信息沟通方式和途径，信息收集归档格式，信息的发布与使用权限，沟通管理计划的调整以及约束条件和假设等内容。

沟通技术是根据沟通的严肃性程度分为正式沟通和非正式沟通；根据沟通的方向分为

单向沟通和双向沟通，横向沟通和纵向沟通；根据沟通的工具分为书面沟通和口头沟通等等。沟通计划的依据包括：沟通要求、沟通技术、制约因素和假设四个方面。

3. 项目管理中常见的沟通方式

在工程项目实施程中，项目经理作为项目的促成者，其大部分的精力都投入到了沟通管理中。项目经理的沟通管理包括与企业高层管理人员的沟通，与外部顾客(承包商)的沟通，与职能部门经理的沟通，以及与项目成员的沟通。

1) 项目经理与业主的沟通

业主代表项目的所有者，对工程项目承担全部责任，行使项目的最高权力。项目经理作为项目管理者，接受业主的委托管理工程，对项目实施全面的管理。业主的支持是项目成功的关键，项目经理应保证与业主及时、准确地沟通。

(1) 项目经理必须反复阅读、认真研究项目任务文件或合同，充分理解项目的目标和范围，理解业主的意图，避免项目管理和实施状况与业主要求相左，以致业主进行干预，造成工作被动。

(2) 项目经理必须与业主进行及时有效的沟通，让业主参与到项目中来。及时汇报项目的进展状况、成本、时间等资源的花费，项目实施可能的结果，以及对将来可能发生的问题的预测，使其加深对项目过程和困难的认识，积极为项目提供帮助，减少非程序干预。

(3) 项目经理必须与业主建立良好的关系，要尊重业主，不能擅自做出权限外的决策；要与之商量、汇报，应向其解释说明，帮助其理解项目、项目过程，使决策更为科学和符合实际。

(4) 项目经理应灵活地待人处事，对于业主所在企业的其他部门领导或人员对项目的各种建议，应耐心地倾听并作解释和说明，不应因其不是直接领导者而不屑一顾，弄僵关系，但也不应该让其直接干预和指导。

2) 项目经理与项目组成员的沟通

项目经理所领导的项目经理部是项目组织的领导核心，而项目管理部内各成员都能从项目整体目标出发，理解和履行自己的职责，相互协作和支持，使整个项目经理部的工作处于协调有序的状态，这就要求项目经理与项目组成员(项目经理部内部) 之间及项目组各成员之间经常沟通协商，建立良好的工作关系。

项目经理在项目经理部内部的沟通中起关键作用，如何在项目小组内部建立一个有效的沟通机制，协调各职能工作，激励项目经理部成员组建一个有效的团队，是摆在项目经理面前的重要课题。由于项目经理部是一个临时的组织，项目经理部成员基本上都是向有关职能部门"借"来的，其来源和角色都很复杂，不仅有不同的专业目标和兴趣，而且工作的重心也不同，有的专职为本项目工作，有的以原职能部门的工作为主。因此，项目经理部内部的沟通非常重要。

3) 项目管理者与承包商的沟通

工程项目中各承包商之间存在复杂的界面联系，且承包商的责任是圆满地履行合同，并获得合同规定的价款。工程的最终效益与其没有直接的经济关系，因此，承包商较少考虑项目的整体的长远的利益。作为项目管理者，项目经理和其项目部成员应与承包商进行有效的沟通，共同完成项目目标。

(1) 通过沟通，让承包商能充分理解项目的总目标、阶段目标和实施方案，让其对自己在项目实施过程中的工作任务和各自的职责清楚明了，以避免为了各自的利益，推卸界面上的工作责任，增加项目管理者的管理工作和管理难度。

(2) 作为项目管理者，要主动关心承包商的工作状况，不以管理者自居，要欢迎或鼓励承包商与自己多沟通，将项目实施工作中的问题(如困难、心中不快、思想顾虑、工作中的意见或建议)及时汇报，以便项目经理部及时发现管理中的问题或及时做出科学的决策，做到事前控制，将不利因素或管理难题控制在萌芽状态。这样，项目管理不仅省时省力，而且管理效果较好。

(3) 在项目实施过程中，只要是涉及承包商的各个阶段(如招标、商签合同、合同履行等)，作为项目管理者，应通过各种沟通方式，让承包商及时掌握相关信息，了解事情的状况，以做出正确的选择，进行科学的决策，为项目管理的顺利进行打下良好的基础。

(4) 项目管理者应指导和培训承包方工作人员，特别是基层管理者(如技术人员)，指导其如何具体操作，并与其协商如何将事情做得更好，不能发布指令后就不闻不问。

总之，在项目的实施过程中，项目管理者只有与承包商作及时、有效地沟通，才能得到承包商的理解和全方位的配合，共同实现项目的目标。

4) 项目经理与部门经理的沟通

项目经理担负着项目成功的重大责任，那就必须赋予其一定的权力。项目经理权力的大小是相对于职能部门经理而言的，取决于项目在组织中的地位及项目的组织结构形式。项目经理与部门经理在企业中所担任的角色，各自所承担的责任、权利和义务各不相同，他们必然产生矛盾。但在项目管理中，他们之间有高度的依赖性，项目需要职能部门提供资源和管理工作上的大力支持。

思 考 题

1. 施工项目资源管理的意义是什么？

2. 材料管理的内容有哪些？

3. 怎样合理地使用机械设备？

4. 资金管理的要点是什么？

5. 技术管理工作有哪些？

6. 竣工工程必须符合的条件是什么？

7. 为竣工验收，怎样做好资料的收集整理？

8. 竣工结算以哪些资料为依据？

9. 简述建筑工程项目的回访保修意义和计划。

第8章 建筑工程施工项目管理规划编制

教学指引

- ◆ 知识重点：工程项目管理规划的内容；建筑工程施工进度计划和资源安排；建筑工程施工平面图设计。
- ◆ 知识难点：工程项目管理规划的内容；建筑工程施工进度计划和资源安排。

学习目标

- ◆ 熟悉工程项目管理规划的内容。
- ◆ 掌握建筑工程施工进度计划和资源安排。
- ◆ 了解建筑工程施工平面图设计。

8.1 建筑工程施工项目管理规划的类型和工作过程

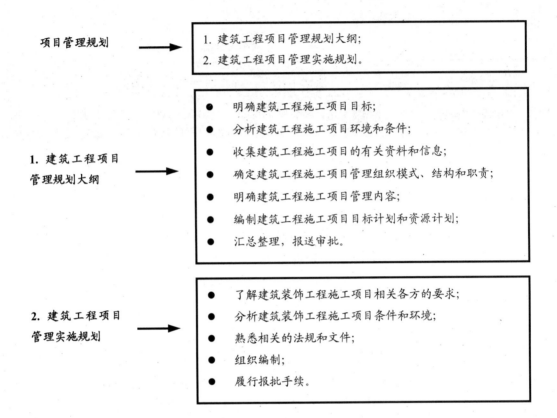

项目管理规划 ➔
1. 建筑工程项目管理规划大纲；
2. 建筑工程项目管理实施规划。

1. 建筑工程项目
管理规划大纲 ➔
- 明确建筑工程施工项目目标；
- 分析建筑工程施工项目环境和条件；
- 收集建筑工程施工项目的有关资料和信息；
- 确定建筑工程施工项目管理组织模式、结构和职责；
- 明确建筑工程施工项目管理内容；
- 编制建筑工程施工项目目标计划和资源计划；
- 汇总整理，报送审批。

2. 建筑工程项目
管理实施规划 ➔
- 了解建筑装饰工程施工项目相关各方的要求；
- 分析建筑装饰工程施工项目条件和环境；
- 熟悉相关的法规和文件；
- 组织编制；
- 履行报批手续。

8.2 建筑工程项目管理规划的概念和特点

8.2.1 建筑工程施工项目管理规划的概念

建筑工程施工项目管理规划是指导建筑工程施工项目管理工作的纲领性文件，它对建筑工程施工项目全过程中的各种管理职能、各个管理过程以及所有管理要素进行事先、全面、完备的安排和总体规划，确定了建筑工程施工项目管理的目标，并策划了为实现建筑工程施工项目管理目标所需的项目管理依据、内容、组织、资源、程序、方法和控制措施。

建筑工程施工项目管理规划分为两类：一类是建筑工程施工项目管理规划大纲，由建筑施工企业的经营管理层在投标之前编制，主要用于投标与签约，以中标和经济效益为目标，带有项目管理的宏观规划性。建筑工程施工项目管理规划大纲作为用于投标的管理规划文件，它必须满足招标文件的要求及合同签订的要求。另一类是建筑工程施工项目管理实施规划，它是在签约之后、项目开工之前由项目经理组织编制、用于指导施工项目从施工准备、开工、施工，直至竣工验收的施工全过程项目管理的规划文件，它以提高施工效率和经济效益为目标，带有项目管理的作业指导性。它是在指导施工项目实施阶段管理的规划文件。

建筑工程施工项目管理规划大纲与建筑工程施工项目管理实施规划两者之间的关系：前者是后者的编制依据，后者是前者的延续和具体化。

两类项目管理规划的特点如表 8.1 所示。

表 8.1　两类项目管理规划的特点

种　类	服务范围	编制时间	编制者	主要特性	性质和用途
建筑工程施工项目管理规划大纲	投标与签约	投标书编制前	企业管理层	规划性	作为投标人的施工项目管理总体构想或施工项目管理宏观方案，指导施工项目投标和签订施工合同
建筑工程施工项目管理实施规划	施工准备至验收	签约之后、开工之前	项目经理主持编制	可操作性	是项目经理部实施施工项目管理的依据，是项目管理规划大纲的具体化

8.2.2　施工项目管理规划大纲的特点

1. 为中标、签约提供依据

建筑施工企业进行施工项目投标之前，应认真规划投标方案，编制高质量的建筑工程施工项目管理规划大纲。建筑工程施工项目管理规划大纲是建筑施工企业管理层根据招标文件的要求和建筑工程施工项目的实际情况，策划并确定建筑工程施工项目管理总目标，以及建筑工程施工项目管理的实施计划和保证计划。建筑工程施工项目管理规划大纲作为投标文件的一部分，为中标、进行合同签订谈判提供依据。

2. 其内容具有纲领性

建筑工程施工项目管理规划大纲，是建筑施工企业在投标前对建筑工程项目全过程考量后拟对该工程施工项目管理所进行的总体规划。建筑工程施工项目管理规划大纲的内容是纲领性的，不针对工程施工过程做出具体的安排。它既是对发包人承诺的建筑工程施工项目管理纲领，又是中标后用于指导建筑工程施工项目管理实施规划编制的纲领性文件，影响该建筑工程施工项目管理的全过程。

3. 追求经济效益

建筑工程施工项目管理规划大纲的编制，首先，要有利于中标；其次，要有利于签订有经济效益的合同；最后，要有利于建筑工程项目施工全过程的管理。它是一份经营计划，追求的是经济效益。施工项目管理规划大纲的主线是投标报价、合同造价、工程成本，以及施工项目技术和管理方案，其中包含企业期望承揽该工程施工项目所能获得的经济成果。

8.2.3　施工项目管理实施规划的特点

1. 建筑工程施工项目管理实施规划是该项目施工全过程的项目管理依据

建筑工程施工项目管理实施规划是在签订合同之后，由企业选定的项目经理负责组织编制的，它的作用是指导建筑工程项目在施工准备阶段、施工阶段和竣工验收阶段的施工项目管理。它既为这个过程提出施工项目管理目标，又为实现目标做出施工项目管理规划，因此，它是项目施工全过程的管理依据，对施工项目管理取得成功具有决定性意义。

2. 其内容具有可操作性

建筑工程施工项目管理实施规划是由项目经理部编制的，目的是为了指导施工过程中进行的项目管理，要求其具有可操作性。可操作性是指它作为施工阶段项目管理具体操作时的依据，既规定了施工项目管理的工作目标，又明确了具体的项目管理程序、步骤和方法。

3. 追求管理效率和良好效果

建筑工程施工项目管理实施规划可以起到提高管理效率的作用。这是因为"凡事预则立，不预则废"，事先有规划，事中有"章法"，目标明确，安排得当，措施有力，必然会产生高效率，取得理想效果。

8.3　建筑工程施工项目管理规划大纲的编写步骤和要求

建筑工程施工项目管理规划大纲是建筑施工企业在投标前确定施工项目管理目标、规划项目实施的组织、程序和方法的文件。它具有战略性、全局性和宏观性，显示了投标人的技术和管理方案的可行性与先进性，有利于投标竞争。因此，编制项目管理规划大纲，需要依靠管理层的智慧与经验，取得充分依据，发挥综合优势。另外，项目管理规划大纲应该充分响应招标文件的要求，为中标和签订合同提供依据。

8.3.1　项目管理规划大纲的编写步骤和要求

1. 明确施工项目管理目标

根据施工项目的特点和招标文件要求，确定施工项目管理的指导方针和施工项目管理总目标，并对施工项目管理总目标进行分解，确定施工各阶段的项目管理分目标，制定适合的施工项目管理目标体系。

2. 分析施工项目环境和条件

通过对施工项目环境的调查，主要调查对施工方案、合同执行、实施合同成本有重大影响的因素，分析项目的环境因素和制约条件，掌握宏观和微观的项目环境信息。

3. 收集施工项目的有关资料和信息

充分调查、收集并研究施工项目的相关资料和信息。

4. 确定施工项目管理的组织结构和职责

根据施工项目的特点，确定施工项目的组织结构、组织管理策略和项目管理系统，明确项目经理部及管理层人员工作要求和责权利关系。

5. 明确施工项目管理内容

对应施工项目管理目标体系，建立施工项目管理体系，依据施工项目管理分目标划定项目管理的范围，明确项目管理各范围内的各项具体工作。

6. 编制施工项目目标计划和资源计划

确定施工项目的实施策略，对施工项目的实施进行总体安排，编制不同阶段、不同专业的施工计划，以及施工人员、原材料、构配件和施工设备等的资源供给计划；编制施工方案，其内容应包括：施工技术方案和施工质量管理方案、施工安全管理方案、施工进度管理方案、采购方案、现场运输和平面布置方案等，以保证施工项目管理的各分目标和总目标的顺利实现。

7. 汇总整理，报送审批

最后，各部分整理汇总后形成文件，经企业管理层审批，用于指导投标和签订合同。

8.3.2　项目管理规划大纲的具体内容

1. 项目概况

项目概况一般包括如下三部分内容。

(1) 项目基本情况描述，内容包括项目的投资规模，工程规模，使用功能，设计、环境、建设要求，基本的建设条件(法规条件、资源条件、合同条件、场地及周边条件) 等。

(2) 项目实施条件分析，内容包括发包人条件，项目所在地的政治、法律和社会条件，市场条件，自然条件，以及项目招标条件和现场条件等。

(3) 项目管理基本要求，内容包括法律、法规要求，政策要求，组织要求，管理理念要求，管理模式要求，管理条件要求，管理环境要求等。

2. 项目范围管理规划

项目范围管理规划应对项目的过程范围和最终可交付工程的范围进行描述，以确定并完成项目目标为根本目的，明确项目有关各方的职责界限。

(1) 项目范围管理的对象：为完成项目所需的各专业施工工作和各施工管理工作。

(2) 项目范围管理的过程：项目范围的确定，项目结构分析，项目范围执行、监督和控制等。

(3) 项目范围管理的工作职责、程序和方法。

3. 项目管理目标规划

项目管理目标规划应明确质量、成本、进度和职业健康安全的总目标，并进行目标分解，确定阶段性的项目管理目标。项目管理目标规划的制定应注意以下几个方面。

(1) 项目管理的目标应可测量，并可达到。在项目实施过程中，应进行目标管理和监控及目标考核与评价。

(2) 项目的目标水平应结合项目的特点和实际情况订立，项目部通过努力能够实现目标，不能过高或过低。

(3) 项目管理目标必须满足发包人的要求，不能低于合同的要求。

4. 项目管理组织规划

项目管理组织规划应包括组织结构形式、组织构架、确定项目经理和职能部门、主要成员人选及拟建立的规章制度等管理模式和组织策略。在项目管理规划大纲中，原则性地确定项目经理、技术负责人等人选，可以让项目经理等尽早介入项目的投标过程，保证了项目管理的延续性。

5. 项目成本管理规划

它包括项目的总成本目标及成本目标分解、现场管理费额度、相应的技术组织措施等。它是投标人投标报价的基础，是中标签约后项目经理部落实成本目标责任和考核奖励的重要依据。

6. 项目进度管理规划

项目进度管理规划主要包括总工期目标、总工期目标分解、重要里程碑事件、主要工程活动的进度计划安排、施工进度计划表及保证进度目标实现的措施等。编制项目进度管理规划时应充分考虑项目所在地环境(特别是气候)和经济发展条件的制约、工程的规模和复杂程度、资源的投入量，使之在符合招标文件的要求的同时又切实可行。

7. 项目质量管理规划

项目质量管理规划应包括质量目标规划和主要施工方案描述。

(1) 质量目标规划，即总体质量目标规划。规划中的目标不仅要满足国家和地方的有关建设法律、法规、技术规范和质量标准的要求，也须满足招标文件规定的质量标准。规划还应重点说明质量目标的分解和保证质量目标实现的主要技术组织措施。

(2) 主要施工方案描述，包括工程的总体施工顺序、重点分部工程的施工方案、主要的技术措施和保证措施，拟采用的新技术和新工艺、拟选用的主要施工机械设备方案。

8. 项目职业健康安全与环境管理规划

包括总体的施工安全目标与健康保证目标、环境管理目标的管理责任，施工过程中的主要不安全因素和环境污染因素分析，保证安全和环境的主要方案及技术组织措施等。

9. 项目采购与资源管理规划

(1) 项目采购规划要明确与采购有关的资源和过程，包括：采购的产品项目、采购的时间、产品的询价程序和方法、合格供货商的评价、选择和确定的程序与方法，供货合同的内容和编制等。

(2) 项目资源管理规划要明确各资源使用量的大小和使用时间、估算并按资源使用进度分配相关资源，阐述资源管理和控制的程序与方法等。

10. 项目信息管理规划

项目信息管理规划主要指信息管理体系的总体思路、内容框架和信息流程关系等规划。

11. 项目沟通管理规划

项目沟通管理规划主要指项目管理组织就项目所涉及的各有关组织及个人相互之间的信息沟通、关系协调等工作的规划。

12. 项目风险管理规划

项目风险管理规划主要是对重大风险因素进行预测、估计风险量、进行风险控制、转移或自留的规划。项目管理规划大纲从宏观的角度对项目进行分析时，应着重考虑回避风险大的项目，宜选择风险较小或风险适中的项目，不参与风险超过自己承受能力、成功把握不大的项目。

13. 项目收尾管理规划

项目收尾管理规划应说明工程收尾、管理收尾、行政收尾等方面的管理程序和工作。

8.4 建筑工程施工项目管理实施规划的编制

8.4.1 建筑工程施工项目管理实施规划的编制依据

(1) 项目管理规划大纲。

(2) 项目条件和环境分析资料。

(3) 工程合同及相关文件。

(4) 同类项目的相关资料。

8.4.2 建筑工程施工项目管理实施规划的编制要求

建筑工程施工项目管理实施规划是承包人在签订合同后，由项目经理组织，根据建筑工程施工项目管理规划大纲编制，用于指导建筑工程项目施工全过程的项目管理文件。

建筑工程施工项目管理实施规划应对建筑工程施工项目管理规划大纲的内容具体化，使其具有可操作性。建筑工程施工项目管理实施规划应以建筑工程施工项目管理规划大纲的总体构想和决策意图为指导，具体规定各项管理工作的目标要求、职责分工和管理方法，把履行合同和落实施工项目管理目标责任书明确的任务贯彻在实施规划中，是项目管理人员的工作指南。

建筑工程施工项目管理实施规划编制工作的重点之一是组织编制工作，在具体编制时，实施规划中的各部分存在内容交叉关系，需要统一协调和全面审查，以保证各项内容的关联性。具体做法是：分析研究施工合同、施工条件、项目管理目标责任书等，编写实施规划目录及实施规划框架，分工编写实施规划中的各部分，再汇总、协调，由项目经理统一审稿，修改定稿，最后报批。

建筑工程施工项目管理实施规划的编制，应确保与建筑工程施工项目管理规划大纲内容的一致性。

8.4.3 建筑工程施工项目管理实施规划的编制内容

1. 项目概况

项目概况应在建筑工程施工项目管理规划大纲的基础上根据项目施工的需要进一步细化。如工程概况，建设地点及经济、环境特征，现场施工条件，项目管理特点及总体要求等。

2. 总体工作计划

总体工作计划应具体明确地划分项目管理的分目标，项目施工的总工期和各施工阶段，对各种资源的总投入和阶段性投入做出总体安排，提出技术路线、组织路线和管理路线，并编制项目现场平面布置图。

项目现场平面布置图按施工总平面图和单位工程施工平面图设计和布置的常规要求进行编制，须符合国家有关标准。

3. 组织方案

组织方案应编制出项目的项目结构图、组织结构图、合同结构图、编码结构图、重点工作流程图、任务分工表、职能分工表并进行必要的说明。

4. 技术方案

技术方案主要是技术性或专业性的实施方案，包括施工工艺、施工工法、施工机具的选择等，并辅以流程图、构造图和各种表格。

5. 进度计划

进度计划应编制出能反映施工组织关系和工艺关系的计划、可反映施工时间计划（如施工总进度计划，施工阶段的划分，施工流向和施工顺序等），以及对应相应施工进程的资源(人力、材料、机械设备和大型工具等)需用量计划、资源供给计划以及相应的说明。

6. 质量计划

按相应章节的条文及说明编制。为了满足项目实施的需求，应尽量细化，尽可能利用图表表示。

7. 职业健康安全与环境管理计划

职业健康安全与环境管理计划包括：项目安全总体目标和分目标、安全管理体系、安全保证措施等，以及环境管理总体目标和分目标、环境管理体系、环境管理保证措施等。

8. 成本计划

成本计划包括：项目总成本目标、成本目标分解、成本控制方法和措施等。

9. 资源需求计划

资源需求计划编制前应与供应单位协商，编制后应将计划提交供应单位。具体包括：劳动力需求计划，主要原材料、构配件和周转材料的需求和订货计划，机械设备需求计划，施工和检测用工器具的需求计划等。

10. 风险管理计划

风险管理计划包括：风险因素识别一览表，各类风险可能出现的概率及损失值估计，风险预防方案，风险管理的重点和风险管理职责等。

11. 信息管理计划

信息管理计划包括：与项目组织相适应的信息流程系统和信息收集系统，信息中心的建立方案，项目管理软件的选择与使用方案，信息管理实施方案等。

12. 项目沟通管理计划

项目沟通管理计划包括：与项目相关的各职能部门之间的协调关系，项目各参与者(如业主、承包商、监理单位、设计单位、供货方等) 之间的协调关系等规划。

13. 项目收尾管理计划

项目收尾管理计划包括：竣工收尾管理计划、项目竣工验收管理计划、项目竣工结算管理计划、项目回访及保修管理计划等。

14. 项目目标控制措施

项目目标控制措施应针对目标需要进行制定，具体包括技术措施、经济措施、组织措施及合同措施等。

15. 技术经济指标

技术经济指标应根据项目的特点选定有代表性的指标，突出实施难点和对策，进行规划指标水平高低的分析与评价，满足持续改进的需要。

编制好的项目管理实施规划应符合下列要求。

(1) 项目经理签字后报企业管理层审批。

(2) 与各相关组织的工作协调一致。

(3) 进行跟踪检查和必要的调整。

(4) 项目结束后，形成总结文件。每个项目的项目管理实施规划执行完成以后，都应当按照管理的策划、实施、检查、处置(PDCA)循环原理进行认真总结，形成文字资料，并同其他档案资料一并归档保存，为项目管理规划的持续改进积累管理资源。

思 考 题

1. 项目管理规划的主要任务是什么？
2. 简述项目管理规划大纲和项目管理实施规划的不同之处。
3. 工程项目管理规划主要包含哪些内容？
4. 确定施工方案应重点解决哪些主要问题？
5. 施工总平面图的设计要点有哪些？

综合案例

某建筑工程项目管理实施规划

一、项目概况

(一)工程概况

(1) 工程地点：本工程位于××××。

(2) 工程规模：生产车间一栋一层，用地面积 3450m²，建筑面积 3450m²；办公楼一栋二层，用地面积 700m²，建筑面积 1240m²；工作连廊二层，用地面积 120m²，建筑面积 240m²；门廊一层，用地面积 170m²，建筑面积 170m²；水泵房一层，用地面积 42.5m²，建筑面积 42.5m²；传达室一层，用地面积 19.5m²，建筑面积 19.5m²。还有围墙、大门、道路等工程。

(二)建筑设计概况

1. 办公楼

1) 屋面

(1) 保温隔热层为干铺 25 厚聚苯乙烯泡沫塑料板。

(2) 找平层为水泥砂浆。

(3) 防水层为自粘改性沥青卷材。

(4) 覆盖层铺地砖。

2) 楼地面

(1) 办公室、会议室、更衣室、食堂铺 600×600 抛光砖。

(2) 卫生间、茶水间铺 300×300 防滑砖。

(3) 厨房：刷防滑环氧树脂地坪漆。

(4) 砖墙：M5 混合砂浆砌 MU7.5 灰砂砖 180 厚墙。

(5) 内墙面：满刮腻子一遍，饰面刷白色内墙涂料两遍。

(6) 外墙面：贴面砖及铝塑复合板。

3) 顶棚

(1) 办公室、会议室、更衣室、食堂为石膏装饰板。

(2) 卫生间、茶水间、厨房为铝合金方形板。

4) 生产车间

(1) 屋面：0.6 厚压型彩钢板屋面。

(2) 地面：环氧树脂底漆打底，环氧树脂砂浆刮中层漆，打磨清洁后用自流平环氧树脂色漆满涂 3 层。

(3) 砖墙：M5 混合砂浆砌 MU7.5 灰砂砖 180 厚墙。

(4) 内墙面：满刮腻子一道，饰面刷白色内墙涂料两遍。

(5) 外墙面：贴面砖。

5) 传达室、水泵房

(1) 屋面：做法与办公楼屋面相同。

(2) 地面：铺防滑地砖。

(3) 砖墙：与办公楼砖墙相同。

(4) 内墙面：与办公楼内墙面相同。

(5) 外墙面：与生产车间外墙面相同。

(6) 顶棚：铝合金方形板。

2. 结构设计概况

办公楼、工作连廊及生产车间结构设计概况。

(1) 本工程为框架结构，结构安全等级二级。

(2) 本工程设计使用年限为 50 年。

(3) 本工程抗震设防类别为丙类建筑，按 6 度地震烈度设防。

(4) 建筑耐火等级为二级。

(5) 内地台以下砌体用砖强度等级 MU10，砂浆强度等级 M5 砂浆砌结。

(6) 柱混凝土强度等级 C25，梁板混凝土强度等级见结构平面布置图。

二、施工部署

(一)施工管理目标

1. 工程质量目标

工程质量标准：合格，争创××市样板工程。

2．安全、文明施工管理目标

1）安全管理目标

(1) 在施工过程中严格按住房和城乡建设部"一标五规范"组织施工，确保实现"五无"(无死亡、无重伤、无火灾、无中毒、无倒塌事故)目标。

(2) 月轻伤频率控制在 1‰以下，年轻伤频率控制在 24‰以下。

(3) 对员工健康安全有影响的岗位配备劳动防护用品。

(4) 按建设部《JGJ 59—2011》安全检查标准，每月一次的安全检查总得分值在 90 分或 90 分以上。

2）文明施工管理目标

(1) 生产、生活污水达标排放，预防水体污染。

(2) 减少粉尘排放，预防大气污染，施工现场目测无明显扬尘；主要运输道路硬地化处理。

(3) 固体废弃物分类管理，预防土壤污染。

(4) 按"××市文明施工检查评分标准"，文明施工达到标准要求。

(二)施工准备

1．技术准备

熟悉招标文件、施工图纸，施工合同，做好与本工程参与单位的联系工作；了解掌握好气象、地形和水文地质的情况；认真编制项目管理实施规划，作为工程施工生产的指导性文件；编制施工图预算。

2．物资条件的准备

(1) 建筑材料的准备。编制工程所需的材料用量计划，做好材料的订货和采购工作。

(2) 构配件的加工订货准备。按计划组织构配件进场。

(3) 施工机械设备和周转材料的准备。编制施工机具设备和周转材料需用量计划，并确保能按期进场。

3．现场准备

(1) 认真做好施工场地的一切交接工作。建立控制基准点。

(2) 做好现场的"三通一平"工作，以及通信联络。

(3) 做好机械设备的调试和保养工作。

(4) 组织建筑材料和构配件的进场。

(5) 根据环境保护和文明施工的要求，设置工程现场的基础设施；相应地点设置各种安全标志牌；并在进场大门处设置"五牌一图"。

4. 施工班组的准备

根据各施工阶段的劳动力需用量计划组织施工队伍,对工人班组进行必要的操作技能、安全、思想和法制教育。做好后勤工作的安排,以便充分调动全体职工的生产积极性。

5. 作业条件的准备

向班组进行计划交底和安全技术交底,下达工程施工任务单;做好施工作业面准备。

(三)施工沟通管理

项目经理部全体人员应树立"优质、高效、守约、服务"的思想观念,把建设单位期望的工期和工程质量作为核心,为建设单位建造一流的建筑施工产品,让建设单位满意。

"监理"是工程全方位的控制监督者,公司要在现场监理工程师的监督下,对监理工程师提出的问题及时整改,质量方面精益求精,把工程建设成为"建筑精品"。

1. 做好与监理单位的协调配合

(1) 施工中,严格执行监理工程师的指令。

(2) 及时请监理工程师查验进场使用的成品、半成品、设备、材料、器具。

(3) 及时请监理工程师对已完分部分项工程和隐蔽工程进行检查、验收。

2. 做好与设计单位的协调配合

(1) 参加施工图纸会审,及时反馈相关疑问和意见。

(2) 严格按照图纸施工。

(3) 按监理工程师和设计院的要求及时处理设计变更。

(4) 及时请设计单位参与基础工程、主体工程的阶段性验收和竣工验收。

3. 做好与质量安全监督站的协调配合

及时请质量安全监督站参与对基础工程、主体工程和竣工工程的验收;及时向提交竣工验收的技术资料备案。

4. 做好与城监部门的协调配合

积极与城监部门联系,以取得他们对于工程文明施工的指导与认可。

5. 做好与各专业工程的协调配合

安装专业随结构流水作业,交叉安排预埋、预留孔洞及防雷连接烧焊等施工;结构混凝土浇筑前,严格检查水电安装所需的预埋件、预留孔(洞)的位置。结构施工未封顶时,建筑物内部管线由下而上施工;结构封顶后,安装专业及时进行管线等工程施工,然后在各楼层内与土建专业、装饰专业配合交叉施工。

(四)施工原则

本工程除土建工程施工外，还有水电设备、钢结构等工程施工，为此应做好土建与其他专业工程施工的配合工作。整个工程施工应遵循"先准备后施工、先地下后地上、先结构后装饰、先土建后安装"的原则进行。在满足施工合理程序的前提下，尽量利用一切工作面，实行平行流水立体交叉进行作业，使各项工作有序地交替穿插进行。

(五)施工程序

1. 总体施工程序

总体施工程序如图1所示。

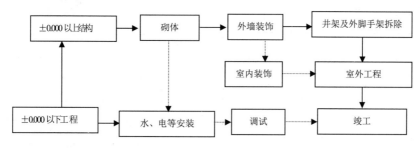

图1　总体施工程序

以上各施工程序的工期控制，详见施工总进度计划网络图。

2. 分部施工程序

(1)　±0.000 以下施工程序见图2。

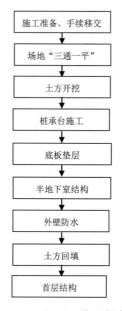

图2　±0.000 以下施工程序图

(2) ±0.000 以上结构标准层采取柱(墙)混凝土与梁、板分开浇筑方法，其施工程序见图3。

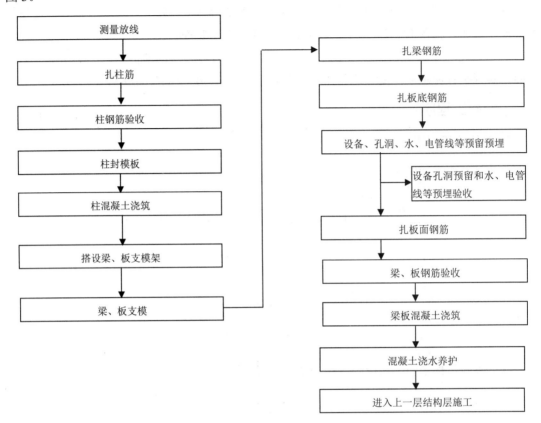

图3 结构标准层施工程序图

(六)主要技术措施

建筑物三边设排水沟、集水井排入三级沉淀池，以保证地面雨水与施工污水不流入基坑中。施工中加强对基坑及边坡的观测。土方开挖采用放坡开挖工艺。边坡底柱承台基坑采用降台阶放坡开挖施工。在结构混凝土浇筑中，每层结构采取墙柱、梁板混凝土分开浇筑的施工方法。钢筋全部在现场加工制作、现场安装绑扎。主体结构采用三套模板周转，模板采用 18mm 厚防水胶合板拼装，组合钢门架支顶，80mm×80mm 木枋和 ϕ48mm 钢管支撑加固。本工程采用商品混凝土，使用混凝土输送泵浇筑混凝土，不同强度等级的混凝土接合处采用钢丝网分隔。

(七)主要管理措施

(1) 公司总工室、技术部、质安部、工程部配合现场项目经理部，针对技术重点、难点进行技术攻关，确保及提高工程质量。

(2) 建立施工现场周例会制度，项目经理部每周进行一次检查，公司每月进行一次大检查。

(3) 坚持高起点"样板"引路制度。对重点、难点的分项工程，施工前都要做出示范样板，统一操作要求。

(4) 依据施工进度总计划编制季、月、旬、周作业计划，加强调度与管理。

(5) 现场成立安全生产、文明施工领导小组。

(6) 现场成立季节施工领导小组，编制季节施工技术措施及施工作业计划。指定专人负责掌握天气变化，做好记录，随时调整好现场施工工作的安排。

三、施工进度计划和各阶段进度的保证措施

(一)工期控制目标

1. 工期目标

工程总工期：110日历天。

2. 施工进度计划图

本方案的施工进度计划按群体工程考虑安排，总体施工计划为控制性计划，同时反映各个单体工程之间的搭接关系。

施工进度计划横道图、网络图见图4、图5。

(二)保证工程进度的主要措施

按业主指定工期要求，确定各阶段工作日。在施工管理上实行责任包干，推行"六定五包"，即定人、定位、定量、定质、定时间、定奖金，包材料、包工期、包安全、包质量、包施工。充分利用时间和空间，提高作业效率确保提前交付。

本工程工程规模大、工期短，工期十分紧迫，必须采取一系列强有力措施并严格执行，才能确保在保安全文明施工的基础上，按时、按质、按量交付业主。

(1) 教育员工充分认识合同的严肃性。

(2) 全盘策划，狠抓协调。

(3) 以实效衡量工作。

(4) 顾全大局、服从大局。从本工程项目的整体性出发，随时服从业主、监理单位的总策划。与各参建单位互相创造施工条件，在配合交叉作业中，坚持先紧后缓的原则。

(5) 采取奖罚的激励机制。

(6) 严格执行进度计划，确保关键线路目标任务顺利完成。

(7) 动态调整月、周计划。

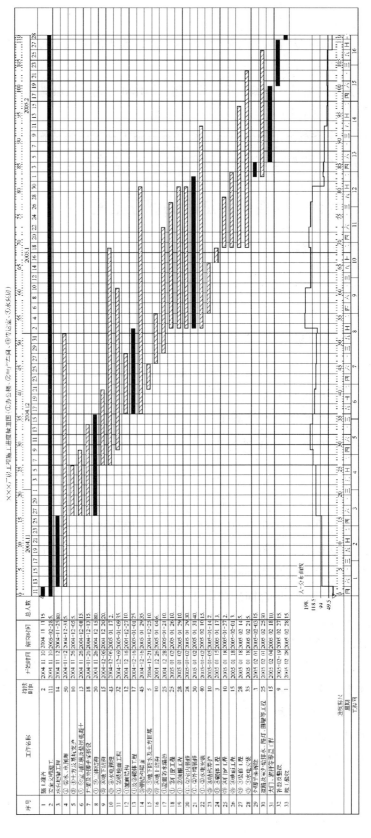

图 4　施工进度横道图

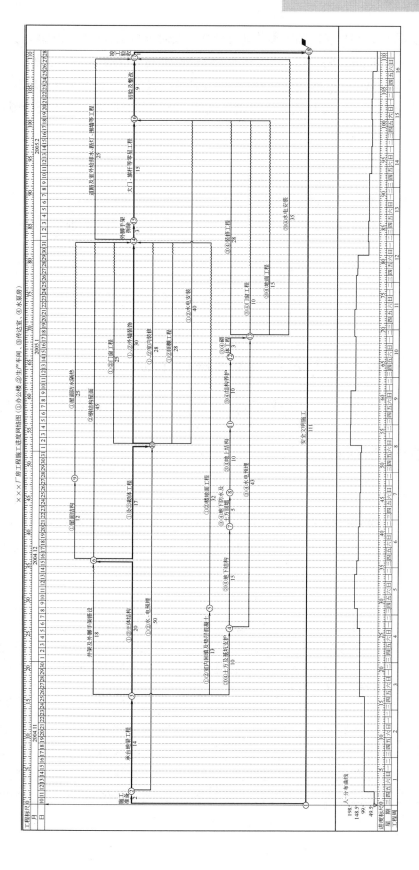

图 5　施工进度网络图

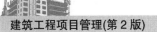
在施工过程中，根据现场的工程的动态变化，及时分析工程受影响因素。对严重影响工程进度、久拖不能解决的问题发备忘录至相关责任单位，并报业主、监理公司重点协助突破解决。动态调整计划，抓住主要矛盾不断及时进行调整、优化，确保实现总进度计划。

(8) 深化图纸设计。提供全面深化设计图纸，保证图纸完善、节点图清晰、大样图齐全。

(9) 落实材料计划。

(10) 确保资金、人员、设备落实到位。

(11) 工程协调会及时排除施工障碍。

(12) 施工高峰期准备。施工高峰期间必须提前准备好工程材料，准备足够的施工机具，并及时维护。

(13) 采取现场办公，现场拍板。

(14) 实行加班制。节假日安排加班，根据工程的紧张程度设立两至三班工作制。

(15) 使用信息系统化办公管理。

四、主要劳动力、材料及机械设备供应计划

公司本着合理利用资源、节约使用劳动力的原则，安排本工程各时期的劳动力、材料及施工机械。

1. 主要劳动力需用时计划

主要劳动力需用时计划如表1所示。

表1　劳动力需用时计划

序　号	工作名称	总人数	持续时间/天	开始时间	结束时间
1	施工准备	15	2	××-11-10	××-11-11
2	安全文明施工	5	111	××-11-10	××-02-28
3	承台地梁工程	80	14	××-11-12	××-11-25
4	①②水、电预埋	5	50	××-11-12	××-12-31
5	③④土方及基坑支护	5	10	××-11-26	××-12-05
6	①②室内回填及垫层混凝土	15	13	××-11-26	××-12-08
7	井架及外脚手架搭设	15	18	××-11-26	××-12-13
8	①②主体结构	80	20	××-11-26	××-12-15
9	③④地下结构	20	15	××-12-06	××-12-20
10	③④水电预埋	2	43	××-12-06	××-01-17

序　号	工作名称	总人数	持续时间/天	开始时间	结束时间
11	①②楼地面工程	35	32	××-12-09	××-01-09
…	…	…	…	…	…
26	③④地面工程	3	15	××-01-18	××-02-01
27	③④装修工程	5	28	××-01-18	××-02-14
28	③④水电安装	5	35	××-01-18	××-02-21
29	外脚手架拆除	15	3	××-02-01	××-02-03
30	道路及室外给排水、路灯、围墙等工程	30	25	××-02-01	××-02-25
31	大门、旗杆等零星工程	10	15	××-02-04	××-02-18
32	初验及整改	15	9	××-02-19	××-02-27
33	竣工验收	15	1	××-02-28	××-02-28

2. 主要材料(含半成品)需用量计划

主要材料(含半成品)需用量计划如表 2 所示。

表 2　主要材料(含半成品)需用量计划

序　号	材料名称	数　量	计划开始进场时间
1	钢质防火门/m²	182	××-01-02
2	螺纹钢/t	158	××-11-12
3	圆钢/t	95	××-11-12
4	C20 混凝土/m³	986	××-11-25
5	C30 混凝土/m³	284	××-11-16
6	C15 混凝土/m³	155	××-11-13
7	C25 混凝土/m³	967	××-11-23
8	铝合金窗/m²	494	××-01-02
9	抛光砖/m²	1090	××-12-09
10	外墙釉面砖/m²	1858	××-01-02
11	32.5(R)水泥/t	239	××-12-16
12	灰砂砖/千块	377	××-12-16
13	石灰/t	358	××-12-16
14	模板(18 厚胶合板)/m²	5000	××-11-12
15	改性沥青卷材/m²	1056	××-12-28
16	高天棚灯/套	767	××-01-02
17	HDPE 排水管/m	393	××-11-12
18	钢芯电缆/m	348	××-01-02

续表

序 号	材料名称	数 量	计划开始进场时间
19	桥架/m	403	××-11-26
20	防水接地三相插座/套	1413	××-01-02
21	金属线槽/m	300	××-11-26
22	镀锌钢管/m²	152	××-11-26

3. 主要机械设备需用量计划

主要机械设备需用量计划如表3所示。

表3 主要机械设备需用量计划

序 号	机 具	型 号	数量	规 格	使用部位	进场时间
1	混凝土泵/台	HPT60C	1	110kW	基础、主体	××-11-20
2	安全升降机/台	SSD80A	2	7.5kW	±0.000 以上工程	××-11-26
3	插入式振捣器/支	JQ221-2	4	2.2kW	基础、主体	××-11-20
4	平板式振捣器/台	2F11	2	2.2kW	底板、楼面	××-11-20
5	砂浆搅拌机/台	250L	4	4kW	砌体、抹灰	××-02-05
6	电焊机/台	XD1-185	3	12kW	基础、主体	××-11-15
7	电焊机/台	XD1-200	2	21 kW	基础、主体	××-11-15
8	电锯/台	MJ225	4	2.8 kW	模板工程	××-11-12
9	电刨/台	MB1065	2	2.8 kW	模板工程	××-11-12
10	蛙式打夯机/台	HW-70	4	2.8 kW	土方回填	××-11-26
11	挖掘机/台	PC200-5	1		场地平整,土方开挖	××-11-12
12	潜水泵/台	QY-25	5	2.2kW	基础工程	××-11-12
13	运输汽车/台	东风	8	8t	土方及材料运输	××-11-12
14	水准仪/台	S3-d	2		整栋工程	××-11-10
15	经纬仪/台	J2	1		整栋工程	××-11-10
…	…	…	…	…	…	…
24	弯箍机/台	W-18 型	1	6kW	基础、主体	××-11-12
25	钢筋调直机/台		1	7.5kW	基础、主体	××-11-12
26	压路机/台	YZ-2	1	12t	道路工程	××-02-01
27	混凝土搅拌机/台	350L	2	5.5kW	道路工程	××-02-01

五、施工总平面布置

(一)临时设施布置

由于施工场地比较狭窄，生活区只能在场外按照建设单位指定位置布置。在施工场地东边布置用组合板搭建的临时办公室、会议室。在场地东面设一个出入口、门卫室，在场地南面设置材料仓库。生活区用组合板搭建临时宿舍，用灰砂砖砌筑厨房、冲凉房、卫生间。

钢筋在施工现场加工制备，按规格分类堆放待用。材料堆放点、施工机械、临时办公室、会议室、仓库、宿舍等布置详见施工总平面布置图和生活区平面布置图(见图6)。

(二)施工用水用电设施

1. 施工用水设施

建设单位已将施工用水引至施工现场就近位置，该公司直接驳接引至各个用水点即可。

2. 施工用电设施

建设单位已将施工用电引至施工现场就近位置，该公司直接驳接引至各个用电点即可。

六、主要施工工艺及施工方法

(一)土方工程

1. 土方开挖

基坑开挖程序一般为：测量放线→切线分层开挖→抽排降水→修坡→整平→留足预留土层。本工程的土方开挖分 3 个区段进行流水施工。基坑采用放坡开挖，坡角 45°；挖土应自上而下分段分层进行，基坑坑底宽度每边应比桩承台周边宽 15~30cm，以便于施工操作；基坑开挖完后，应立即进行验槽，并做好记录；如发现地基土质与地质勘探报告、设计要求不符时，应与有关人员研究及时处理。

2. 土方回填

本工程土方回填应在施工完成基础承台或半地下室四周壁外防水层之后进行，回填土方应尽量采用黏土或粉土，不能用淤泥、淤泥质土、碎块草皮和有机质含量大于 8%的土，土料的最优含水率为 12%~15%。回填土每层土厚不宜大于 30cm，用蛙式打夯机分层洒水夯实。回填土上表面 60cm 高度其压实度不小于 95%。

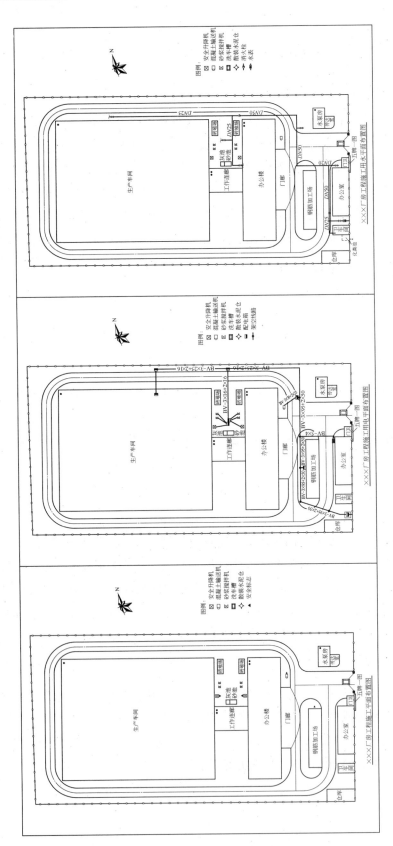

图6 施工总平面布置图

(二)模板工程

施工顺序：定柱边线→装柱模→用 80mm×80mm 木枋加固→设斜撑固定位置→安装梁柱节点(梁柱接头)模→支立柱→调整高度→安装梁底模→安装侧模→安装楼板模→验收。

1. 柱模板安装

安装柱模板工艺流程：弹柱头位置线→抹找平层作定位墩→安装柱模板→安柱箍→安拉杆或斜撑→办预检。

柱模板采用 18mm 厚的优质木夹板现场制定，板外边用平直方正的 80mm×80mm 木枋，两头用 ϕ14mm 对拉螺栓箍紧，四周从底到顶均为用箍筋按@250mm～400mm 间距排列，柱截面边长大于 600mm 时，为防止模板变形，柱中纵、横两向@500～800mm 加两排对拉螺栓，所有对拉螺栓必须夹于两条 ϕ48mm 钢管中间，钢管压紧 80mm×80mm 木枋。

2. 拆模

非承重结构的侧模，浇筑混凝土后，隔一天(并保证混凝土强度不低于 1.2MPa)即可拆模养护；为确保柱混凝土的质量，工地设立专人淋水养护，确保浇筑后 7 天以内柱、墙混凝土面保持湿润，做到 14 天内持续养护。

(三)钢筋工程

本工程钢筋需分批进行抽检，检验合格方可投入使用。

钢筋绑扎前应在模板上标出各构件的钢筋级别、型号、形状尺寸、数量、间距、锚固长度、接头设置及安装部位；板筋要求弹出位置线，认真对照设计图纸核对模板上所标的钢筋是否与加工好的钢筋和设计图都统一，确定钢筋穿插就位顺序，并与有关工种作好配合工作，如支模、管线、预埋件、预留孔、防水施工等与绑扎钢筋的关系。

对于柱插筋，要保证其位置的准确，绑扎过程中必须做好预防偏移，使柱箍绑扎超出板面 2～3 个，离楼面位置的柱箍经复核准确后，与梁筋及板筋点焊固定位置，防止柱主筋移位。

钢筋绑扎时，ϕ14mm 以内钢筋用 20#绑扎丝，ϕ14mm 以外用 22#绑扎丝进行绑扎，钢筋绑扎可采用一面顺扣交错变换方向或采用八字扣，保证钢筋不移位。

梁柱箍筋应满足设计图纸要求，若图纸未规定，又是抗震抗扭结构的箍筋，端头应弯成 135°，平直部分长度不小于 10d(d 为钢筋直径)，箍筋与主筋要垂直，间距准确，箍筋转角处与主筋交点均要绑扎，主筋与箍筋非转角部分的相交点交错绑扎，当箍筋直径>ϕ10mm 时，应考虑箍筋的保护层。

楼板钢筋安装先在模板上弹出墨线，待周边邻梁钢筋骨架就位后才安装，安装时先底筋后面筋(负筋)，面层筋必须用大于或等于面筋的"Π"形加筋分开，以确保面层钢筋位置准确。

若钢筋要代换，必须通过计算并经过设计单位同意。

(四)混凝土工程

本工程采用商品混凝土，布置一台混凝土泵进行水平和垂直运输。浇筑混凝土之前，必须办理好隐蔽签证及申请手续。

1. 框架混凝土施工

本工程半地下室底板混凝土一起浇筑，半地下室侧壁板与底板分开浇筑，柱、墙与梁、板分两次浇筑施工，施工缝留置于梁底下 20～30mm 处，混凝土施工质量必须符合 GB 50204—2002 中的有关规定。

柱、墙浇筑前，底部填以 5mm～10cm 厚与浇筑混凝土内砂浆同配料同强度水泥砂浆；浇筑时应分段分层浇筑，每层厚度不大于 500mm；第一层先浇 1m 高，采用振动棒振实和人工插实相结合，防止柱、墙底部浆分离含水分不均产生空隙；上面则分层连续浇筑。

梁板混凝土浇筑前，对模板及其支架、钢筋和预埋件应进行检查，并做好记录。

梁、板要同时浇筑。浇筑方法应由一端开始用"赶浆法"，即先浇筑梁，根据梁高分层浇筑成阶梯形，当达到板底位置时再与板的混凝土一起浇筑，随着阶梯形不断延伸，梁板混凝土浇筑连续向前进行，并确保来回的时间间隔不超出施工质量验收规范的有关规定。

混凝土采用机械振捣，振捣棒快插慢拔，上下略有抽动，每点振捣时间一般以 10～30 秒为宜，还应视混凝土表面呈水平不再显著下沉，不再出现气泡，表面泛出灰浆为宜。移动间距不宜大于作用半径的 1.5 倍，避免碰撞钢筋、模板及预埋件等，要不断提上放下振捣器，防止上下部混凝土振捣不均。振捣器插入下层混凝土内的深度不应小于 50mm，并注意边缘及转角部位混凝土的振捣密度，振点采用 500mm×500mm 的梅花点振捣，同时安排专人经常观察模板、支架、钢筋、预埋件和预留空洞的情况，当发现有漏浆、变形和位移时，应及时采取措施进行处理。

当混凝土施工时，在振动界限以前(浇筑后约 1.5 小时)，对混凝土进行二次振捣，排除混凝土因泌水在粗骨料、水平钢筋下部生成的水分和空隙，提高混凝土与钢筋的握裹力，增加混凝土密实度，并配备平板振荡器作最后拖面振至平直一致。

2. 混凝土养护

普通混凝土养护时间不少于 7 天，后浇带混凝土和防水混凝土时间不少于 14 天。除在以上养护时间内必须保持湿润状态外，其余时间同样指定专人每天继续养护至 28 天。

(五)砌体工程

本工程采用灰砂砖，M5 混合砂浆砌结。

砌体采用"三一"砌筑方法。

砖墙中的洞口、管道、沟槽、预埋件于砌筑时正确留出或预埋安装。按设计图纸要求，在框架施工时应预埋构造柱钢筋；在砌砖前，先根据设计图纸将构造柱位置进行弹线，并把构造柱插筋处理顺直，砌砖墙时，与构造柱连接处砌成马牙槎，每一个马牙槎沿高度方向尺寸不宜超过 300mm。拉结筋按设计图纸要求放置。高度大于 4m 的 180 砖墙和高度大于 3m 的 120 砖墙，需按图纸设计要求在墙半高处设置钢筋砖带一道。砌好砖墙后才安装构造柱的模板、浇筑混凝土。

墙体每天砌筑的高度不宜超过 1.8m；严禁在墙顶上站立拉线、刮缝，清扫墙、柱面和检查大角垂直度等工作；超过胸部以上高度的墙面，不得继续砌筑，必须及时搭好架设工具；不准用不稳定的工具或物体在脚手板面垫高工作。

(六)室内装饰工程

1. 抹灰工程

将混凝土、砖墙基层表面事先清除干净。混凝土面要冲洗干净，天花、墙、柱面先淋水，然后用笤帚将素水泥浆甩到混凝土面及砖墙面上，其甩点要均匀，终凝后浇水养护，直至水泥浆疙瘩全部粘到混凝土面和砖墙面上，并有较高的强度(用手掰不动)为止。

室内大面积施工前应制定施工方案，先砌样板间，经鉴定合格后再大面积铺开施工。

抹灰前墙面应浇水，砖墙基层浇水二遍，砖面渗水深度为 8～10mm，即可达到抹灰要求。

2. 内墙面乳胶漆装饰

(1) 材料：乳胶漆、刮墙腻子。

(2) 混凝土及抹灰顶棚不得有起皮、起砂、松散等缺陷，含水率小于 10%。正常温度下，一般抹灰面龄期不得少于 14 天，混凝土基材龄期不得少于 1 个月。

(3) 施工方法如下。

工艺流程：基层处理→刮腻子补孔→磨平→满刮腻子→磨光→封底漆→涂刷乳胶→磨光→涂刷第二遍乳胶→清扫。

先将装修表面的灰块、浮渣等杂物用开刀铲除，如表面有油污，应用清洗剂和清水洗净，干燥后再用棕刷将表面灰尘清扫干净。

用腻子将麻面、蜂窝、微孔等缺残处补好。待腻子干透后即进行磨平，先用开刀将凸起的腻子铲开，然后用粗砂纸磨平。

满刮腻子：用胶皮刮板满刮腻子；干透后用粗砂纸打磨平整。

封底漆：施工时，基面必须干燥、清洁、牢固；施涂时，涂层要均匀，不可漏涂。

涂刷乳胶：用滚子醮乳胶进行滚涂，滚子先作横向滚涂，再作纵向滚压，将乳胶赶开，涂平、涂匀。

磨光：每一遍滚涂乳胶结束 4 小时后，用细砂纸磨光；若天气潮湿，4 小时后未干，应延长间隔时间，待干后再磨。

涂刷乳胶一般为两遍，也可根据要求适当增加遍数。每遍涂刷应厚薄一致，充分盖底，表面均匀。

清扫：清扫飞溅乳胶，清除施工准备时预先覆盖在踢脚线、水、暖、电、卫设备及门窗等部位的遮挡物。

3. 卫生间瓷片施工装饰

施工程序：基层处理→做灰饼标筋→底层找平→排砖弹线→贴标准点→镶贴→擦缝→清洁。

施工方法：将砖面浇水湿润后，按标筋批 15mm 厚 1∶2.5 水泥砂浆打底扫毛，待其干至七成，即可根据砖的尺寸和镶贴施工面积在找平层上进行分段分格排砖弹线。在瓷砖背面满面抹水泥浆，四角刮成斜面，注意边角要满浆。瓷砖就位后用灰匙木柄轻击砖面，使之与邻面平，用靠尺检查表面平整度，并用灰匙将缝拔直。阴阳角拦缝处可用阴阳角条，也可用切割机将两瓷砖边沿切磨成 45° 斜角。确保接缝平直、密实，然后扫去表面灰渍，划缝，并用棉丝拭净，镶完一面墙后要将横竖缝划出来。镶贴面砖工程，室内一般由下向上镶贴，最下层砖下口放在底尺板上，上口拉水平通线。待面砖贴好 24 小时后，再用白水泥浆涂满缝隙，并用棉纱头蘸浆将缝隙擦平实。

(七)外墙装饰工程

1. 外墙面砖装饰

墙面基层清理干净，窗台、窗套等事先砌堵好。经过拉线检查墙面，将凸出墙面的混凝土剔平，凿毛梁、柱及墙的混凝土面，并用钢丝刷加水冲洗满刷一遍，再浇水湿润、晾干后，用 1∶1 水泥细砂浆内掺水泥重 20%的 108 胶，用笤帚将砂浆甩到混凝土面及墙面上，其甩点要均匀，砂浆终凝后浇水养护，直至水泥砂浆疙瘩全部粘至混凝土面及砖墙面上，保证有较高的强度(用手掰不动)为止。

砂浆批底，吊垂直，套方、找规矩、贴灰饼、冲筋。在大墙面和各个大角和门窗口边用经纬仪打垂直线找直，同时用大丝锤吊垂直。横线以楼层为水平基准线交圈控制，要求全部为整块面砖，竖向线以四周大角和通天柱或垛子为基准线控制，应全部为整块面砖，每层打底时则以此灰饼为基准点进行冲筋，使其底层灰做到横平竖直。同时要注意找好凸出檐、腰线、窗台、雨篷等饰面的流水坡度和滴水线(槽)。

外墙体浇水湿润，分层分遍用纤维水泥砂浆底，用铁抹子均匀抹压密实；直至与冲筋大至相平，用铝合金尺刮平，再用木抹子(磨板)搓毛压实，划成麻面。批挡完后，根据气温情况，终凝后淋水养护，保持砂浆湿润。

2. 聚合物水泥基防涂料施工

涂膜施工，应注意气候的变化，不宜烈日曝晒下施工，遇大风、雨天等天气也不应施工。防水涂料在使用前应制备好，应根据温度、湿度等条件调整涂料的施工黏度。在整个施工过程中，涂料的黏度必须有专人负责，不得任意加入稀释剂或水。涂料施工前，可先试作样板用以确定涂膜实际厚度和涂刷遍数，经鉴定合格后再进行大面积施工。涂膜防水的施工顺序必须按照"先高后低，先远后近"的原则进行。大面积防水涂布前，应先对节点进行处理。防水涂料应分层遍涂布，待前一道涂层干燥成膜后，方可涂后一道涂料。整个防水膜施工完成后，应有一个自然养护时间，一般不少于 7 天。在养护期间不得上人行走或在其上操作。涂膜防水层完工后，应及时进行下一工序的施工。

配制涂料时，应先将拌和水放入搅拌容器，再徐徐放入粉料，边投粉料边搅拌，这样可避免料结团，并可将涂料调匀。配制的粉料须在 2 小时(从投料搅拌时算)以内用完。气温在 0℃及以下不得施工露天作业在烈日下或雨天均不宜施工。池内施工时应注意通风，使涂层正常干固。

涂料施工前，先将基层充分湿润，将第一遍涂料充分搅拌均匀，并均匀刷在基层面上。第一遍涂料收水时即可湿润养护，第一遍涂层湿润养护 6～8 小时以后，即可将第二遍涂料均匀刷在第一遍涂层上。待第二遍涂层收水，再进行 24 小时的湿润养护即可。检查漏水的井，可只涂一道。

3. 弹线分格

水泥砂浆底终凝后，用 3～4m 铝合金压尺及其他检测工具验收，修剔平整。待基层灰六至七成干时，经复核无空鼓、裂缝等质量缺陷，即可按设计图纸要求进行分段分格弹线，同时也可进行面层贴标准点的工作。根据大样图及墙面尺寸进行横竖向预排，以保证每块砖的缝隙均匀。

(1) 注意大墙面、通天柱子、垛子及门窗线等都要求整块分线，在同一墙面上的横竖排列不得有非整块面砖。

(2) 顶排铺贴标准排，一般由其中心往两边对称排列。

(3) 女儿墙顶、窗顶、窗台及各种腰线部位，顶面面砖压盖立面面砖，正面最下一排下突部分保证达到滴水线厚度，滴水线底面的内向加贴一块面砖，要求外边比里边略低，以利滴水，窗台按≥20%坡度贴面砖。

(4) 预排面砖应按照设计图纸色样要求，整幅墙柱面贴同一分类规格；在同一墙面，外墙砌砖及批砂浆底时应控制尺寸，尽量满足整块砖排列，贴砖时可用砖缝宽度进行调整。水平方向不留非整块砖，垂直方向也争取不留非整块砖，但在门、窗等处要留非整块时应排在靠近地面或不显眼的阴角等位置。

4. 铺贴面砖

铺贴面砖时要派出专职技术员、质检员、施工员及技工师傅等跟班检查；在每一分段或分块内的面砖，均应自上向下铺贴。铺贴前一天先浇水将基层湿透。以第一排贴好的面砖为基准，并用垂球校正，弹出每块面砖位置；面砖按所弹的控制线铺贴，铺贴后第二天开始养护，保养 7～12 天。

5. 勾缝

待铺贴一定面积后即可除面纸擦缝，用同色水泥浆将缝填满，并用玻璃条或圆钢勾缝，再用棉纱或布片将砖面擦干净至不留残浆为止，并确保每一条缝大小、深浅一致，表面光滑美观。

七、安全文明施工措施

(一)确保安全施工措施

1. 安全管理目标

在施工过程中严格按住房和城乡建设部"一标五规范"组织施工，确保实现"五无"(无死亡、无重伤、无火灾、无中毒、无倒塌事故)目标；月轻伤频率控制在1‰以下，年轻伤频率控制在 24‰以下；员工健康安全有影响的岗位配备劳动防护用品；工人安全培训率100%；按住房和城乡建设部 JGJ 59—1999 安全检查标准，每月一次的安全检查总得分值在90 分或 90 分以上。

2. 组织措施

制定出本工程项目安全目标和安全管理制度。

成立安全生产领导小组每周进行一次自查自纠。

作业人员将接受安全生产法律、法规、操作规程的教育培训。特种作业人员必须持证上岗。

确保安全防护用品的投入。现场相应部位悬挂安全生产横幅、标语、挂图等。

3. 技术措施

(1) 在作业区域划出禁区。高空作业必须配备足够的照明设备和避雷设施。

(2) 使用梯子攀登作业时，梯脚底部应坚定，并采取防滑措施。

(3) 楼层安全防护，边长为 25～50cm 的孔洞，加坚实固定盖板。50～150cm 的洞口，四周设防护栏杆，张挂立网，设 20cm 高踢脚板，并悬挂安全警示标志。边长大于 150cm 的洞口，除应设置防护栏杆外，还要在洞口张挂安全网。

(4) 电梯门、机架口等处应设置安全门或活动防护栏杆，安全门门栅网格的间距不大于 15cm。电梯井内应每隔两层或不大于 10m 设一道安全平网。

(5) 隐患整改：对安全隐患坚决做到定责任人，定整改措施、定完成期限进行整改，绝不允许冒险施工、违章施工的现象延续。

(二)确保文明施工及环境保护措施

1. 文明施工管理目标

按"××市文明施工检查评分标准",文明施工检查不低于90分;严格按照国家住房和城乡建设部、××省、××市有关文件精神和安全文明施工管理规定组织施工。

2. 组织措施

组建文明施工、环境保护领导小组;制定文明施工、环境保护管理制度;确保文明施工、环境保护资金到位,保证应有的投入;领导小组每周组织自查,督促整改。

3. 技术措施

(1) 场地平面布置。工地现场布置详见施工总平面布置图。

(2) 场地、道路。施工现场场地、道路全部实现硬地化。

(3) 建立来访登记制度,工地设值班室,安排保卫轮流值班。

(4) 排水。工地门口排水坡度做成内坡式。排水建立有组织排水系统(详见水电平面布置图)。

(5) 临时设施。工地所有临时设施,确保稳固、通风、卫生、防火。详见施工总平面布置图。

(6) 卫生处理措施。①垃圾处理:定点设置垃圾桶,每天清运生活垃圾。②施工现场生产垃圾随做随清。③场地清扫:每天安排专人洒水清扫道路、场地,保持场容干净。

(7) 保健,工地设专用医药箱,备用施工应急用药,对现场有关人员进行急救培训。

(8) 保卫,建立治安保卫制度,落实保卫职责,加强现场安全保卫工作。

(9) 环境保护,本工程应按公司"三标一体化"要求和项目经理部环境目标及指标要求做好施工现场环境保护。

① 生产生活污水达标排放:施工现场生产污水经三级沉淀池过滤处理后排放;厕所设三级化粪池;食堂污水经过三级隔油沉淀处理排放。

② 减少粉尘排放:在天气干燥时现场对余泥、余砂用塑料覆盖;对现场,尤其是主干道每天按需洒水降尘;四级风以上禁止拆迁作业和土方施工;水泥罐下料时封闭作业;工完场清时如有粉尘应洒水;现场入口按要求设三级沉淀池过滤洗车槽及现场施工废水,由专人负责出入车辆的冲洗;施工准备期间完成主要干道硬地化处理。

③ 固体废弃物排放:按固体废弃物处理规定设置的垃圾桶、垃圾池分类集中存放;与有资质的回收公司签订协议,当贮存足够数量后交给回收公司处理。

④ 尽量避免夜间施工,防止噪声扰民。特殊情况下,需经申请办理夜间施工许可证方可施工。

⑤ 泥土清运由专用"散装材料运输车"来搬运,防止材料散落污染市容。车辆出工地前需先冲洗干净轮子。禁止向周围倾倒污染环境的化学物品或随意焚烧材料。

(三)消防及季节性施工措施

1. 消防施工措施

料场、库房的设置应符合治安要求，并配备必要的消防设施，易燃易爆物品专库存放。

施工现场主要出入口设宽度3.5m以上的安全、消防通道。按规定要求配备消防设施器材，保管好易燃易爆物品，消防设施应经常检查、维修，确保其有效性。消防水管随结构楼层升高设置且提前到位。

严格执行动火审批制度，凡焊割、氧割等用明火处，应配置足够的灭火器材，周围无易燃物，并由专人管理。可燃材料应按计划限量进入工地，并采取有效的灭火措施。组织现场人员参加灭火培训，组建一批消防急救人员以对现场防火情况进行巡查，对动火提出"八不"、"四要"、"一清"，对烧焊、气割等施工进行监管。

2. 季节性施工措施

施工前应做好雨季施工措施，掌握中短期天气预报，避免雨天浇筑混凝土。

遇小雨时，必须采取有效措施才能浇筑混凝土；遇大雨或暴雨时，应停止所有室外施工，但钢筋制作、砂浆搅拌、模板制作、室内装饰和各专业安装照常进行。

暴雨或台风之前，对现场各项设施进行检查，检查机械防雷接地装置情况；各类机械设备应做好防雨准备，大风雷雨天气应切断电源。暴雨、台风过后，要对现场的临时设施、用电线路等进行全面的检查，在确认安全无误后方可继续使用。

夏季要做好防暑降温工作，工地设茶水供应站，饮食要卫生，确保职工健康。高温季节施工，应避开日照高温时间浇灌混凝土，必须连续施工时，对模板、输送泵采取浇水、覆盖等降温措施。

科学合理安排雨季施工，遇四级以上的大风时应停止高空作业，五级以上大风时停止吊装作业。

八、质量主控措施

(一)工程质量目标及组织技术措施

1. 工程质量目标

工程质量标准：合格，争创××市样板工程。

2. 组织措施

派遣具备相应资质和经验的施工管理人员、技术人员及专业施工队伍。明确各级人员的职责和分工。

本公司质安部门、项目经理部分别每月召开质量分析会议，就本项目施工过程中的质量状况进行分析，及时纠正产品质量和施工管理中的弊病。

3. 技术措施

严格按国家有关施工质量验收规范及施工图纸组织施工和验收工作。

认真审查图纸，弄清设计意图及建设方使用功能要求。

严格按照有关施工规范、施工方案、技术交底内容组织施工；实行"三检"制(即自检、互检、交接检)进行监控。

为控制好工程材料的质量，将采取以下措施：

综合考察供应商的资质、信誉、供货能力、供货质量等，优选供应商。证明文件齐全的进场材料，使用前必须在监理工程师见证下经抽样送检和外观检验合格。周转材料的使用确保满足规格、型号、周转次数(如模板或枋条)等的要求。施工过程中对材料做齐有关标识工作。

(二)主要分项工程质量主控措施

1. 模板工程

梁板模板的安装应确保稳固成型构件棱角分明、接缝严密、平整一致。

模板安装必须要有足够的强度、刚度及稳定性，模板的支架必须有足够的支承面积，模板最大拼缝宽应控制在 1mm 以内。

安装模板应按编号依次安装，当模板安装在正常位置后，应随即安装模板上附设的支撑；所有外模和边梁底模支撑不得连于外脚手架上，模板安拆均设专人负责。

模板安装完毕后，应对其垂直度、尺寸、位置、上口宽度及标高、预埋件等作全面复核校正。

2. 钢筋工程

钢筋应有出厂证明书和进场试验报告单，其表面必须清洁，不应有裂纹、油污、片状老锈或泥浆、木屑等。

钢筋制作前应认真做好配料工作，从配料到制作应注意制作成的半成品钢筋均应挂牌验收，专人负责清料。如因材料需代换时，应办理设计变更文件。

钢筋绑扎应注意核对钢筋规格、尺寸、形状、数量与料牌、配料单，与图纸保持一致。注意钢筋接头位置及锚固长度，特别是通筋的接头位置。水泥砂浆保护层垫块要确保其强度、厚度及间距设置均必须达到有关的要求。钢筋绑扎、安装完毕后，应按设计图纸及施工有关规范要求进行检查验收并作好隐蔽验收记录。

钢筋焊接必须按设计图纸要求及施工质量验收规范进行焊接和搭接。

3. 混凝土工程

在浇筑前对模板及支撑体系进行检查验收。

浇筑前应将模板充分润湿，拼缝应严密，并清除模板内的杂物。水、电、气等安装工程的预埋部分应在混凝土浇筑前安装完毕，浇筑中不得移动、损毁或埋没。

混凝土所用材料的品种、规格必须符合设计配合比的要求。施工中严格按有关规范制作试块并送检。

混凝土浇筑时应分段分层连续进行；浇筑竖向构件时混凝土的可浇高度超过规范限值时，应采用串筒、导管或溜槽等。

对于柱、梁混凝土强度等级不同的节点区，应采用高强度等级混凝土浇筑并向四周梁延伸 300mm 后留出 45°的倾斜面。后浇的梁混凝土应在先浇筑的柱混凝土初凝前浇筑，且插入下层已捣混凝土 50mm，确保分层面结合紧密。

混凝土浇筑入模后，应严格捣实；加强节点处、转角处、钢筋密集处的振捣。

浇筑人员应随时注意钢筋的受力位置和保护层厚度，并设专人负责经常检查模板、支顶系统、预埋件和预留孔等是否变形移位。

在混凝土浇筑后 12 小时内，用麻袋或苇席覆盖、喷水保温保湿养护不少于 7 天，不宜直接浇水养护。掌握合适的拆模时间(由压试块所得强度确定)，不得过早拆模，不得承受较大施工荷载(承载力未达 12N/mm^2 以前)。

4. 砌体工程

砌体所用砌块必须提前一天浇水润湿。砖砌体与柱子接头处拉结筋必须在事前预埋，拉结筋长度、数量要符合施工质量验收规范要求。

砖砌体砌筑时灰缝要求均匀、饱满、平直，门洞或施工间歇部位应留成斜槎。砖墙顶斜砌砖必须待下部砖墙完成 24 小时后方可砌筑，且要用比下部墙体砌筑用砂浆高一个强度等级的砂浆砌筑。

砖墙砌筑时砖不能直接顶到柱、梁面，应留 10～15cm 空隙用砂浆塞满。砖墙中有构造柱时，墙体应留出"马牙"槎，且槎应先退后进。同时要设置拉结筋。

5. 外墙防渗漏工程

砌体施工时，保证灰缝饱满；严格控制窗洞口的标高位置、尺寸大小；外墙抹灰找平层应掺加防水剂或使用聚合物防水砂浆。

外墙门窗与四周墙体连接处，采用防水砂浆填缝密实；窗台应向外坡，确保不积水；成立专业施工组进行外墙门窗周边填缝处理，对操作人员进行详细的技术、质量交底，加强质量检查工作。

改进塞缝工艺，选派专人施工，塞缝前，将基体清理干净，浇水湿润，并增刷一遍108胶水泥浆，然后用 1∶3 水泥砂浆堵塞不少于两道，前一道终凝后再加压塞紧第二道。

大面积抹灰时，不要把接头留在阳角处，应留在与阳角相距 100mm 处；打底收边卷口应互相搭接，基层要认真清理和浇水润湿，抹灰找平层应掺加防水剂。

6. 抹灰工程

1) 墙面抹灰

彻底清理基层，浇水湿润，砖墙基层至少浇水两遍(渗入深度为 8～10mm)，混凝土墙面应采用 108 胶素水泥浆(108 胶掺量为水泥重的 10%～15%)拉毛，再进行底层抹灰。

顶层外墙抹灰前应满挂钢丝网(网眼直径不大于 1cm，也不得小于 5mm)，内墙及其他层于砖墙与框架梁柱交接处钉骑缝钢丝网，每边宽出 20cm。

2) 楼(地)面抹灰

认真清理楼板基层表面的浮浆和其他污物，并用水冲洗干净。如底层表面过于光滑，则应凿毛。冲筋间距控制在刮尺(靠尺)的长度之内。

采用普通硅酸盐水泥；砂子用粗中砂，含泥量不大于 3%；严格控制水灰比。

楼(地)面施工前 1～2 天，对基层进行浇水湿润，然后用 108 胶素水泥浆均匀扫毛，并及时铺设面层，确保找平层的施工质量。面层施工随铺灰随用刮杠刮平，以保证面层的强度和密度。

掌握好面层的压光时间。一般压光不少于 3 遍：第一遍应在面层铺设后随即进行，先用木抹子均匀搓打一遍，使面层材料均匀、紧密，抹压平整；第二遍压光应在水泥砂浆初凝前进行，将表面压实、压平整；第三遍压光应在水泥砂浆终凝前，此时人踩上去有微细脚印但不下沉，将表面压实、压光滑，消除抹痕和闭塞毛孔。

水泥砂浆地面压光后，一般在 24 小时后进行洒水养护 7 天，并采取有效的保护措施。

对需要找坡的阳台、卫生间地面和屋面等，坡度要找平找直。

对于施工中所用于控制产品质量的检测工具，按该工具的使用检定周期定时送检。工程完工后，派人看护或上锁，防止产品损坏或丢失；工程交工时，向建设方提交一份使用说明书，防止用户使用不当或改造产品给工程质量带来不利后果，造成不必要的损失。

(三)成品保护措施

1. 基坑(槽)开挖与维护

对定位坐标桩、水准高程点应注意保护，并应定期复测，检查其可靠性。基坑(槽)、管沟的直立壁和边坡，在开挖后应有防护措施，避免塌陷。挖土需要的支护结构，在施工的全过程要做好保护，不得任意损坏或拆除。做好排水和防雨措施，防止雨水浸泡塌方。

2. 现浇混凝土工程

不得用重物冲击模板，不准在梁侧板或吊板上蹬踩。混凝土浇筑时，不得踩踏钢筋，或堆压工具。使用振动棒时，注意不要碰撞钢筋及预埋件。已浇好的楼板混凝土，应做好养护及围护措施，强度达到 1.2MPa 后，才准在楼面上进行操作。侧面模板应在混凝土强度能保证其棱角不因拆模而变形时，才可拆模。雨期施工应备有足够的防雨措施，及时对已浇筑的部位进行遮盖，并应避免雨天露天作业。日平均气温低于 5℃时，不得浇水养护，宜

用塑料薄膜或麻袋、草袋覆盖保湿。

3. 装饰工程

搬运材料及拆除脚手架时要注意轻拆轻放，不要碰坏门窗、墙面、饰面。施工中应注意不碰撞损坏已完成的设备、管线、埋件等。施工中应防止污染墙、柱面及门窗等，应保持饰面清洁、颜色一致。抹灰层凝结硬化前应防止水冲、撞击、振动和挤压。镶贴面砖之前，水电通风设备应安装完成，防止穿墙打洞损坏面砖。雨季及炎热天气，贴面砖应有防护措施，防止黏结面层凝结前曝晒雨淋。墙面砖贴好后，应防止污染，并及时清擦残留在门窗上的砂浆。铝合金门窗要事先粘贴保护膜。

4. 防水工程

(1) 对已施工的防水层应严格做好保护，防止因施工机具、建筑材料堆放而损坏防水层。

(2) 不允许穿带钉子鞋的人员踩踏卷材防水层及已完工的非上人屋面。

(3) 排水口、排水沟等部位不允许有尘土、杂物堵塞。

整个工程完成后，在未交付建设单位之前，应做好成品的防护管理工作，保护好成品。设专人看护工程，锁好门窗，爱护该工程所有设施，防止所有电器设备、装饰成品损坏和被盗。建筑面层要防止人为破坏。保持表面干净。与建设单位做好交接的有关手续。

参 考 文 献

[1] 中华人民共和国国家标准. 建设工程监理规范(GB 50319—2013). 北京：中国建筑工业出版社，2013

[2] 中华人民共和国国家标准. 建设工程施工质量验收统一标准(GB 50300—2013). 北京：中国建筑工业出版社，2013

[3] 中华人民共和国国家标准. 建设工程项目管理规范(GB/T 50326—2006). 北京：中国建筑工业出版社，2006

[4] 中华人民共和国国家标准. 职业健康安全管理体系规范(GB/T 28001—2001). 北京：中国建筑工业出版社，2001

[5] 中华人民共和国行业标准. 工程网络计划技术规程(JGJ/T 121—99). 北京：中国建筑工业出版社，2001

[6] 中华人民共和国建设部法规. 建设工程项目管理试行办法，2004

[7] 张守健，等. 建筑工程施工项目管理. 哈尔滨：黑龙江科学技术出版社，2000

[8] 成虎. 工程项目管理(第二版). 北京：中国建筑工业出版社，2004

[9] 危道军，刘志强，等. 工程项目管理. 武汉：武汉理工大学出版社，2004

[10] 王洪，陈健，等. 建设项目管理. 北京：机械工业出版社，2004

[11] 中国建筑学会，清华大学，中国建筑工程总公司. 房屋建筑工程项目管理. 北京：中国建筑工业出版社，2004

[12] 全国建筑业企业项目经理培训教材编写委员会. 施工项目管理概论(修订版). 北京：中国建筑工业出版社，2003

[13] 丛培经. 工程项目管理(修订版). 北京：中国建筑工业出版社，2004

[14] 李建伟，徐伟，等. 土木工程项目管理(第二版). 上海：同济大学出版社，2002

[15] 张树恩. 建筑施工组织设计与施工规范手册. 北京：地震出版社，1999

[16] 林知炎，曾吉鸣. 工程施工组织与管理. 上海：同济大学出版社，2002

[17] 北京土木建筑学会. 建筑工程施工组织设计与施工方案. 北京：经济科学出版社，2003

[18] 桑墙东，等. 建筑工程项目管理. 北京：中国电力出版社，2004

[19] 《中国工程项目管理知识体系》编委会. 中国工程项目管理知识体系. 北京：中国建筑工业出版社，2003

[20] 建筑工程施工项目管理丛书编审委员会. 建筑工程施工项目管理总论. 北京：机械工业出版社，2002

[21] 江见鲸，丛培经，等. 房屋建筑工程项目管理执业资格考试丛书/建造师(房屋建筑工程专业)考前培训辅导教材. 北京：中国建筑工业出版社，2004

[22] 全国一级建造师执业资格考试用书编写委员会. 建设工程项目管理. 北京：中国建筑工业出版社，2004

[23] 赵铁生，等. 全国监理工程师执业资格考试题库与案例. 天津：天津大学出版社，2002

[24] 中国建设监理协会组织编写. 建设工程质量控制. 北京：中国建筑工业出版社，2003

[25] 郭邦海. 建筑施工现场管理全书. 北京：中国建材工业出版社，1999

[26] 蔡雪峰. 建筑施工组织. 武汉：武汉工业出版社，1999

[27] 吴根宝. 建筑施工组织. 北京：中国建筑工业出版社，1995

[28] 同济大学，天津大学. 建筑施工组织学. 北京：中国建筑工业出版社，2000

[29] 毕星，等. 项目管理. 上海：复旦大学出版社，2001

[30] 黄展东. 建筑施工组织与管理. 北京：中国环境科学出版社，1995

[31] 全国建筑施工企业项目经理培训教材编写委员会. 施工项目成本管理. 北京：中国建筑工业出版社，1999

[32] 中国建设监理协会组织编写. 建设工程监理概论. 北京：知识产权出版社，2003

[33] 本书编写委员会. 房屋建筑工程管理与实务全国一级建造师执业资格考试复习指导(房屋建筑专业). 北京：科学出版社，2004

[34] 建设工程项目管理规范. 北京：中国建筑工业出版社，2002

[35] 《中国工程项目管理知识体系》编委会. 中国工程项目管理知识体系(上、下册). 北京：中国建筑工业出版社，2003

[36] 全国一级建造师执业资格考试用书编写委员会. 建设工程项目管理. 北京：中国建筑工业出版社，2005

[37] 骆珣，等. 项目管理教程. 北京：机械工业出版社，2003

[38] 田元福. 建设工程项目管理. 北京：清华大学出版社，北京交通大学出版社，2005

[39] 田金信. 建设项目管理. 北京：高等教育出版社，2002

[40] 王雪青. 国际工程项目管理. 北京：中国建筑工业出版社，2001

[41] 张贵良，牛季收. 施工项目管理. 北京：科学出版社，2004

[42] 张智钧. 工程项目管理. 北京：机械工业出版社，2004

[43] 卢朋，刘新社，等. 建筑工程项目管理. 北京：中国铁道出版社，2004

[44] 丁士昭. 建设工程项目管理. 北京：中国建筑工业出版社，2004.

[45] 成虎. 工程项目管理. 北京：高等教育出版社，2004

[46] 全国一级建造师执业资格考试用书编写委员会. 房屋建筑工程管理与实务. 北京：中国建筑工业出版社，2004

[47] 陈烈. 公路工程项目管理. 北京：人民交通出版社，2002

[48] 建筑工程施工项目管理丛书编审委员会. 建筑工程施工项目质量与安全管理(建筑工程施工项目管理丛书). 北京：机械工业出版社，2004

[49] 全国一级建造师执业资格考试同步训练及模拟试题丛书编委会. 房屋建筑工程管理与实务. 北京：中国建材工业出版社，2004

[50] 郑少瑛，等. 建筑施工组织. 北京：化学工业出版社/环境科学与工程出版中心，2005

[51] 毛桂平，等. 建筑装饰工程施工项目管理. 北京：电子工业出版社，2006

[52] 筑龙网. 施工方案范例50篇. 北京：中国建筑工业出版社，2004

[53] 天津理工大学建造师培训中心/天津理工大学造价师培训中心. 全国二级建造师执业资格考试(房屋建筑工程管理与实务)复习导航与模拟试卷. 北京：人民交通出版社，2005

[54] 本书编委会. 房屋建筑工程管理与实务复习题集(全国二级建造师执业资格考试辅导). 北京：中国建筑工业出版社，2004

[55] 田永复. 怎样编制施工组织设计. 北京：中国建筑工业出版社，1999

[56] 全国一级建造师执业资格考试用书编写委员会. 建设工程项目管理. 北京：中国建材工业出版社，2014